计算机专业"十三五"规划教材

微机原理与接口技术

主　编　肖盛文　万　军　刘　群
副主编　兰　明　陈　芳　周菁菁
　　　　王建文　荣华良

北京希望电子出版社
Beijing Hope Electronic Press
www.bhp.com.cn

内 容 简 介

本书共 10 章,以经典的 8086/8088 微处理为对象,主要内容包括微型计算机概述、微处理器及其结构、寻址方式与指令系统、汇编语言程序设计、存储器、输入输出接口、可编程接口芯片、中断与中断管理、数/模与模/数转换及应用、总线等。本书结构清晰,内容编排注重理论与实践相结合。通过系统的原理讲解和例题分析,帮助读者尽快掌握相关知识点。

本书既可作为本科院校计算机类、电子类、通信类、自动化类等专业微机原理与应用、微机原理与接口技术、汇编语言程序设计等课程的教材或参考书,也可供从事微机、单片机、DSP 以及嵌入式系统开发的专业人员参考。

图书在版编目(CIP)数据

微机原理与接口技术 / 肖盛文,万军,刘群主编. -- 北京:
北京希望电子出版社,2019.2(2023.8 重印)
 ISBN 978-7-83002-671-4

Ⅰ. ①微… Ⅱ. ①肖…②万…③刘… Ⅲ. ①微型计算机－理论－高等教育－教材②微型计算机－接口技术－高等教育－教材 Ⅳ. ①TP36

中国版本图书馆 CIP 数据核字(2019)第 021685 号

出版:北京希望电子出版社	封面:赵俊红
地址:北京市海淀区中关村大街 22 号 　　　中科大厦 A 座 10 层	编辑:全　卫
	校对:石文涛
邮编:100190	开本:787mm×1092mm　1/16
网址:www.bhp.com.cn	印张:21
电话:010-82626270	字数:538 千字
传真:010-62543892	印刷:廊坊市广阳区九洲印刷厂
经销:各地新华书店	版次:2023 年 8 月 1 版 2 次印刷

定价:59.80 元

前　言

随着微型计算机技术软硬件技术的升级换代，相关课程的教学内容也在不断更新，因此需要推出适应课程教学特点和满足不同层次学生的新型教材。本书是为了适应高等教育的快速发展，满足教学改革和课程建设的需求，适应应用型本科和实践型技术教育的特点，并结合多年的教学实践，以"就业为导向，实用为宗旨"为出发点编写而成。

"微机原理与接口技术"是学习微型计算机基本知识和应用技能的重要课程，是一门专业基础课。其先修课程包括：计算机基础、程序设计基础、数字电子技术、计算机组成原理及数据结构等。本书是在参阅了当今国内外有关微型计算机知识大量资料的基础上，结合多年的教学实践和科学研究经验编写的。本书以目前最为典型的 Intel8086/8088 系列微处理器为平台，把 CPU 结构、存储管理、接口扩展等核心内容整合在一起，并结合具体应用对接口技术进行详细分析，形成一个体系完整、内容先进的微机系统进行讲解。

本书主要内容包括三个部分：微机原理、汇编语言、接口技术。微机原理部分，介绍 CPU、存储器、接口和中断及总线等原理性的内容。其目标是使学生了解微型计算机的基本运行原理，也就是程序的运行机理，并在此基础上学习如何设计存储器、如何管理接口以及如何管理中断系统。汇编语言部分，介绍指令系统及汇编语言的程序设计方法。其目标是使学生系统地学习软硬件知识，能规范地使用汇编语言设计程序，培养良好的思维习惯，为后续的高级语言学习打下良好的基础。接口技术部分，其实就是应用部分，其目标是使学生掌握常用接口的知识并熟练运用接口及其外设的配置方法与编程方法。

本书结构清楚、重点突出、循序渐进、实例丰富。书中列举了大量实例帮助学生对相关知识有较深、较广的理解，培养学习兴趣。为了配合教师教学和学生课后学习，本书每章章末还附有习题。各章所附的练习题有助于学生巩固所学知识，掌握学习内容，了解学习效果。本书注重基础学习，强调理论和实践相结合。除了重点介绍 8086/8088 处理器及外围接口技术的原理和应用方法，还适当介绍了计算机技术的发展历程，从而使学生加深对计算机系统工作过程的了解，掌握使用计算机解决实际问题的方法。

本书共分 10 章。第 1、2 章介绍了微型计算机的冯·诺依曼体系结构、硬件与软件的发展、计算机中的数制和码制及其相互转换、微机工作过程、微处理器结构、存储器与 I/O 组织、微机时序与操作等，帮助学生建立计算机系统的整体概念。通过处理器执行程序过程的实例，了解微处理器工作过程，重点介绍 8086/8088 微处理器的内部结构、内部存储器、工作模式、引脚定义、存储器组织和系统组成。第 3、4 章介绍了 8086/8088 微处理器的指令格式、寻址方式、指令系统、汇编语言程序设计以及调试手段等。第5、6章介绍了计算机中常用的半导体存储器的分类与接口设计方法。第7、8章重点介绍了计算机常用接口技术和中断管理，对计算机接口概念进行了详细阐述，通过应用实例介绍了简单接口技术和可编程接口技术。第9、10章重点介绍了数/模与模/数转换的原理及应用和各种总线的特点及工作原理。

本书的参考学时（理论＋实践）为48~64学时。具体学时分配方法，请根据教学大纲及各个学校的实际情况来安排。

本书由华东交通大学理工学院的肖盛文、江西省电子信息技师学院的万军和南昌大学人民武装学院的刘群担任主编，由华东交通大学的兰明、陈芳、周菁菁，以及河北水利电力学院的王建文和许昌职业技术学院的荣华良担任副主编。本书在编写工程中得到了华东交通大学理工学院电信分院领导及其他老师的大力支持，在此表示感谢！本书的相关资料和售后服务可扫封底二维码或登录 www.bjzzwh.com 下载获得。

由于编者水平有限，书中难免有疏漏或不妥之处，恳请广大师生和读者批评指正。

编　者

目录

第 1 章 微型计算机基本知识 ·········· 1
1.1 计算机发展简史 ·········· 2
1.2 计算机中的数制 ·········· 12
1.3 微型计算机系统 ·········· 26
本章小结 ·········· 37
本章习题 ·········· 37

第 2 章 微处理器及其结构 ·········· 38
2.1 8086/8088 CPU 的结构 ·········· 39
2.2 80X86 微处理器的工作模式及外部结构 ·········· 44
2.3 8086 微处理器的存储器组成及输入/输出结构 ·········· 50
2.4 8086 CPU 的工作时序 ·········· 56
本章小结 ·········· 59
本章习题 ·········· 60

第 3 章 寻址方式与指令系统 ·········· 62
3.1 指令格式 ·········· 63
3.2 寻址方式 ·········· 63
3.3 指令系统 ·········· 70
3.4 Pentium 系列微处理器的新增指令 ·········· 104
本章小结 ·········· 106
本章习题 ·········· 106

第 4 章 汇编语言程序设计 ……111

4.1 汇编语言基础知识 ……112
4.2 汇编语言的语句 ……122
4.3 DOS 功能调用 ……133
4.4 汇编语言程序设计 ……138
4.5 汇编语言程序的上机过程 ……155
本章小结 ……159
本章习题 ……159

第 5 章 存储器 ……164

5.1 半导体存储器基本知识 ……165
5.2 只读存储器 ROM ……170
5.3 随机存取存储器 RAM ……175
5.4 存储器与系统的连接 ……181
本章小结 ……192
本章习题 ……192

第 6 章 输入输出接口 ……194

6.1 I/O 接口概述 ……195
6.2 常用 I/O 接口芯片 ……200
6.3 CPU 与外设之间的数据传送方式 ……201
本章小结 ……207
本章习题 ……207

第 7 章 可编程接口芯片 ……209

7.1 可编程并行接口芯片 8255A ……210
7.3 可编程定时器/计数器 8253 ……219
7.4 可编程串行通信接口芯片 8251A ……233
本章小结 ……245
本章习题 ……246

第 8 章 中断与中断管理 ……248

8.1 中断概念 ……249
8.2 8086 的中断系统 ……256

8.3 可编程中断控制器 8259A ·················· 263

8.4 中断程序设计 ·················· 280

本章小结 ·················· 287

本章习题 ·················· 287

第 9 章 数/模与模/数转换及应用 ·················· 288

9.1 物理信号到电信号的转换 ·················· 289

9.2 数/模转换及应用 ·················· 290

9.3 模/数转换及应用 ·················· 298

本章小结 ·················· 308

本章习题 ·················· 308

第 10 章 总线 ·················· 309

10.1 总线的基本知识 ·················· 311

10.2 系统总线 ·················· 313

10.3 外部总线 ·················· 317

10.4 高速串行总线 IEEE 1394 ·················· 323

本章小结 ·················· 326

本章习题 ·················· 326

参考文献 ·················· 328

第1章 微型计算机基本知识

本章导读

微型计算机应用十分广泛，深刻影响了我们工作、学习、生活的各个方面。本章将从微型计算机的基本概念及其发展入手，并从应用角度出发，介绍微型计算机中数的表示及编码方法，最后介绍微机系统的概念、硬件与软件组成和各部分的功能、特点。本章内容将为后续章节的学习打下良好的基础。

学习目标

- ➢ 了解微机的发展史
- ➢ 掌握微机的软硬件组成及各组成部件的功能
- ➢ 熟练掌握计算机中的数制及其运算，特别是二进制及其与十进制之间的转换
- ➢ 掌握微机的工作过程

微机原理与接口技术

1.1 计算机发展简史

1946 年,世界上第一台计算机 ENIAC 在美国问世以来,计算机技术的发展日新月异,在七十多年的历史中,先后经历了电子管计算机、晶体管计算机、集成电路计算机,到大规模、超大规模集成电路计算机四代的更替。目前已有了第五代"非冯·诺依曼"计算机和第六代"神经"计算机的研制计划。

电子计算机是一种能自动高速地进行大量运算的电子机器。电子计算机的出现和发展,是科学技术和生产力发展的卓越成就之一。反过来,它也极大地促进了科学技术和生产力的发展。

1.1.1 微型计算机的硬件发展

1. 电子计算机的发展概况

1946 年,在美国宾夕法尼亚大学诞生了世界上第一台电子计算机 ENIAC(electronic numerical integrator and computer)。它使用了 18800 多个电子管和 1500 多个继电器,重达 30 吨,占地 150 m^2,耗电 150 kW,每秒可以完成 5000 次加法运算。从此以后,电子计算机为世人关注,并且对它寄予了无限的厚望。

自从第一台电子计算机问世以来,计算机科学和技术取得了日新月异的飞速发展。计算机的发展大致经历了四代。

第一代为电子管计算机时代。发展年代为 1946—1958 年。这一代计算机的主要逻辑元件采用电子管,存储器采用磁芯和磁鼓,软件主要使用机器语言。在此期间,形成了电子管计算机体系,确定了程序设计的基本方法,数据处理机(指专门用于数据处理的计算机)开始得到应用。计算机的运算速度一般为每秒几千至几万次,体积庞大,成本很高。虽然它的体积、速度、软件等各方面都不能与今天的微型计算机相比,但它却奠定了计算机科学和技术的发展基础。这一代计算机主要应用于科学计算。

第二代为晶体管计算机时代。发展年代为 1958—1965 年。这一代计算机的主要逻辑元件为晶体管,主存储器仍采用磁芯,但外存储器已开始使用磁盘,软件也有较大发展,产生了各种高级语言。在此期间,计算机的可靠性和速度均得到了提高。速度一般为每秒几万次至几十万次,体积缩小,成本降低。工业控制机(指专门用于工业生产过程控制的计算机)开始出现并得到应用。这一代计算机除用于科学计算外,也开始应用于各种事务的数据处理、工业控制等方面。

第三代为集成电路计算机时代。发展年代为 1965—1971 年。这一代计算机的主要逻辑元件采用中小规模集成电路。在此期间，计算机的可靠性和速度都有了进一步的提高，速度一般为每秒几十万至几百万次，体积进一步缩小，成本进一步降低。小型计算机（指规模小，结构简单，操作方便的计算机）开始出现并迅速发展，操作系统、会话式高级语言等软件发展迅速。机种多样化，生产系列化，结构积木化，使用系统化，是这一阶段计算机发展的主要特点。

第四代为大规模集成电路计算机时代。发展年代为 1971 年至今。这一代计算机采用大规模集成电路 LSI（large scale integrator，指在单个硅片上集成 1000～2000 个晶体管）或超大规模集成电路 VLSI（very large scale integrator，指在单个硅片上集成 6 万～10 万个晶体管）。由于 LSI 和 VLSI 的体积小，耗电少，可靠性高，因而使这一阶段的计算机体积更小，可靠性和运算速度更高，成本更低。计算机的速度可达每秒运算几千万至上亿次。同时，全套电路只集中在一块硅片上的微型计算机已开始出现，相继出现了广泛使用的单板机、单片机和各种型号的个人计算机（PC 机）。同时，以并行处理为特征的用于科学计算和尖端技术中的巨型机也得到了快速发展，由若干台计算机组成的计算机网络也已开始实际使用。60 余年来，随着集成电路集成度和性能的不断改善。微处理器和微型计算机得到了飞速发展，微处理器的集成度几乎每 2 年翻一番，每 2 到 4 年更新换代一次。

目前，电子计算机正在向着人工智能化方向发展，人工智能是综合了计算机科学与控制论而发展起来的一门新技术。它能模拟人的智能，如识别图形、语言、物体等。它将对社会的发展带来不可估量的影响。电子计算机的发展概况如表 1-1 所示。

表 1-1 电子计算机的发展概况

计算机	特征	时间	代表机型	应用
第一代	采用电子管作为计算机的逻辑单元，运算速度每秒几千次，内存容量只有几 KB	1946—1958 年	ENAIC	仅限于军事和科研中的科学计算
第二代	采用晶体管作为计算机的逻辑单元，运算速度每秒几十万次，内存容量扩大到几十 KB	1958—1965 年	CDC7600	由科学计算扩大到数据处理和自动控制
第三代	采用集成电路作为计算机的逻辑单元，运算速度每秒几十万次～几百万次	1965—1971 年	IBM360	开始广泛应用于各个领域
第四代	开始采用大规模和超大规模集成电路作为计算机的逻辑单元，运算速度每秒几千万上亿次	1971 年至今	Intel8086	应用范围已渗透到各行各业。进入以网络为特征时代

所谓"非冯·诺依曼"计算机，是将现有的计算机系统结构进行改革，仿真为人脑的结构。人的大脑体只有 900 克左右，但它能存储和处理大量的信息，并具有分析和综合的能力，这就是人的智能。计算机研究有一个分支，叫人工智能，就是所谓第五代的人工智能计算机。

生物大脑神经网络可看成一个大规模并行处理的、紧密耦合的、能自行重组的计算机网络。神经网络使人能有效地组织和处理信息，对神经网络进行研究，并从大脑工作模型中抽取计算机设计的模型，这就是所谓第六代的神经网络计算机。

冯·诺依曼体系（"存储程序和程序控制"）主要包括以下几方面内容。

（1）数据和程序以二进制表示。

（2）采用存储程序方式，指令和数据不加区别混合存储在同一个存储器中，数据和程序在内存中是没有区别的，它们都是内存中的数据。指令和数据都可以发送到运算器进行运算，即由指令组成的程序是可以修改的。

（3）存储器是按地址访问的线性编址的一维结构，每个单元的位数是固定的。

（4）指令由操作码和地址组成。操作码指明本指令的操作类型，地址码指明操作数和地址。操作数本身无数据类型的标志，它的数据类型由操作码确定。

（5）必须有一个控制器，通过执行指令直接发出控制信号控制计算机的操作。指令在存储器中按其执行顺序存放，由指令计数器指明要执行的指令所在的单元地址。指令计数器只有一个，一般按顺序递增，但执行顺序可按运算结果或当时的外界条件而改变。

（6）以运算器为中心，I/O 设备与存储器间的数据传送都要经过运算器。

冯·诺依曼计算机结构如图 1-1 所示。

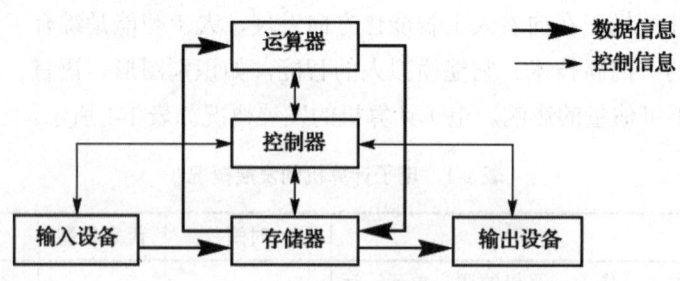

图 1-1 冯·诺依曼计算机结构示意图

计算机按其性能、价格、体积、规模不同可分为巨型机、大型机、中型机、小型机、微型机和单片机六类。

其中微型计算机诞生于 20 世纪 70 年代。由于其体积小、价格低，在各行各业的得到了广泛的应用。

微型计算机的发展历史是和大规模集成电路的发展密不可分的。1963 年、1964 年研制出了小规模集成电路 SSI（small scale integration）。到 20 世纪 60 年代后期，在一个几平方毫米大的硅片上，已可集成数千个晶体管，这就出现了大规模集成电路 LSI（large scale integration），为微型计算机的核心部件微处理器的生产打下了基础。现代最新型的集成电路已可在单个芯片上集成上千万个晶体管，线宽小于 0.13 μm，工作频率已超过 2 GHz。

2. 微型计算机的发展概况

微型计算机是 20 世纪 70 年代初才发展起来的，是人类重要的创新之一。从微型机问世到现在不过 40 多年，但已经经历了以下几个发展阶段。

第一代为低档 8 位微处理器和微型计算机。发展年代为 1971—1973 年，是微机的问世阶段。1971 年美国 Intel 公司生产了 4004 芯片，它本来是为高级袖珍计算机设计的，但生产出来后却获得了意外的成功。经过改进，又生产出了 4 位的微处理器 4004，并于 1972 年生产了 8 位微处理器 8008。这一代微型计算机的特点是采用 PMOS（P-channel metal oxide semiconductor）工艺，集成度为每片 2300 个晶体管，字长分别为 4 位和 8 位，运算速度较慢（基本指令执行时间 4～10 ms），指令系统简单，运算功能较差，采用机器语言或简单汇编语言，价格低廉。

第二代为中档 8 位微处理器和微型计算机。发展年代为 1973—1977 年。这一代微型计算机采用 NMOS（N-channel metal oxide semiconductor）工艺，集成度提高了 1～4 倍，每片集成了 8000 个晶体管，字长为 8 位，基本指令执行时间 2ms 左右。典型的微处理器产品有 1973 年的 Intel 8085，Motorola 6800，以及 1976 年 Zilog 公司的 Z80。这些微处理器有完整的配套接口电路，如可编程的并行接口电路、串行电路、定时/计数器接口电路，以及直接存储器存取接口电路等，并且已具有高级中断功能。软件除采用汇编语言外，还配有 BASIC，FORTRAN，PL/M 等高级语言及其相应的解释程序和编译程序，并在后期配上了操作系统。

第三代为 16 位微处理器和微型计算机。发展年代为 1977—1984 年。1977 年前后，超大规模集成电路（VLSI）工艺的研制成功，使一个硅片上可以容纳十万个以上的晶体管，64 K 位及 256 K 位的存储器已生产出来。这一代微型计算机采用 HMOS（high performance -metal oxide semiconductor）工艺，基本指令执行时间约为 0.5 ms MIPS（million instruction per second）。代表产品是 Intel 8086，Z8000 和 MC68000。这类 16 位微型计算机都具有丰富的指令系统，采用多级中断系统、多种寻址方式、多种数据处理形式、分段式存储器结构及乘除运算硬件，电路功能大为增强。软件方面可以使用多种语言，有常驻的汇编程序、完整的操作系统、大型的数据库，并可构成多处理器系统。此外，在这一阶段，还有一种称为准 16 位的微处理器出现，典型产品有 Intel 8088 和 Motorola 6809，它们的特点是能用 8 位数据线在内部完成 16 位数据操作，工作速度和处理能力均介于 8 位机和 16 位机之间。近年来，高档 16 位微处理器发展很快，Intel 公司在 8086 的基础上又制成了 80186 和 80286 等性能更为优越的微处理器。其特点是从单元集成过渡到系统集成，以获得尽可能高的性能价格比。由于指令系统指令数量多，复杂程度高，故这类计算机称为复杂指令系统计算机 CISC（complex instruction set computer）。

第四代为 32 位微处理器和微型计算机。发展年代为 1984—1993 年。20 世纪 80 年代初，在每个单片硅片上可集成几十万个晶体管，产生了第四代的 32 位微处理器。典型产品有 Intel 的 80386、National Semiconductor 的 16032、Motorola 的 68020 等。在 32 位微处理器中，具有支持高级调度、调试及系统开发的专用指令。由于集成度高，系统的速度和性能大为提高，可靠性增加，成本降低。它采用了 RISC（reduction instruction set computer）技术，与 RAM 进行高速数据交换的突发总线等先进技术。

第五代为 64 位高档微处理器和微型计算机。发展年代为 1994 年至今。随着人们对图形图像、定时视频处理、语音识别、CAD（computer-assisted design）/CAE（computer-assisted education）/CAI（computer-assisted instruction）、大规模财务分析和大流量客户机/服务器应用等的需求日益迫切，现有的微处理器已难以胜任此类任务。于是，在 1993 年 3 月，Intel 公司率先推出了统领 PC（personal computer）长达十余年之久的第五代微处理器体系结构产品——Pentium（奔腾），代号为 P5，也称为 80586。从它的设计制造工艺到性能指标，都比第四代产品有了大幅度的提高。

第六代 Pentium 微处理器，1996 年，Intel 公司推出了 Pentium Pro，该微处理器采用了 0.35 μm 的工艺，时钟频率为 200 MHz，运算速度达 200 MIPS。

1998 年到 2001 年，Intel 公司又先后推出了 Pentium Pro 的改进型产品 PentiumⅡ和 PentiumⅢ。CPU 的集成度已高达 1 千万个晶体管，时钟频率达 1GHz 以上，其他公司类似产品还有 AMD 公司的 K7 等产品。

近年来，市场上已推出 PentiumⅣ系列，其 CPU 集成度已达 2500 百万个晶体管，工作频率达到 2 GHz。微型计算机的发展概况如表 1-2 所示。

表 1-2　微型计算机的发展概况

微处理器	第一代	第二代	第三代	第四代	第五代
时间	1971-1973 年	1973-1977 年	1977-1984 年	1984-1993 年	1993 年至今
代表产品	Intel8080	Intel8085	Intel8086	Intel80386	Pentium

3. Intel 80x86 系列微处理器的发展概况

80x86 微处理器是 Intel 公司的系列产品，随着微处理器芯片从低级向高级、从简单到复杂的发展过程，也可以看成个人计算机家族的进化史。其设计、制造和处理技术的不断更新换代，以及处理能力的不断增强，使微型计算机的应用领域越来越广泛。

1978 年 Intel 公司生产的 8086 是第一个 16 位的微处理器。很快 Zilog 公司和 Motorola 公司也宣布计划生产 Z8000 和 68000。这就是第三代微处理器的起点。8086 微处理器最高主频速度为 8 MHz，具有 16 位数据通道，内存寻址能力为 1 MB。

1979 年，Intel 公司又开发出了 8088。8086 和 8088 在芯片内部均采用 16 位数据传输，所以都称为 16 位微处理器，但 8086 每个总线周期能传送或接收 16 位数据，而 8088 每个总线周期只能传送或接收 8 位数据。因为最初的大部分设备和芯片是 8 位的，而 8088 的外部 8 位数据传送、接收能与这些设备相兼容。所以 8088 得到了广泛的应用。8088 采用 40 针的 DIP（dual in-line package）封装，工作频率为 6.66 MHz、7.16 MHz 或 8 MHz，微处理器集成了大约 29 000 个晶体管。

1981 年，美国 IBM 公司将 8088 芯片用于其研制的 PC 中，从而开创了全新的微机时代。

也正是从 8088 开始,个人电脑的概念开始在全世界范围内发展起来。从 8088 应用到 IBM PC 上开始,个人电脑真正走进了人们的工作和生活之中,它也标志着一个新时代的开始。

1982 年,Intel 公司在 8086 的基础上,研制出了 80286 微处理器,该微处理器的最大主频为 20 MHz,内、外部数据传输均为 16 位,使用 24 位内存储器的寻址,内存寻址能力为 16 MB。80286 可用于两种工作方式,分别是实模式和保护方式。

在实模式下,微处理器可以访问的内存总量限制在 1 MB。而在保护方式之下,80286 可直接访问 16 MB 的内存。此外,80286 工作在保护方式下,可以保护操作系统,确保像实模式或 8086 等不受保护的微处理器那样,在遇到异常时会使系统停机。

IBM 公司将 80286 微处理器用在微机中,引起了极大的轰动。80286 在以下四个方面比它的前辈有显著的改进:支持更大的内存;能够模拟内存空间;能同时运行多个任务;提高了处理速度。最早,PC 的速度是 4 MHz,第一台基于 80286 的 AT 机运行速度为 6~8 MHz,一些制造商还自行提高速度,使 80286 达到了 20 MHz,这意味着在性能上有了重大的进步。

80286 的封装是一种被称为 PGA(pin grid array,插针网格阵列式)的正方形封装。PGA 是塑料有引线芯片载体 PLCC(plastic leaded chip carrier)的一种简易封装形式,在这个封装中,80286 集成了大约 130 000 个晶体管。

8086 发展到 80286 的这个时代是个人电脑起步的时代,当时在国内使用甚至见到过 PC 的人很少,它在人们心中是一个神秘的东西。到 20 世纪 90 年代初,国内才开始普及计算机。1985 年春,Intel 公司开始开发 32 位核心的 CPU——80386。Intel 给 80386 规划了三个技术要点:使用"类 286"结构;开发 80387 协处理器,增强浮点运算能力;开发高速缓存,解决内存速度瓶颈。

1985 年 10 月 17 日,Intel 80386 DX 正式发布,其内部包含 27.5 万个晶体管,时钟频率为 12.5 MHz,后来逐步提高到 20 MHz,25 MHz,33 MHz,最后还有少量的 40 MHz 产品。80386 DX 的内部和外部数据总线是 32 位,地址总线也是 32 位,可以寻址 4 GB 内存,并可以管理 64TB 的虚拟存储空间。它的运算模式除了具有实模式和保护模式以外,还增加了一种"虚拟 8086"的工作方式,可以通过同时模拟多个 8086 微处理器来提供多任务处理能力。80386 DX 有比 80286 更多的指令,频率为 12.5 MHz 的 80386 每秒钟可执行六百万条指令,比频率为 16 MHz 的 80286 快 2.2 倍。

由于 32 位微处理器的运算能力较强,PC 的应用扩展到很多领域,如商业办公和计算、工程设计和计算、数据中心、个人娱乐等。80386 使 32 位 CPU 成为 PC 的工业标准。虽然当时 80386 没有完善和强大的浮点运算单元,但配上 80387 协处理器,80386 就可以顺利完成许多需要大量浮点运算的任务,从而顺利进入了主流的商用电脑市场。另外,30386 还有较丰富的外围配件支持,如 82258(DMA 控制器)、8259A(中断控制器)、8272(磁盘控制器)、82385(cache 控制器)、82062(硬盘控制器)等。针对内存的速度瓶颈,Intel 公司为 80386 设计了高速缓存(cache),采取预读内存的方法解决速度瓶颈问题,从此以后,cache

就成为了 CPU 的标准配件。

1989 年，Intel 推出 80486 芯片。这款芯片首次突破了 100 万个晶体管的界限，单个硅片上集成了 120 万个晶体管，使用 1 μm 的制造工艺。80486 的时钟频率从 25 MHz 逐步提高到 33 MHz，40 MHz，50 MHz。80486 是将 80386 和数字协处理器 80387 及 8 KB 的高速缓存器集成在一个芯片内。80486 中集成的 80487 的运算速度是以前 80387 的两倍，内部缓存缩短了微处理器与慢速 DRAM 之间的等待时间。并且，在 80486 系列中首次采用了精简指令集 RISC（reduction instruction set computer）技术，可以在一个时钟周期内执行一条指令。它还采用了突发总线方式，大大提高了与内存的数据交换速度。由于这些改进，80486 的性能比带有 80387 数字协处理器的 80386 DX 性能提高了四倍。常见的 80486 CPU 有 80486 DX 33（40 和 50）。486 CPU 与 386 DX 一样，内外数据总线都是 32 位，但是最慢的 486 CPU 也比最快的 386 CPU 要快，这是因为 486 SX/DX 执行一条指令，只需要一个时钟周期，而 386 DX CPU 却需要两个时钟周期。

1993 年，586 CPU 问世，并被命名为 Pentium（奔腾）以区别于 AMD 和 Cyrix 的产品。Pentium 最初级的 CPU 是 Pentium 60 和 Pentium 66，分别工作在与系统总线频率相同的 60 MHz 和 66 MHz 两种频率下，没有我们现在所说的倍频设置。早期的奔腾 75~120 MHz 使用 0.5 μm 的制造工艺，后期 120 MHz 以上的奔腾 CPU 则改用 0.35 mm 工艺。

Pentium Pro 的核心架构代号为 P6（也是未来 PⅡ、PⅢ所使用的核心架构），这是第一代产品，二级 cache 有 256 KB 或 512 KB，最大有 1 MB。工作频率有：133/66 MHz（工程样品）、150/60 MHz、166/66 MHz、180/60 MHz、200/66 MHz。

Pentium Ⅱ 的中文名称是"奔腾二代"，它有 Klamath，Deschutes，Mendocino，Katmai 等几种不同核心结构的系列产品，其中，第一代采用 Klamath 核心，0.35 μm 工艺制造，内部集成了 750 万个晶体管，核心工作电压为 2.8 V。

Pentium Ⅱ 微处理器采用了双重独立总线结构，即其中一条总线连通二级缓存，另一条主要负责内存。Pentium Ⅱ 使用了一种脱离芯片的外部高速 L2 cache，容量为 512 KB，并以 CPU 主频的一半速度运行。作为一种补偿，Intel 公司将 Pentium Ⅱ 的 L1 cache 从 16 KB 增至 32 KB。另外，在 PentiumⅡ中采用了 Slot 1 接口标准和单边接触盒 SECC（single edge contact cartridge）封装技术。

1999 年春，Intel 公司又发布了采用 Katmai 核心的 Pentium Ⅲ。它具有以下特点：采用 0.25 μm 工艺制造，内部集成了 950 万个晶体管；系统频率为 100 MHz；采用第六代 CPU 核心 P6 微架构，针对 32 位应用程序进行优化，双重独立总线；L1 cache 为 32 KB（16 KB 指令缓存加 16 KB 数据缓存），L2 cache 大小为 512 KB，以 CPU 核心速度的一半运行；采用 SECC2 封装形式；新增加了能够增强音频、视频和 3D 图形效果的数据流单指令多数据扩展 SSE（streaming SIMD extensions）指令集，共 70 条新指令。Pentium Ⅲ的起始主频速度为 450 MHz。与 PentiumⅡ Xeon 一样，Intel 同样也推出了面向服务器和工作站系统的

Pentium Ⅲ Xeon 微处理器。除前期的 Pentium Ⅱ Xeon 500，550 采用 0.25 μm 技术外，该款微处理器采用 0.18 μm 工艺制造，Slot 2 架构和 SECC 封装形式，内置 32KB L1 cache 和 512KB L2 cache，工作电压为 1.6 V。

2000 年 6 月，Intel 公司推出了 Pentium 4（简称 P4）。P4 系统的工作频率在 1.3 GHz 以上，工作电压为 1.565～1.700 V。P4 微处理器不但拥有更高的时钟频率，并且支持 Intel 超线程技术 HT（hyper threading）技术。超线程技术就是利用特殊的硬件指令，把两个逻辑内核模拟成两个物理芯片，让单个处理器都能使用线程级并行计算，进而兼容多线程操作系统和软件，减少了 CPU 的闲置时间，提高了 CPU 的运行效率，使一块芯片的性能几乎相当于两块。

1.1.2　微型计算机的软件发展

所谓微型计算机的软件，是利用计算机本身提供的逻辑功能，合理地组织计算机的工作，简化或代替人们在使用计算机过程中的各个环节工作，提供给用户一个便于掌握操作的工作环境。世界上第一台电子计算机是在 1946 年出现的，而计算机软件的开发是 1955 年在美国和欧洲的实验室里兴起的，计算机技术的很多研究结果也产生于实验室。它们多数来自于学术界，其余来自于政府和私人公司。世界上第一家独立软件公司是 1955 年在美国成立的计算机惯用法公司 CUC（computer usage corporation），在此之前，软件由硬件厂商编制或者由用户自己编制。软件开发到现在已有 70 年的历史了，现在整个软件发展，已经取得了划时代的成就。计算机软件由低级向高级的发展经历了如下的几个阶段。

1. 开创阶段（1955—1965 年）

在此阶段，计算机硬件向着专用化方向发展，而科学与商业领域需要的是完全不同的机器硬件。运算速度越来越快、价格越来越便宜的新型计算机不断涌现，软件开发人员就需要针对不同的计算机编写出新的软件。然而，这一阶段的计算机软件主要采用面向具体机器的机器语言和汇编语言，用于科学研究的计算机使用的是固定字长，指令集为十进制，而不是采用二进制计算。这种不同用途的机器使用不同字长，给编程带来了难以想象的困难。

频繁重写相同的软件触发了另一种思路——软件移植。工业界中的软件研发人员试图将一台机器上的汇编语言自动移植到另一台，但是却失败了。原因是 60%或 80%的代码较容易自动移植，而余下的 40%或 20%必须人工移植，代码比较复杂，而且人工移植非常困难。这个问题长期得不到彻底解决，直到高级语言的出现。

最早发布的 FORTRAN 语言是在 20 世纪 50 年代中期产生的，20 世纪 50 年代后期出现了第一版 COBOL 语言，而 ALGOL 语言产生于 20 世纪 60 年代早期。当时，高级语言不能被软件编程人员所接受，因为他们认为真正的编程人员应当使用汇编语言。之后，软件业从计算机工业中独立出来，成为一枝新秀。20世纪60年代初期，学术界还没有计算学科、计算机科学和信息系统等科学，但在实践中产生了以后称为"软件工程"的萌芽。软件开发者开始学习模块化编程的方法，并涵盖了与基本数据结构有关的子程序，从而使其便于访问，现在，人们称为数据提取，并进一步拓宽到面向对象，但是那时的软件人员就已经意识到它的意义与价值。随着计算机硬件以令人生畏和惊奇的快节奏发展，计算机软件在计算机业中也占据着越来越重要的地位。

2. 稳定阶段（1965—1985年）

这期间是大型机占主导地位的阶段。此时计算机成为专业人员使用的专门设备，人们编程不仅使用机器语言和汇编语言，也广泛采用高级语言。以IBM 360为代表的计算机将软件工业带入了稳定发展的阶段。IBM 360采用了系列机的思想，开创了复杂指令系统计算机CISC（complex instruction system computer）时代，目的是使指令系统兼容。新型机或高档机的指令系统在原有机型上只能扩充而不能减少任何一条指令，以达到软件兼容的目的，这样就导致日趋庞大的指令系统使计算机硬件的研制周期变长、运行速度变慢、可靠性变差、难以调试和维护。为了改进，业界提出了精简指令集RISC技术。RISC技术使指令数量大大减少，再加上一些其他措施（如指令系统面向寄存器，使数据能直接存储），从而大大减少指令执行所需要的周期数，极大地提高了计算机的运算速度。同时IBM 360为软件领域带来了重要的发展，它使科学研究与商业应用合二为一，并且同时使用十进制和二进制两种算法，它不再有烦人的变字长问题。

随后，又出现了工作控制语言JCL（job control language），程序员只要把卡片塞进读卡机，按"启动"就可以运行程序。随着360机汇集科学和商务应用在一台计算机上，IBM也希望将所有的计算机语言合成为一种语言。PL/1就这样诞生了，它不仅包含科学计算FORTARN和商务计算COBOL语言的功能，而且还具有新生语言ALGOL的功能。随着软件开发的稳定发展和新软件产品的问世，软件产品逐渐成为价值连城的商品。软件维护与更新也成为一项日益重要的工作，并催生了计算机软件市场经济。稳定阶段中开始出现了计算机学科的学术讨论。人工智能就是第一个被大力宣扬的学科，即称之为"有知觉"的机器，可以模仿人类大脑的功能，并可代替人类大脑去做任何事情。此阶段由于计算机硬件变化节奏缓慢了一些，属于较平稳的年代，计算机软件随之平稳发展，并确立了软件在市场上的重要地位。

3. 发展阶段（1985—至今）

此阶段是又一个激动人心的年代，计算机已经得到广泛普及，各种操作系统、网络软件及数据库软件得到开发应用，软件业在计算机行业中成为不可缺少的部分并取得了辉煌成就。

这个阶段是软件发展过程中最重要的时期。过去存在的大量问题被解决了，老的JCL

问题已经被友好用户、友好程序界面解决。图形用户界面 GUI（graphical user interface）的普及与流行，成为 20 世纪 80 年代计算机领域最伟大的成就。以前的 FORTRAN 和 COBOL 语言都没能解决用户界面的友好问题，但可视化软件编程改变了这一状况。

此阶段形成了软件的作用和价值。人工智能、知识工程、专家系统以及神经网络领域的研究得以发展与深化。软件市场在世界范围内以比较快的速度增长，在美国犹他州已出现以软件为主的第二高新技术产业区。目前软件的发展速度已超过硬件产业，占信息产业的主导地位。美国垄断世界软件市场的格局，一时很难发生改变。软件特性体现为：软件进入结构化生产时期，以结构化分析和设计，结构化评审，结构化程序设计，以及结构化测试为特征；从 20 世纪 80 年代中期开始，软件生产进入以过程为中心的开发阶段；从 1995 年开始，逐步进入面向对象和构件重用等技术为基础的软件工业化生产时代。此阶段软件业绩如下：

（1）软件重用技术。软件重用的目的是使非结构化、非标准化程序变为结构化、标准化，并形成大量能重用的计算机构件和模块。软件重用技术使软件的开发基本上变成了搭积木，把需要的对象和功能模块拼起来即可。它节省了大量的人力与物力，减少了重复开发。这种技术可以应用在数据库管理和信息系统管理上，Microsoft Access 等软件均采用软件重用技术，集成了大量基本构件和模块，便于重用。

（2）面向对象技术。20 世纪 80 年代中期以来，各个领域的发展和变化越来越快，对应用软件不断提出新的功能要求，这就使以功能为基础的软件体系改动较大，甚至推倒重来。20 世纪 80 年代末发现，使用面向对象技术能极大地提高软件的可维护性，而且它还有很多其他的优点，例如提高软件开发率，提高软件的可靠性和安全性等。面向对象技术获得了极大成功，终于成为 20 世纪 90 年代软件界最大的热点。随着软件技术的发展，面向对象技术形成了面向对象编程 OOP（object oriented program）、面向对象设计 OOD（object oriented design）、面向对象分析 OOA（object oriented analysis），形成了完整的软件开发方法学。

（3）集成工具与 CASE 技术。如今，已将过去单个的工具集成在一个系统中，用于软件开发，形成了集成工具。而 CASE（computer aided software engineering）技术，即"支持软件工程方法学的计算机辅助手段"，目的在于实现从软件工程诞生之日起就面临的如何组织人员进行集体作业和如何逐步代替人工进行编程的两大任务。CASE 技术使开发支持工具与开发方法学统一和结合起来，通过实现分析、设计、程序开发与维护的自动化，提高了整个软件开发工程的效率。如果方法驱动器理论得以实现，软件自动化将成为现实。CASE 技术的发展不仅给传统软件工程方法以新生，也推动着各种软件工程方法的演变、合并和淘汰，为新软件工程方法理论实用化开辟了一条崭新的道路。

（4）图形用户界面。用户界面一般是由菜单窗口和对话框等元素构成，它为用户提供了一个使用软件交互过程的环境，提高了软件的使用效率，灵活便捷，并且易于修改维护程序，充分体现了图形界面"所见即所得"的现代软件设计风格，使用户能以简单自然的方式与软件系统交流信息，提供对键盘及鼠标两种输入设备的双重支持，引导用户正确、快速、方便地使用软件系统，易懂易学，尽可能地减少用户必须记忆的信息。

（5）多媒体技术。多媒体技术曾经是被炒得沸沸扬扬的话题，也是计算机科学在 20 世纪 90 年代的一个热点。多媒体技术是将文字、声音、图形、视频图像集成在一起的技术。它包括多媒体计算机原理、多媒体数据库、多媒体通信和多媒体表现技术等。它的一个重要方面是将图像、图形、声音、文字等集成一体，再按 1：10 或 1：30 压缩比进行图像数据压缩，最后高质量地呈现给用户。

软件技术的发展将呈现平台网络化、技术对象化、系统构件化、产品领域化、开发过程化、生产规模化、竞争国际化的趋势。高端计算机软件、操作系统微内核与源码技术、软件可靠性和安全性、软件开发和集成工具等面向人们个性化需求的应用软件，在相当长的时期内仍将是软件领域的主要研究内容。

微型计算机的发展前景是不可估量的。微型计算机功能强、体积小、使用方便、可靠性高、价格低廉，因而应用范围非常广泛，航天工业、交通运输、医药卫生以及家庭生活等方面都广泛地使用了微型计算机。毫无疑问，今后微型计算机在人类社会和日常生活中的作用将会越来越大。

1.2 计算机中的数制

日常生活中，人们习惯于用十进制来计数，但计算机只能识别由"0"和"1"构成的二进制代码，但采用二进制表示的数又显得冗长，有时为阅读和书写方便，往往采用十六进制数。因此，就先要掌握数制及其之间的转换关系。

当我们谈论数制进制的时候，很自然就会想到十进制，即：逢十进一，借一当十。

所有的十进制数由 0、1、2、3、4、5、6、7、8、9 这十个基本元素构成，但其实我们可以问问自己几个问题：

（1）为什么要采用十进制？

（2）能否用其他进制来表示自然界中的各种信息？

（3）当我们用其他进制表示信息的时候和"十进制"的表示是否有不同？不同在哪里？

二进制为数字计算机的基本进制，对二进制的理解程度将很大程度地影响对计算机的理解。

二进制的一个主要特点：只有两个基本元素（0，1）。用一个具有两个状态的"事物"即可以表达一位二进制。例如：白天/黑夜，可以用"1"代表"白天"，"0"代表"黑夜"；对于灯的亮/灭，可以用"1"代表"灯亮"，"0"代表"灯灭"；对于动物的性别雌/雄，可以用"1"代表雌性,"0"代表雄性;数字电路的导通"0"和关闭"1";等等。在计算机中采用二进制而不采用十进制主要是考虑到计算机的设计和可靠性等技术问题。其实"十进制"和"二进制"在表示数值上是等价的。

1.2.1 常用计数制

1. 十进制数

(1) 十进制数中有 0~9 共十个数字符号。

(2) 逢 10 进 1、借一当十(10 为基数)。

(3) 各位数的"权"为 10^i,n 位权是 n-1 位权的 10 倍。

例:$(3256.87)_{10}=3\times10^3+2\times10^2+5\times10^1+6\times10^0+8\times10^{-1}+7\times10^{-2}=3256.87$

即:

$$(D)_{10}=D_{n-1}\times10^{n-1}+D_{n-2}\times10^{n-2}+\cdots+D_1\times10^1+D_0\times10^0+D_{-1}\times10^{-1}+\cdots+D_{-m}\times10^{-m}$$

$$=\sum_{i=-m}^{n-1}D_i\times10^i$$

式中 n 表示小数点左边的位数(自 0 开始),m 表示小数点右边的位数(自 1 开始)。

2. 二进制数

(1) 二进制数中只有 0、1 两个数字符号。

(2) 逢 2 进 1、借一当二(2 为基数)。

(3) 各位数的"权"为 2^i。

例:$(1010.11)_2=1\times2^3+0\times2^2+1\times2^1+0\times2^0+1\times2^{-1}+1\times2^{-2}=10.75$

即:$(B)_2=B_{n-1}\times2^{n-1}+B_{n-2}\times2^{n-2}+\cdots+B_1\times2^1+B_0\times2^0+B_{-1}\times2^{-1}+\cdots+B_{-m}\times2^{-m}$

$$=\sum_{i=-m}^{n-1}B_i\times2^i$$

3. 十六进制数

(1) 十六进制数共有十六个数字符号 0~9 及 A~F。

(2) 逢 16 进 1。

(3) 各位数的"权"为 16^i。

例:$(2AE.4)_{16}=2\times16^2+10\times16^1+14\times16^0+4\times16^{-1}=586.25$

即:

$$(H)_{16}=H_{n-1}\times16^{n-1}+H_{n-2}\times16^{n-2}+\cdots+H_1\times16^1+H_0\times16^0+H_{-1}\times16^{-1}+\cdots+H_{-m}\times16^{-m}$$

$$=\sum_{i=-m}^{n-1}H_i\times16^i$$

4. 八进制数

有 0~7 共 8 个字符，基数为 8，高位权是低位权的 8 倍，加减运算的法则为"逢八进一，借一当八"。

需要指出的是，除了用基数作下标来表示数的进制外，还可在数的后面加上字母 B（Binary）、H（Hexadecimal）、D（Decimal）来分别表示二进制数、十六进制数和十进制数，而十进制数后面的 D 往往可以省略。

1.2.2 各种数制之间的转换

由于人们习惯使用十进制数，而计算机只能识别二进制数，而编程又多采用十六进制数，因此必然就会产生不同进位制之间的转换问题。

下面主要讨论二进制与十进制之前的转换，其他如八进制和十六进制与十进制之间的转换实际上都可转化为二进制与十进制之间的转换问题。

1. 非十进制数转换为十进制数

按"权"展开，各位二进制数码乘以对应位的权之和及各位十六进制数码乘以对应位的权之和。

例：$110.01B = 1 \times 2^2 + 1 \times 2^1 + 0 \times 2^0 + 0 \times 2^{-1} + 1 \times 2^{-2} D = 6.25 D$

$5B.CH = 5 \times 16^1 + 11 \times 16^0 + 12 \times 16^{-1} D = 91.75 D$

2. 十进制数转换为非十进制数

（1）十进制数转换为 N 进制数：整数部分与小数部分分别转换，整数部分："除 N 取余"，小数部分："乘 N 取整"。

例：将十进制数 112.25 转换为二进制数。

整数部分：

2	112	
2	56	0
2	28	0
2	14	0
2	7	0
2	3	1
2	1	1
	0	1

小数部分：

$$\begin{array}{r} 0.25 \\ \times\ 2 \\ \hline 0.5 \end{array}\quad 0$$

$$\begin{array}{r} 0.5 \\ \times\ 2 \\ \hline 1.0 \end{array}\quad 1$$

从而得到 $(112.25)_{10}=(1110000.01)_2$ 或写作：112.25=1110000.01B。

3. 二进制数与十六进制数之间的转换

（1）二进制数转换为十六进制数。

"四位一撇"法：

例：将二进制数 110100110.101101B 转换为十六进制数

　　1,1010,0110.1011,01B=1A6.B4H（注意：首尾要补零）

（2）十六进制数转换为二进制数。

"以四代一"法：

例：将十六进制数 2A8F.6DH 转换为二进制数

　　2A8F.6DH=10,1010,1000,1111.0110,1101B

1.2.3　二进制数的运算方法

电子计算机具有强大的运算能力，它可以进行两种运算：算术运算和逻辑运算。

1. 二进制数的算术运算

二进制数的算术运算包括：加、减、乘、除四则运算，下面对加减运算予以介绍。

（1）二进制数的加法。根据"逢二进一"规则，二进制数加法的法则为：

0＋0=0；0＋1=1＋0=1；1＋1=0（进位为1）；1＋1＋1=1（进位为1）。

例：1110 和 1011 相加过程如下

$$\begin{array}{r} 1110 \\ +1011 \\ \hline 11001 \end{array}$$

（2）二进制数的减法。根据"借一有二"的规则，二进制数减法的法则为：

0－0=0；1－1=0；1－0=1；0－1=1（借位为1）

例：1101 减去 1011 的过程如下

$$\begin{array}{r}1101\\-1011\\\hline 11001\end{array}$$

2. 二进制数的逻辑运算

二进制数的逻辑运算包括逻辑加法（"或"运算）、逻辑乘法（"与"运算）、逻辑否定（"非"运算）和逻辑"异或"运算。

（1）逻辑"或"运算。又称为"逻辑加"，可用符号"＋"或"∨"来表示。逻辑"或"运算的规则为：两个相"或"的逻辑变量中，只要有一个为 1，"或"运算的结果就为 1。仅当两个变量都为 0 时，或运算的结果才为 0。计算时要特别注意和算术运算的加法并加以区别。

（2）逻辑"与"运算。又称为"逻辑乘"，常用符号"×"或"·"或"∧"表示。"与"运算遵循如下运算规则为：两个相"与"的逻辑变量中，只要有一个为 0，"与"运算的结果就为 0。仅当两个变量都为 1 时，"与"运算的结果才为 1。

（3）逻辑"非"运算。又称为"逻辑否定"，实际上就是将原逻辑变量的状态求反，其运算规则如下：

$$\bar{0}=1, \bar{1}=0$$

（4）逻辑"异或"运算。"异或"运算，常用符号"⊕"或"∀"来表示，其运算规则为：两个相"异或"的逻辑运算变量取值相同时，"异或"的结果为 0。取值相异时，"异或"的结果为 1。

二进制数运算规则见表 1-3 所示。

【例 1.1】如两变量的取值 X=00FFH，Y=5555H，求 $Z1=X \wedge Y$；$Z2=X \vee Y$；$Z3=\bar{X}$；$Z4=X \oplus Y$ 的值。

解：X=0000000011111111B

Y=0101010101010101B

则：Z1=0000000001010101=0055H

Z2=0101010111111111=55FFH

Z3=1111111100000000=FF00H

Z4=0101010110101010=55AAH

表 1-3 二进制数运算规则一览表

加法	减法	乘法	除法	"与"运算	"或"运算	"异或"运算
0+0=0	0−0=0	0×0=0	与十进制除法类似	按位进行"与"运算,两位均为1时其结果为1,否则为0,用符号"×"或"·"或"∧"表示	按位进行"或"运算,两位有一位为1时其结果为1,两位均为0时结果为0用符号"+"或"∨"来表示	按位进行"异或"运算,两位不同时结果为1,两位相同时结果为0,用符号"⊕"或"∀"来表示
0+1=1	1−0=1	1×0=0				
1+1=10 有进位	1−1=0	0×1=0				
1+1+1=11 有进位	0−1=1 有借位	1×1=1				

1.2.4 数在计算机中的表示

计算机处理的对象是各种数据,计算机中的数据均采用二进制形式,从使用角度来看,计算机中的数据可分为两大类:

(1)数:用来直接表征量的多少,有大小之分,可进行各种数学运算。

(2)码:用来指代某个事物或事物的状态属性。计算机中的码主要是做管理、编辑、判断、检索、转换、存储及传输等工作。

在计算机中要处理的数有无符号数和有符号数。这些数在计算机中是如何表示的呢?

1. 无符号数

所谓无符号数,通常表示一个数的绝对值,即数的各位都用来表示数值的大小。一个字节(8位)二进制数只能表示 0~255 范围内的数。因此,要表示大于 255 的数,必须采用多个字节来表示,它的长度可以为任意倍字节长,其数据格式如图 1-2 所示。

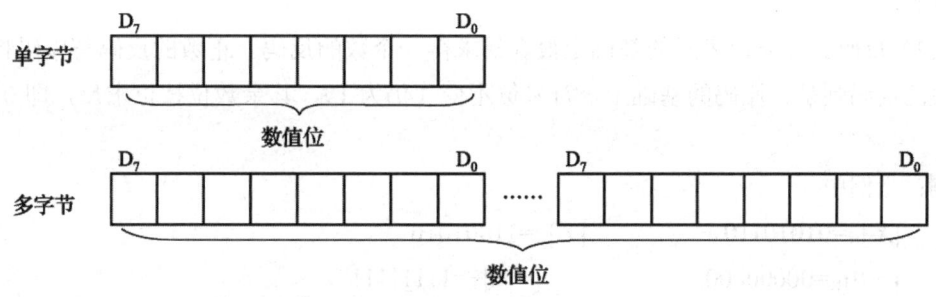

图 1-2 无符号二进制数表示格式

2. 有符号数

所谓有符号数,即用来表示一个任意位长的正数或负数。在普通数字中,区分正负数是在数的绝对值前面加上符号来表示,即"+"表示正数,"−"表示负数。在计算机中数的符号也数码化了,即用一位二进制数位来表示符号。一般情况下,用一个数的最高位来表示符号位,用"0"表示正号,用"1"表示负号,而其余位为数值位。其数据格式如图

1-3 所示。

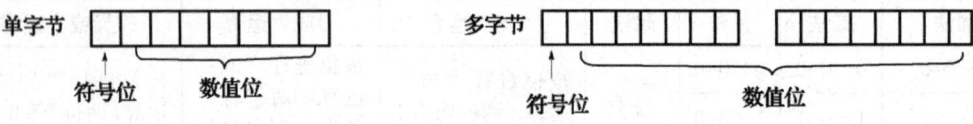

图 1-3 有符号二进制数表示格式

带正、负号的二进制数称为数的真值表示。

例：$X=+1010110$

$Y=-0110101$

为了运算方便，在计算机里的有符号数，有三种表示方法，即原码、反码和补码，称为机器数。不管是哪一种表示方法，其最高位均为符号位，用"0"表示正数，用"1"表示负数。

（1）原码。正数的符号位用"0"表示，负数的符号位用"1"表示，其余数字位表示数值本身，这种表示法称为原码。

例：上例中

$[X]_{原}=01010110 \qquad [Y]_{原}=10110101$

对于 0，可以认为它是 +0，也可以认为它是 -0。因此在原码中，0 有下列两种表示：

$[+0]_{原}=00000000 \qquad [-0]_{原}=10000000$

原码表示数的方法很简单，只需要在真值的基础上，将符号位用数码"0"和"1"表示即可。但采用原码表示的数在计算机中进行加减运算时很麻烦。如：遇到两个异号数相加，或两个同号数相减时，就要用减法运算。为了把减法运算转变成加法运算，引入了反码和补码。

（2）反码。在原码表示的基础上很容易求得一个数的反码。正数的反码与原码相同，而负数的反码则是在原码的基础上，符号位不变（仍为1），其余数位按位求反，即 0→1，1→0。

例：上例中

$[X]_{反}=01010110 \qquad [Y]_{反}=11001010$

而：$[+0]_{反}=00000000 \qquad [-0]_{反}=11111111$

由上可知，由于在原码和反码表示法中，数值 0 的表示法不是唯一的，必然对运算带来不利（缺乏唯一性）。因此，引入补码的概念。

（3）补码。一个数的补码也很容易求得。如果是正数，补码同原码也同反码，如果是负数，则在反码的基础上最末位加 1。

例：上例中

$[X]_{补}=01010110=[X]_{反}=[X]_{原} \qquad [Y]_{补}=11001011$

注：补码中 0 只有一种表示，无正负之分，即

$$[+0]_{补}=[-0]_{补}=00000000$$

不难证明,补码具有如下特性:

$$[[X]_{补}]_{补}=[X]_{原}$$

用 8 位二进制数来表示无符号数及有符号数的原码、反码、补码时的对应关系如表 1-4 所示。

表 1-4 用 8 位二进制数来表示无符号数及有符号数的原码、反码、补码时的对应关系

8 位二进制数	无符号十进制数	原码	反码	补码
0000 0000	0	+0	+0	+0
0000 0001	1	+1	+1	+1
0000 0010	2	+2	+2	+2
……	……	……	……	……
0111 1100	124	+124	+124	+124
0111 1101	125	+125	+125	+125
0111 1110	126	+126	+126	+126
0111 1111	127	+127	+127	+127
1000 0000	128	−0	−127	−128
1000 0001	129	−1	−126	−127
1000 0010	130	−2	−125	−126
……	……	……	……	……
1111 1100	252	−124	−3	−4
1111 1101	253	−125	−2	−3
1111 1110	254	−126	−1	−2
1111 1111	255	−127	−0	−1

由表 1-4 可知,用 8 位二进制数,表示无符号数为 0～255;表示原码为 −127～+127;表示反码为 −127～+127;表示补码为 −128～+127。

(4)补码运算。两个用补码表示的带符号数进行加减运算时,特点是把符号位上表示正负的"1"和"0"也看成数,与数值部分一同进行运算,所得的结果也为补码形式,即结果的符号位为"0",表示正数,结果的符号位为"1"表示负数。下面分加、减两种情况予以讨论。

两个带符号的数 X 和 Y 进行相加时,是将两个数分别转换为补码的形式,然后进行补码加运算,所得的结果为和的补码形式。即:

$$[X+Y]_{补}=[X]_{补}+[Y]_{补}$$

【例 1.2】用补码进行下列运算

$$(+18)+(-15);\ (-18)+(+15);\ (-18)+(-11)$$

解：

```
   00010010  [+18]补              11101110  [-18]补
+) 11110001  [-15]补          +) 00001111  [+15]补
  1 00000011 [+3]补               11111101  [-3]补
```
—— 符号位的进位自动丢失

```
   11101110  [-18]补
+) 11110101  [-11]补
 1 11100011  [-29]补
```
—— 符号位的进位自动丢失

由例 1.2 可知：当带符号的数采用补码形式进行相加时，可把符号位也当作普通数字一样与数值部分一起进行加法运算，若符号位上产生进位时，则自动丢掉，所得的结果为两数之和的补码形式。如果想得到运算后原码的结果，可对运算结果再求一次补码即可。

两个带符号数相减，可通过下面的公式进行：

$$X-Y=X+(-Y)$$

则 $[X-Y]_补=[X+(-Y)]_补=[X]_补+[-Y]_补$

可见：求 $[X-Y]_补$，可以用 $[X]_补$ 和 $[-Y]_补$ 相加来实现。这里关键在于求 $[-Y]_补$。如果已知 $[Y]_补$，那么对 $[Y]_补$ 的每一位（包括符号位）都按位求反，然后再在末位加 1，结果即为 $[-Y]_补$，（证明从略）。一般称 $[-Y]_补$ 为对 $[Y]_补$ 的"变补"，即 $[[Y]_补]$变补$=[-Y]_补$；已知 $[Y]_补$，求 $[-Y]_补$ 的过程叫变补。这样一来，求两个带符号的二进制数之差，可以用"减数（补码）变补与被减数（补码）相加"来实现。这是补码表示法的主要优点之一。

【例 1.3】用补码进行下列运算：① 96-19；② (-56)-(-17)

解：① $X=96$，$Y=19$ 则 $[X]_补=01100000$

$[Y]_补=00010011$ $[-Y]_补=11101101$ 故

$[X-Y]_补=[X-Y]_原=01001101=+77$

```
   01100000  [X]补
+) 11101101  [-Y]补
 1 01001101  [X-Y]补
```
—— 符号位的进位自动丢失

② $X=-56$，$Y=-17$，则

$[X]_补=11001000$

$[Y]_补=11101111$

$[-Y]_补=00010001$

则 $[X\text{-}Y]_{\text{补}}$=11011001

故 $[X\text{-}Y]_{\text{原}}$=$[[X\text{-}Y]_{\text{补}}]_{\text{补}}$=10100111=-39

```
   11001000  [X]补
+) 00010001  [-Y]补
   ─────────
   11011001  [X-Y]补
```

综上所述，对于补码的加、减运算可用如下一般公式表示：

$[X±Y]_{\text{补}}$=$[X]_{\text{补}}$+$[±Y]_{\text{补}}$ （|X|，|Y|及|X±Y|都小于 2^n+1）

由于计算机中求反很易实现，故上述运算过程在计算机上较简单。而众所周知，对于二进制数的算术运算，乘法运算可转换为左移和加法运算，而除法运算可转换为右移和减法运算。由此得到，在计算机中，加、减、乘、除，均可由加法和移位两种操作得以实现，这就是引入补码的最终目的。

溢出判断：

当两个有符号数进行补码运算时，若运算结果的绝对值超出运算装置容量时，数值部分就会发生溢出，占据符号位的位置，导致错误的结果。这种现象通常称为补码溢出，简称"溢出"。这和正常运算时符号位的进位自动丢失在性质上是不同的。下面举例说明。

例如：某运算共有五位，除最高位表示符号位外，还有四位用来表示数值。先看下面两组运算。

① 计算 13+7=?

```
    +13                   01101
+)  + 7               +) 00111
   ────                  ──────
    +20                   10100 = -12

  十进制运算           二进制补码运算
```

② 计算（-4）+（-4）=?

```
                          11100
                      +) 11100
                         ──────
    -4                 1 11000 = -8
+)  -4                 ↑
   ────                 └─ 符号位的的进位自动丢失
    -8

  十进制运算           二进制补码运算
```

① 的运算结果显然是错误的，因为两个正数相加不可能得到负数的结果，产生错误的原因是由于两个数相加后的数值超出了加法装置所允许位数（数值部分 4 位，可以表示的最大数值为 2^4=16），因而从数值的最高位向符号位产生了进位，或说这种现象是由于"溢出"而造成的。

② 的结果显然是正确的,由符号位产生的进位自动丢失。

为了保证运算结果的正确性,计算机必须能够判别出是正常进位还是发生了溢出错误。微机中常用的溢出判别称为"双高位判别法",并常用"异或"电路来实现溢出判别。其表达式为

$C_S \oplus C_P = 1$(表示发生了溢出错误)

式中,C_S——最高位(符号位)产生进位的情况。$C_S=1$,有进位;$C_S=0$,无进位。C_P——次高位(数值部分最高位)向符号位产生进位的情况。$C_P=1$,有进位;$C_P=0$,无进位。由表达式可知,在运算结果中,C_S 和 C_P 状态不同(为 01 或 10)时,产生溢出;当运算结果中,C_S 和 C_P 状态相同(为 00 或 11)时,不产生溢出。发生溢出时,$C_S C_P=01$ 为正溢出,通常出现在两个正数相加时;$C_S C_P=10$ 为负溢出,通常出现在两个负数相加时。参考上面的两例。当 $C_S \oplus C_P = 0 \oplus 1 = 1$,有溢出,为正溢出。当 $C_S \oplus C_P = 1 \oplus 1 = 0$,无溢出。因而可知:一个正数和一个负数相加时,和肯定不会发生溢出。在运算中,当最高位和次高位同有进位或同无进位,则无溢出。如两者一个有进位,一个无进位,则有溢出。

下面举例说明溢出判别。

【例 1.4】

```
    01000000       [+64]补
+)  01000001       [+65]补
    ─────────────────────
    01000000       [−127]补
```

由于 $C_S \oplus C_P = 0 \oplus 1 = 1$ 产生了溢出,导致运算结果出错(两个正数相加得到负数的结果)。

1.2.5 数据的编码方法

在计算机里,除处理数值领域的问题外,还被大量用于处理非数值领域的问题,这要求计算机能识别文字、字符和各种符号。而所有字符符号及十进制数都必须转换为二进制代码才能为计算机所识别,所有用到的数字、字母、符号、指令等都必须用特定的二进制码来表示,这就是二进制编码。

1. 二进制编码的十进制数

计算机只能识别二进制数,但是,人们却熟悉十进制数。所以,在计算机输入和输出数据时,往往采用十进制数表示。不过,这样的十进制数是用二进制编码表示的,称为二进制编码的十进制数——BCD(binary code decimal)码。

用二进制数为十进制数编码,每一位十进制数需要由四位二进制数来表示。四位二进制数共有 16 种编码形式,由于十进制数只有 0~9 十个数码,故有六个码是多余的放弃不

用。而这种多余性便产生了多种不同的 BCD 码（binary coded decimal）。在计算机中较常用的是 8421BCD 码(在以后章节中简称 BCD 码)。这种 BCD 码用四位二进制数表示一位十进制数的数码 0~9，而这四位的权从高位到低位依次为 8、4、2、1。十进制数 0~15 与 8421BCD 码的编码关系如表 1-5 所示。

例如：（208）10=（0010 0000 1000）8421 BCD，（1001 0001 0111 0101）8421 BCD=（9175）10

表 1-5　8421 BCD 码编码表

十进制数	8421BCD 码	十进制数	8421BCD 码
0	0000	8	1000
1	0001	9	1001
2	0010	10	0001 0000
3	0011	11	0001 0001
4	0100	12	0001 0010
5	0101	13	0001 0011
6	0110	14	0001 0100
7	0111	15	0001 0101

BCD 码有很多种形式，如 8421 码、余 3 码、5421 码和 2421 码等，其中 8421 码应用最为广泛。计算机中 BCD 码的存储方式如表 1-6 所示。

表 1-6　计算机中 BCD 码的存储方式

十进制	8421 码	余 3 码	5421 码	2421 码
0	0000	0011	0000	0000
1	0001	0100	0001	0001
2	0010	0101	0010	0010
3	0011	0110	0011	0011
4	0100	0111	0100	0100
5	0101	1000	1000	0101
6	0110	1001	1001	0110
7	0111	1010	1010	0111
8	1000	1011	1011	1110
9	1001	1100	1100	1111

在存储单元为 8 位的情况下，BCD 码有两种表示方法。一种是压缩 BCD 码表示方法，例 10010010 表示十进制数 92（即一个字节表示 2 个十进制数），另一种表示方法为非压缩 BCD 码（也称扩展 BCD 码），同样是十进制数 92，用非压缩 BCD 码就表示为：0000100100000010。

2. 字母与符号的编码

在计算机里，字母和符号也必须用特定的二进制编码来表示。目前，在微机、通信设备和仪器仪表中广泛采用的是美国标准信息交换码 ASCII（American standard code for information interchange）码。它用七位二进制码表示一个字母或符号，共能表示 2^7=128 个不同的字符。其中包括数字 0～9、英文 26 个大、小写字母、运算符、标点及其他的一些控制符号。常用的七位 ASCII 码见如 1-7 所示。

例如：数字 0 的 ASCII 码为 0110000B 或 30H，数字 9 的 ASCII 码为 0111001B 或 39H，字母 A 的 ASCII 码为 1000001B 或 41H。ASCII 码多用于微型计算机的输入/输出设备（如电传打字机）及在数据传送过程中进行奇偶校验。

表 1-7 常用的七位 ASCII 码

ASCII 值	控制字符	ASCII 值	字符	ASCII 值	字符	ASCII 值	字符
0	NUL	32	(space)	64	@	96	`
1	SOH	33	!	65	A	97	a
2	STX	34	"	66	B	98	b
3	ETX	35	#	67	C	99	c
4	EOT	36	$	68	D	100	d
5	ENQ	37	%	69	E	101	e
6	ACK	38	&	70	F	102	f
7	BEL	39	,	71	G	103	g
8	BS	40	(	72	H	104	h
9	HT	41	)	73	I	105	i
10	LF	42	*	74	J	106	j
11	VT	43	+	75	K	107	k
12	FF	44	,	76	L	108	l
13	CR	45	-	77	M	109	m
14	SO	46	.	78	N	110	n
15	SI	47	/	79	O	111	o
16	DLE	48	0	80	P	112	p
17	DCI	49	1	81	Q	113	q
18	DC2	50	2	82	R	114	r
19	DC3	51	3	83	X	115	s
20	DC4	52	4	84	T	116	t
21	NAK	53	5	85	U	117	u

续表 1-7

ASCII 值	控制字符	ASCII 值	字符	ASCII 值	字符	ASCII 值	字符
22	SYN	54	6	86	V	118	v
23	TB	55	7	87	W	119	w
24	CAN	56	8	88	X	120	x
25	EM	57	9	89	Y	121	y
26	SUB	58	:	90	Z	122	z
27	ESC	59	;	91	[	123	{
28	FS	60	<	92	\	124	|
29	GS	61	=	93	]	125	}
30	RS	62	>	94	^	126	~
31	US	63	?	95	—	127	DEL

（1）汉字编码。我国于 1980 年制定了"信息交换 7 位编码字符集，即国家标准 GB1988-80，除了用人民币符号￥代替美元符号$外，其余代码与 ASCII 码相同。当然除了国家标准 GB1988-80 外，我国还编写了简体中文常见的编码方式表 GB2312，使用两个字节表示一个汉字，最多可以表示 65536 个符号。

用计算机处理汉字，每个汉字必须用代码表示。键盘输入汉字是输入汉字的外部码。外部码必须转换为内部码才能在计算机内进行存储和处理。为了将汉字以点阵的形式输出，还要将内部码转换为字形码。

（2）数据单位。

① 位（bit）位是计算机处理的最小数据单位，它只有"0""1"两种状态。bit 通常缩写为 b。

② 字节（byte）、KB、MB、GB 和 TB

1 个字节包含 8 个二进制位，Byte 通常缩写为 B。字节是计算机中存储容量的基本单位。在计算机中，1K 为 1024，即 2^{10}，所以 1 KB=1024 Byte。以此类推，1 MB=1024 KB，1 GB=1024 MB，1TB=1024 GB。

③ 字（word）字在不同场合有不同含义。它是数据总线的宽度。一个字代表两个字节，在 8086 系列的机型中为 16 位。

1.3 微型计算机系统

一个完整的微型计算机系统也是由硬件系统和软件系统两大部分组成的。

1.3.1 微型计算机系统的组成

1. 微处理器

微处理器简称 MP（microprocessor）或 CPU，也称为微处理机。是指由一片或几片大规模集成电路组成的具有运算和控制功能的中央处理单元。微处理器主要由算术逻辑部件 ALU、寄存器以及控制器 CU 组成，它是微型计算机的主要组成部分。

2. 微型计算机

微型计算机简称为 MC（microcomputer）或 PC（personal computer）。以微处理器 CPU 为核心，再配上一定容量的存储器（RAM、ROM）、输入/输出接口电路和 I/O 设备组成，这三部分通过外部总线(包括数据总线（data bus，DB）、地址总线（address bus，AB）、控制总线（control bus，CB））连接起来，便组成了一台微型计算机。

3. 微型计算机系统

微型计算机系统简称为 MCS（microcomputer system），它以微型计算机为核心，再配备以相应的外围设备、辅助电路和电源（统称硬件）及指挥微型计算机工作的系统软件，便构成了一个完整的系统。

微处理器、微型计算机和微型计算机系统，是三个含义不同但又有密切关联的基本概念，要特别注意对它们的区别理解。微型计算机系统的组成如图 1-4 所示。

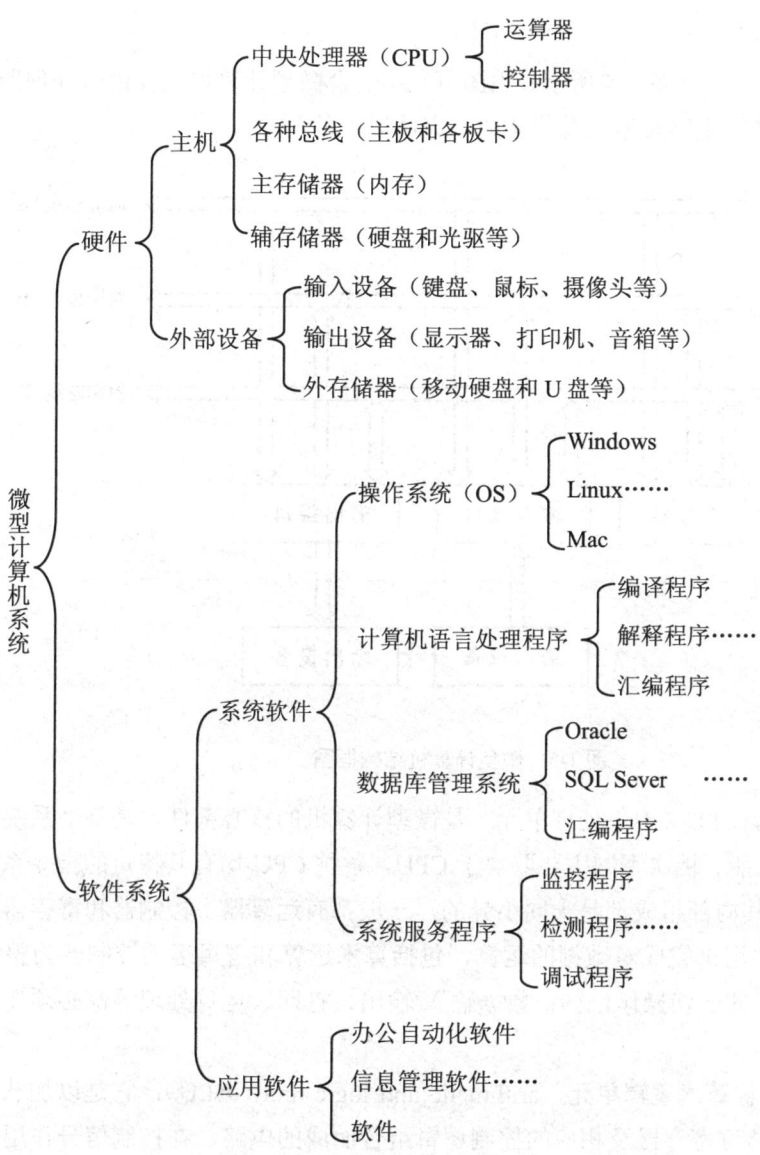

图 1-4 微型计算机系统的组成

1.3.2 微型计算机系统的硬件组成

由图 1-4 可以看到，微型计算机系统的硬件主要包括微型计算机、外围设备和电源，实际上就是用眼能看得见、用手能摸得着的机器系统部分。

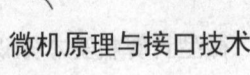

1. 微型计算机

微型计算机结构框图如图 1-5 所示。由图可知：一台微型计算机主要由微处理器 CPU、存储器、输入/输出接口电路及系统总线构成（虚线以上的部分）。

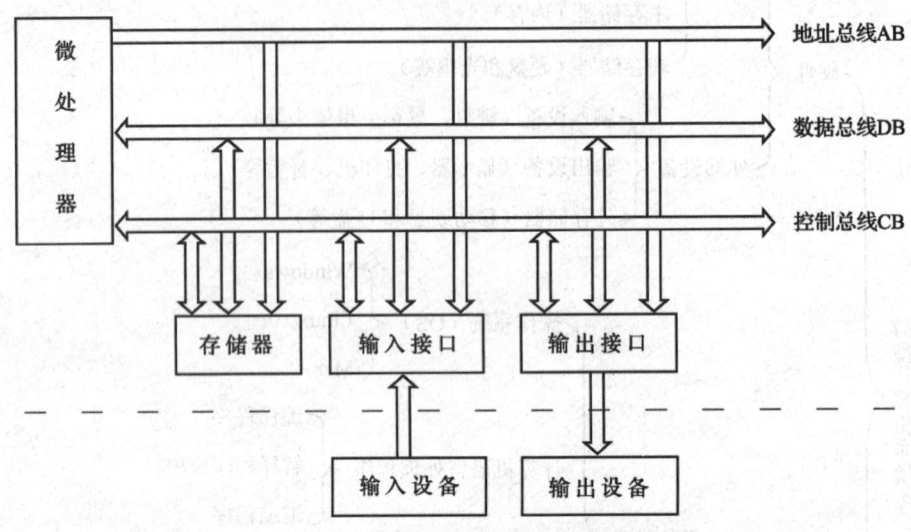

图 1-5　微型计算机结构框图

（1）微处理器。CPU（中央处理单元）是微型计算机的核心部件，是整个系统的运算和控制中心。微机性能、档次不同主要取决于 CPU。各种 CPU 均有其特定的指令系统。然而无论哪种 CPU，其内部组成都是大同小异的，一般都有运算器、控制器和寄存器三个主要部分。运算器主要用来完成对数据的运算，包括算术运算和逻辑运，控制器为整机的指挥控制中心，计算机的一切操作，如：数据输入/输出、打印、运算处理等都必须在控制器的控制下才能进行。

- 运算器（又称算术逻辑单元，arithmetic and logic unit，ALU）：它是以加法器为基础，辅之以移位寄存器及相应的控制逻辑组合而成的电路，在控制信号作用下，完成各种算术运算和逻辑运算。
- 控制器：一般由指令寄存器（instruction register，IR）和指令译码器（instruction decoder，ID）和控制电路组成，是 CPU 的指挥控制中心。它从存储器中依次取出程序的各条指令，并根据指令要求向微机各部分发出相应控制信号，使各部分协调工作。
- 寄存器组：它是 CPU 内部的若干个存储单元。分为专用寄存器和通用寄存器两种。由于有这些寄存器，CPU 在运算时出现中间结果，可暂放在寄存器中，以避免对存储器的频繁访问，而缩短指令执行时间，给编程带来方便。

（2）存储器。这里所指的存储器是指系统的内存或称"主存"，是微机的存储和记忆部件，用来存储数据、程序、运算的中间结果和最后结果。包括随机存取存储器 RAM 和只读存储器 ROM。微机的内存一般都由半导体存储器构成。

① 内存单元的地址和内容。内存由许多单元组成，每个单元存放一组二进制数（8 位二进制数），称为一个字节。一台微机中内存单元的总量称为该机的内存容量，单位为字节。为区别个不同的内存单元，往往要对内存单元进行编址。如 8086CPU 的内存编址从 00000H 开始，一直到 FFFFFH 为止，共 2^{20} 个存储单元。每个存储单元拥有唯一的地址。CPU 如要访问其内存单元，可通过指定该内存地址予以实现。

内存单元中存放的信息称为内存单元的内容，它与内存地址在形式上都是一个二进制数，但在本质是两个完全不同的概念。

② 内存的操作。CPU 对内存单元的操作有读、写两种。需要指出的是读操作不会改变被读存储器的内容。这一特点称为"非破坏性读出"（no destructive read out）。反之，写操作将破坏该存储器的内容。上述类型存储器即可读出也可写入信息，因此这种存储器称为读写存储器，也称为随机存取存储器。

③ 内存的分类。按工作方式不同，内存可分为两大类，即随机存取存储器（random access memory，RAM）和只读存储器（read only memory，ROM）。

ROM 中的信息只能被 CPU 读取，而不能由 CPU 任意写入。但 ROM 中的信息不像 RAM 那样在机器断电后会丢失，所以 ROM 往往被用来存放程序，或各种常数及表格等。ROM 内容的写入要使用专用设备。有关存储器的详细内容将在第五章中具体介绍。

（3）输入/输出接口电路。这是微型计算机与外部设备联系的桥梁，由于外设的种类繁多，工作速度大部分不能和主机相匹配（相对来讲都较慢），且数据格式和逻辑电平一般也与计算机不能直接兼容。因而，主机和外设之间的信息传递都必须经过接口电路加以合理的匹配、缓冲。输入接口连接在主机的输入端，用来将输入设备（如键盘、鼠标等）接收的信息输入到主机内部，而输出接口则接在主机的输出端，用来将主机运算的结果或控制信号输出到输出设备，如 CRT（cathode ray tube）显示器、打印机等。

（4）总线。CPU 和机器内部各部件的联系，以及和微型机外部设备信息的传递都要通过总线来实现。总线是由一组导线和相关电路组成的，是各种公共信号线的集合，用作微机各部分间转送信息所共同使用的"高速信息公路"。在 CPU、存储器和 I/O 接口之间传输信息的总线称为"系统总线"，在微型机中通常使用的总线有数据总线、地址总线和控制总线，称为系统三总线。

① 数据总线 DB（data bus）是微处理器与外界传递数据的信号线。CPU 可通过 DB 从内存或 I/O 设备输入数据，也可通过 DB 向内存或 I/O 设备输出数据。它的条数实际上就决定了微处理器与外部传送数据通道的宽度，这个数值也称作微处理器的"字长"。数据总线可以双向传递数据信号，是一组双向、三态总线。

② 地址总线 AB（address bus）是由微处理器输出的一组地址线，是单向总线，用来指定微处理器所访问的存储器和外部设备的地址。地址总线的条数决定了 CPU 所能直接访问

的地址空间。如地址总线为 20 位时，可访问的地址范围为 2^{20} 个，即为 00000H 到 FFFFFH。地址总线采用三态输出方式。

③ 控制总线 CB（control bus），它用来使微处理器的工作与外部电路的工作同步。用来传送控制信号、时序信息和状态信息等。其中有的为高电平有效，有的为低电平有效，有的为输出信号，有的为输入信号。通过这些联络线 CPU 可以向其他部件发出一系列的命令信号，其他部件也可以将工作状态、请求信号发给 CPU。

2. 外围设备

外围设备即微机的输入/输出设备，它是微机系统与周围世界（包括使用计算机的人）通信联系的渠道。输入设备是把程序、数据、命令转换成计算机所能识别接收的信息，输入给计算机。输出设备把 CPU 计算和处理的结果转换成人们易于理解和阅读的形式，输出到外部。外围设备包括外部设备和过程控制输入/输出通道。外部设备主要有：显示器、键盘、鼠标、打印机、调制解调器、网卡和扫描仪等。过程控制输入/输出通道主要有模数转换器、数模转换器、开关量及信号指示输入/输出器等。这些设备是组成一个微机基本系统必不可少的，它们的选型和指标的好坏对计算机应用环境和用户的工作效率有着重大的影响。

尽管输入/输出设备繁多，但它们有两个共同特点：一是常采用机械的或电磁的工作原理，所以速度较慢，难以和纯电子的 CPU 及内存的工作速度相匹配；二是要求的工作电平常常与 CPU 和内存等采用的标准 TTL（transistor-transistor logic）电平不一致。为了把输入/输出设备与计算机的 CPU 连接起来，还需要一个中间环节，即接口电路，用来进行信号的锁存、变换、隔离和外设选址，以保证信息和数据在外设与 CPU 和内存之间正常传送。

3. 电源

电源是保证微机系统能正常运行的工作电源。PC 的电源将 220 V 交流电转换成 ±5 V 和 ±12 V 四种 DC（直流）电压。一般台式机的电源功率为 150~220 W，立式机的电源功率为 220~400 W，电源中由风扇提供对整个系统的冷却。电源应满足最低安全标准，不产生干扰电视和无线电的电磁辐射。

1.3.3 微型计算机系统的软件组成

软件是微机系统必不可少的组成部分。软件系统是运行、管理和维护微机的各类程序、数据和文档的总称。软件不仅控制计算机运行，管理和控制微机软硬件资源，也提供用户使用微机的界面。微机的软件系统由系统软件、应用软件和支撑软件（程序设计软件）组成。计算机软件的层次如图 1-6 所示。

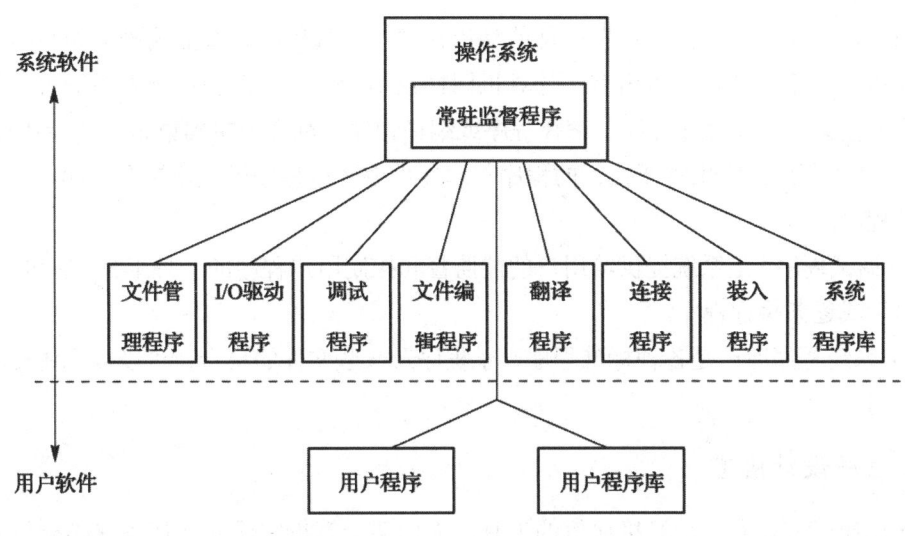

图 1-6　计算机软件层次图

1. 系统软件

系统软件是由计算机生产厂家提供给用户的一组程序。这组程序是用户使用计算机时为开发、准备和执行用户程序所必须的。

系统软件的核心是操作系统（operating system）。它的主要功能是对系统的软、硬件资源进行合理的管理，为用户创造方便、有效和可靠的计算机工作环境。操作系统的主要部分是常驻监督程序。只要一开机，它就开始运行，它可以接收用户命令，并使操作系统执行相应的动作。如 DOS、Windows NT、Windows 10、Linux、Netware 等，操作系统由下面各部分组成。

（1）文件管理程序：用来处理存放在外存储器中的大量信息，它可以和外存储器的设备驱动程序相连接，对存放在其中的信息以文件的形式进行存取、复制及其他管理操作。

（2）I/O 驱动程序：用来对 I/O 设备进行控制和管理。当系统程序或用户程序需要使用 I/O 设备时，只要发出命令，执行 I/O 驱动程序，便能完成 CPU 与 I/O 设备之间的信息传送。

（3）文件编辑程序：文件是指由字母、数字和符号等组成的一组信息，它可以是一个用汇编语言或高级语言编写的程序，也可以是一组数据或一份报告。文件编辑程序用来建立、输入或修改文件，并将它存入内存储器或外存储器中。

（4）装入程序：用来把保存在外存储器中的程序传送到内存，以便机器执行。

（5）翻译程序：微型计算机是通过逐条执行程序当中的指令来完成人们所给予的任务的。所以，当用户想让微机按照人的意图去工作时，就必须把要做的工作、完成的算法及解题的步骤编成一段程序。目前机器中常用的程序设计语言有三种。第一种是机器语言，是机器能够直接识别的唯一的一种语言。第二种是汇编语言，计算机并不能直接识别和执行汇编语言，需要经过驻留在机器内部的翻译程序（汇编程序）将汇编语言编写的程序翻译成机器语言。第三种是高级语言，计算机同样也不能直接识别和执行高级语言，和汇编语言一样，也必须经过翻译程序（解释程序或编译程序）翻译成机器语言后才能执行。

（6）连接程序：用来将要执行的程序与库文件或其他程序模块连接在一起，形成机器能执行的程序。

（7）调试程序：是系统提供给用户的能监督和控制用户程序的一种工具。它可以装入、修改、显示或逐条执行程序。

（8）系统程序库：是各种标准程序、子程序及一些文件的集合，可以被系统程序或用户程序调用。

2. 程序设计语言

程序设计语言是人与计算机通信的工具。人们要计算机完成什么任务就必须将怎样做的方法、步骤编成程序，准确地告诉计算机。计算机只能直接识别和执行机器语言，它是一种机器直接可以识别和执行的用0、1组成的二进制代码编写的程序。而用机器语言编制程序非常麻烦，效率又低，且易出错，读起来也非常困难。人们就想到了利用计算机本身的分析处理能力，让它承担繁琐乏味的工作，为此创造了汇编语言，它是一种用助记符、符号地址、标号、变量及运算符编写的程序，计算机并不能直接识别和执行汇编语言，必须通过驻留在机器中的汇编程序将其转换成机器能识别和执行的机器语言。汇编语言比直接采用机器语言编程要方便许多，但由于它是面向机器的程序设计语言，通常是为特定的计算机设计的，通用性较差，于是人们又想到开发一种更接近人们的思维习惯和自然语言（如英语），易于人们理解和描述解题方法的程序设计语言，这就是所谓的高级语言。高级语言是不依赖于具体机型的程序设计语言，目前应用最多的有BASIC，FORTRAN，COBOL，PASCAL和C等10多种语言。高级语言编写的程序也必须经过解释程序或编译程序转换为机器语言，才能被机器识别和执行。

计算机编程语言的发展概况：

- 机器语言：机器语言就是0，1码语言，是计算机唯一能理解并直接执行的语言。
- 汇编语言：用一些助记符号代替用0，1码描述的某种机器的指令系统，汇编语言就是在此基础上完善起来的。
- 高级语言：BASIC，PASCAL，C语言等。用高级语言编写的程序称源程序，它们必须通过编译或解释、连接等步骤才能被计算机处理。
- 面向对象语言：C++，Java等编程语言是面向对象的语言。

3. 用户软件

用户软件是用户为满足实时系统的需要编制的一组子程序，并建立起自己的程序库，以提高不同类型用户的工作效率。不管计算机的硬件和系统软件多么好，若没有为完成特定任务而编写的用户软件，整个计算机系统也将是毫无意义的。应用软件主要有以下几种：

（1）用于科学计算方面的数学计算软件包、统计软件包等。

（2）文字处理软件包（如 WPS、Office）。

（3）图像处理软件包（如 Photoshop、动画处理软件 3DS MAX）。

（4）各种财务管理软件、税务管理软件、工业控制软件、辅助教育等专用软件。

硬件系统和软件系统是相辅相成的，共同构成了微型计算机系统，缺一不可。用户通过软件系统与硬件系统发生联系，在系统软件的干预下使用硬件系统。现代的计算机硬件系统和软件系统之间的分界线并不明显，总的趋势是两者融合统一，在发展上互相促进。

计算机层次结构如图 1-7 所示。

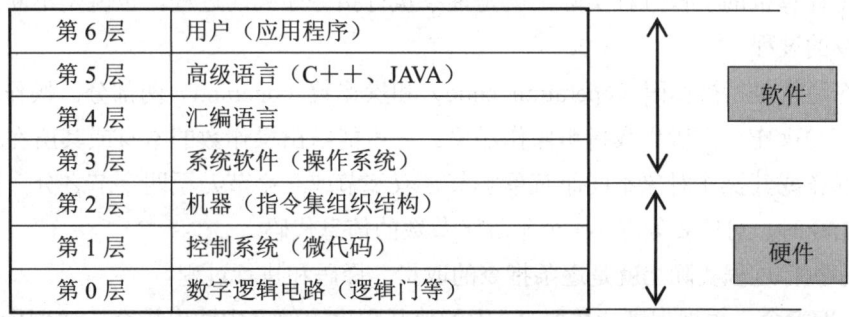

图 1-7　计算机层次结构

1.3.4　微型计算机的工作过程

微型计算机究竟是如何进行工作的，这是学习微机原理必须探讨的一个重要问题。

1. 存储程序计算机

目前，一般的微型计算机都为存储程序计算机。所谓"存储程序"，是指把处理问题的步骤和所需的数据事先送入存储器保存。运行时，由计算机的控制部件逐条取出并执行，从而使计算机能自动连续地进行处理。"存储程序"的设计思想是计算机发展史上的一个里程碑。

（1）程序与指令。所谓指令是控制计算机进行各种操作和运算的命令。

所谓程序是计算机为解决某一具体问题所编制的一系列指令的有序集合。

机器指令必须满足两个条件：一是指令的形式必须是计算机能够理解的（由此，指令也必须用二进制编码形式表示）。二是指令规定的操作必须是计算机能执行的（每条指令都有相应的电子线路来实现）。每台计算机的指令都有自己的格式和具体含义，但他们都有一个共同点，即指令必须要指明进行何种操作（操作码）以及操作的对象（操作数）。

每台计算机都有其特定的指令系统，指令系统的优势决定了计算机的性能。一台计算机的指令种类是有限的，但在人的精心设计下，能实现信息处理的任务可以无限多，计算机能忠实地按照程序，有条不紊地执行规定的操作，完成预定的任务。

（2）存储程序工作原理。多年来，尽管计算机的体系结构发生了重大变化，性能不断提高，但存储程序控制始终是现代计算机的结构基础。

"存储程序"是指把程序和数据送到具有记忆功能的存储器中保存起来，计算机工作时，只要给出程序中第一条指令的地址，控制器便根据存储器中的指令周而复始地取出指令、分析指令、执行指令，直至指令全部执行完毕为止。

2. 微型计算机的工作过程

微型计算机的工作过程实际上就是逐条执行指令序列的过程。也就是不断地取指令和执行指令的过程。

指令通常包括操作码（operation code）和操作数（operand）两部分。操作码表明计算机进行何种操作，而操作数指明操作对象。它可能给出操作数的本身或其所在的地址，指令根据操作或其操作对象不同而有单字节、双字节或三字节乃至四字节之分，因此，在执行一条指令时，可能要处理1-4个不等字节数的信息代码。

程序执行过程实际上就是逐条指令的取指、译码和执行过程。

➥ 取指令：根据程序计数器 PC 中的值从程序存储器中读出指令，送到指令寄存器。

➥ 分析指令：将指令寄存器中的指令操作码取出后进行译码，分析其指令性质，如指令要求操作数等。

硬件与软件是相辅相成的，硬件是计算机的物质基础，没有硬件就无所谓计算机。软件是计算机的灵魂，没有软件，计算机的存在就毫无价值。硬件系统的发展给软件系统提供了良好的开发环境，而软件系统发展又对硬件系统提出了新的要求。

1.3.5 微型计算机系统的性能指标

1. 字长

字长指计算机内部一次可以处理的二进制数的位数。字长越长，计算机所能表示的数据精度越高，在完成同样精度的运算时数据的处理速度越高。但字长越长，机器中的通用寄存器、存储器、ALU 的位数和数据总线的位数都要增加，硬件代价增大，因此应根据精度、速度和成本兼顾的原则来决定微型计算机的字长。PC/XT 微机的字长为 16 位；386、486 微机的字长为 32 位；586 微机的字长为 32 位或 64 位。

2. 存储器容量

存储器容量是衡量计算机存储二进制信息量大小的一个重要指标。微型计算机中通常以字节为单位表示存储容量，如 B（byte），KB（kilobyte），MB（megabyte），GB（gigabyte），TB（terabyte）和 PB（petabyte）。

1 KB=2^{10}=1024 B；1 MB=2^{20}=1024 KB；1 GB=2^{30}=1024 MB；1 TB=2^{40}=1024 GB。
1 PB=2^{50}=1024 TB。

3. 运算速度

计算机的运算速度以每秒钟能执行的指令条数来表示。由于不同类型的指令执行时所需的时间长度不同，因而有几种不同的衡量运算速度的方法。

（1）MIPS（百万条指令/秒）法，根据不同类型指令出现的频度，乘上不同的系数，求得统计平均值，得出平均运算速度，用 MIPS 作单位衡量。

（2）最短指令法，以执行时间最短的指令（如传送指令、加法指令）为标准来计算速度。

（3）直接计算，给出 CPU 的主频和每条指令执行所需要的时钟周期，可以直接计算出每条指令执行所需的时间。

4. 扩展能力

扩展能力主要指计算机系统配置各种外设的可能性和适应性。如一台计算机允许配接多少种外设，对计算机的性能有重大影响。

5. 软件配置情况

软件是计算机系统不可缺少的重要组成部分。一台计算机软件是否配置齐全，是体现计算机性能的重要标志。

一个计算机系统是硬件和软件相结合的统一整体。用户应当根据自己的需要和使用场合来配置计算机系统硬、软件的种类和数量。确定计算机系统配置的基本原则是满足使用的要求，并兼顾近期可能发生的扩展需要。

1.3.6 微型计算机的应用

由于微机具有体积小、价格低、耗电少和可靠性高等优点，所以应用范围十分广泛。不仅在科学计算、信息处理和自动控制等方面占有重要位置，并且渗透到日常生活的方方面面。其正在改变传统的工作、学习和生活方式，推动社会的发展。归纳起来，目前有以下几个应用领域。

1. 科学计算与数据处理

科学计算和数据处理是计算机最原始和使用比重最大的应用领域。在科学研究中、工程设计和航天航空等领域，存在大量复杂的数学计算问题，如卫星轨道的计算、建筑结构的力学分析、数学中的推理论证、航天测控数据的处理、天气预报、地震预测等。利用计算机的高速计算、大存储容量和连续运算的能力，可以实现上述人工无法解决的数学计算问题。

2. 自动控制

自动控制是微机应用的一个重要领域。在生产过程中安装自动检测装置时，将其输出信号传送至计算机，计算机对输入信号和控制要求进行对比分析，做出控制决策。通过输出装置带动执行机构，改变被控对象，实现生产过程的自动化。现在，在工业生产领域随处可见微机控制的自动化生产线，大大提高了控制的自动化水平，还可以提高控制的及时性和准确性。进而改善劳动条件、提高产品质量及合格率。

3. 信息管理和事务管理

在短时间内完成对大量信息的处理是进入信息时代后的必然要求。微型计算机配上数据库管理软件后，可以对各种数据按不同要求及时进行记录、整理、计算、加工生成所需要的数据。若配上一些专用器件（如传感器等），还可以处理光、热、声音、力等物理信号。

4. 计算机辅助设计

在建筑工程设计、机械产品设计和超大规模集成电路设计等复杂设计中，为保证质量和缩短设计周期，目前普遍借助计算机进行设计，即计算机辅助设计 CAD（computer aided design）。

CAD 技术的应用范围是不断扩大。目前又派生出了计算机辅助制造 CAM（computer aided manufacturing）、计算机辅助测试 CAT（computer aided testing）将设计、测试、制造融为一体的计算机集成制造系统 CIMS（computer integrated manufacturing systems）等新的技术分支。

5. 计算机仿真

在对一些复杂的工程问题、经济学问题和控制算法等进行研究时，首先建立数学模型，使用计算机仿真的方法对相关的理论、算法和设计方案等进行综合、分析和评估．可以节省大量的人力物力。在控制理论与控制工程领域，常用 MATLAB 对复杂的理论算法进行仿真；在军事研究领域，常用仿真的方法来代替真正的军事演习。

6. 人工智能

人工智能是利用计算机来研究、开发用于模拟、延伸和扩展人的智能的理论、方法、技术及应用系统的一门新的技术科学。人工智能是计算机科学的一个分支，它试图了解智能的实质，并生产出一种新的能以人类智能相似的方式做出反应的智能机器。该领域的研究包括机器人、语言识别、图像识别、自然语言处理和专家系统等。"智能化"是当前新技术、新产品、新产业的重要发展方向，应用相当广泛，如智能机器人、智能仪表、智能汽车和智能材料等。

本章小结

本章主要介绍微机的发展及其组成以及微机的工作原理，重点讲解计算机中的数制及其编码、二进制数制的运算、二进制与十进制之前的相互转换。最后给出微机课程的应用方向，使学生对"微机原理与接口技术"这门课程有一个总体的了解。

本章习题

1. 简述计算机和微型计算机经过了哪些主要的发展阶段？
2. 设机器字长为 8 位，最高位为符号位。试用二进制加法计算下列各式，并用"双高位判别法"判别有无溢出？
   50＋84；－33＋（－37）；－90＋（－70）；72－8
3. 写出下列各数的原码、反码、补码（设机器字长为 8 位）。
   ＋1010011；－0101100；－32；＋47
4. 将下列十进制数变为 8421 BCD 码。
   306；512；9183；4700
5. 将下列 8421 BCD 码变为十进制数。
   1000010010100；11001100011；1001000101；11000
6. 写出下列各十六进制数的 ASCII 码。
   1357；ABCD；3F；20E
7. 什么是微处理器、微型计算机、微型计算机系统？它们之间有什么区别与联系？
8. 试画出微型计算机的组成框图，并简述各部分的功能。
9. 衡量微机系统的主要性能指标有哪几个方面？

第 2 章
微处理器及其结构

本章导读

8086/8088 微处理器是典型的符合一般结构的微处理器，本书选择该处理器作为典型机进行讲解，有助于理论联系实际，也有助于今后的实际工作。

本章主要讲解 8086/8088 微处理器的内部结构及原理，主要包括微处理器的内部结构及各个组成部件的功能、处理器的工作过程。介绍了 8086 微处理器的工作模式、信号引脚、存储器组织、I/O 接口和总线时序。了解掌握 8086/8088 微处理器的结构以及微处理器的总线时序知识，进而为学习后面的微机应用知识奠定基础。

学习目标

- 熟悉 8086/8088 微处理器的内部结构，包括其各个主要的组成部分
- 了解 8086 微处理器的工作模式，理解 8086 微处理器的引脚信号功能
- 掌握 8086 的存储结构及 I/O 组织
- 理解 8086 的总线时序
- 从总体上了解并掌握 8086 结构功能

第 2 章 微处理器及其结构

2.1 8086/8088 CPU 的结构

8086 和 8088 均属于第三代 CPU，它们的内部结构基本相同，具有完全相同的指令系统，但是外部性能有所区别。8086 和 8088 都是 16 位处理器，即在内部都能同时处理 16 位数据。对外，8086 是 16 位数据总线，8088 是 8 位数据总线，与第二代微处理器兼容。8086 和 8088 有 20 条地址总线，直接寻址的存储空间为 1MB（2^{20}）。

2.1.1 8086/8088 CPU 的特点

8086/8088 CPU 相较于前两代 CPU 而言，其特点主要有以下三点。

（1）可以使用指令的并行流水线工作方式。并行流水线工作方式不可与今日同日而语，但它处于并行流水线的雏形阶段，主要是因为基于在 CPU 内部设置了指令预取队列而得以实现。

（2）对内存空间实行分段管理。将内存分为 4 个段并设置地址段寄存器，以实现 16 位 CPU 管理 1MB 的地址空间。

（3）支持协处理器。现在的协处理器与 CPU 集成在一起，早期的协处理器是独立的芯片，主要完成浮点数的运算。

2.1.2 8086/8088 CPU 的内部结构

从功能上看，8086/8088 CPU 由执行单元 EU（execution unit）和总线接口部件 BIU（bus interface unit）两部分组成。8086/8088 微处理器的内部功能结构如图 2-1 所示。

1. 总线接口部件 BIU

总线接口部件 BIU 负责 CPU 与存储器和外设之间的信息传送。具体地说，BIU 负责从内存的指定区域取出指令，送至指令队列排队。在执行指令时所需要的操作数，也由 BIU 从内存的指定区域取出，传送给执行部件 EU 去执行。指令执行的结果如果需要存入内存或 I/O 端口，也由 BIU 写入相应的内存区域或 I/O 端口。图 2-1 虚线右侧展示出 BIU 的组成结构。BIU 包含一个地址加法器、一组 16 位的段寄存器、一个 16 位的指令指针 IP、一个指令队列缓冲器及总线控制电路。总之，BIU 的功能是：同外部总线连接，为 EU 和内存（及外设接口）之间提供信息通路。

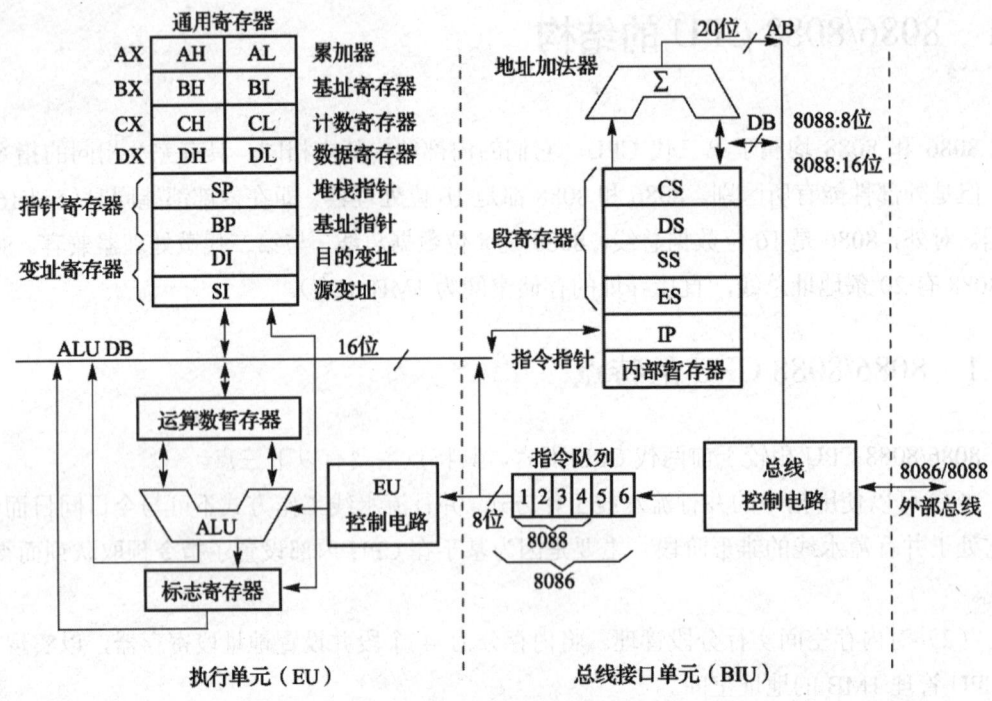

图 2-1 8086/8088 微处理器的内部功能结构图

(1) 地址加法器和段寄存器。由于 8086/8088 微处理器具有 20 位地址总线，可以方便地寻址 1 MB（2^{20}）的内存单元。但是在 CPU 内部只有 16 位的寄存器，这就无法保存和传送每个存储单元的 20 位地址信息，为了正确地访问存储器，8086 采用了分段结构，将 1 MB 的内存空间划分为若干个逻辑段，在每个逻辑段中使用 16 位段基址和 16 位偏移地址进行寻址，段寄存器用来存放各段的段基址。利用 BIU 的地址加法器计算并形成 CPU 所要访问的存储单元地址（20 位）或 I/O 端口地址（16 位）。有关存储器的分段、段寄存器的使用，以及存储器地址的形成将在 2.3.2 节中详细介绍。

(2) 指令队列缓冲器。8086/8088 的指令队列分别为 6/4 个字节，用来按顺序存放 CPU 要执行的指令代码，并送入执行部件 EU 中去执行。EU 总是从指令队列的输出端取指令，每当指令队列中存满一条指令后，EU 就立即开始执行。当 8086 指令队列中前两个指令字节被 EU 取走后，BIU 就自动执行总线操作，读出指令并填入指令队列中。当程序发生跳转时，BIU 则立即清除原来指令队列中的内容并重新开始读取指令代码。

(3) 总线控制电路。总线控制电路主要负责生成总线控制信号。例如：生成对存储器的读/写控制信号和 I/O 端口的读/写控制信号等。

2. 执行部件 EU

图 2-1 虚线左边展示出执行部件的组成结构。EU 负责指令的执行。它从 BIU 的指令队列中取出指令、分析指令并执行指令，而执行指令过程中所需要的数据和执行的结果，也

· 40 ·

都由 EU 向 BIU 发出请求，再由 BIU 对存储器或外设进行存取操作来完成。EU 部件主要由算术逻辑单元、标志寄存器、通用寄存器、指针寄存器、暂存寄存器、指令译码器和控制电路组成。

（1）算术逻辑单元 ALU。ALU 是一个 16 位的算术逻辑运算部件，用来对操作数进行算术运算和逻辑运算，也可以按指令的寻址方式计算出 CPU 要访问的内存单元的 16 位偏移地址。

（2）数据暂存寄存器。数据暂存寄存器是一个 16 位的寄存器，它的主要功能是暂时保存数据，并向 ALU 提供参与运算的操作数。

（3）EU 控制电路。EU 控制电路接收从 BIU 指令队列中取出的指令代码，经过分析、译码后生成各种实时控制信号，对各个部件进行实时操作。

3. BIU 和 EU 的工作过程

8086/8088 的总线 BIU 和 EU 在很多时候可以并行工作，使得取指令、指令译码和执行指令这些操作构成操作流水线，从而提高 CPU 工作效率。

（1）当 8086 指令队列中有两个空字节，或 8088 指令队列中有一个空字节时，且 EU 没有访问存储器和 I/O 接口的要求时，BIU 会自动按照"先进先出"原则把指令取到指令队列中，并且取指令的顺序是按指令在程序中出现的前后顺序。

（2）当 EU 准备执行一条指令时，它会从指令队列前部取出指令执行。在执行指令的过程中，如果需要访问存储器或者 I/O 设备，那么 EU 会向 BIU 发出访问总线的请求，以完成访问存储器或者 I/O 接口的操作。如果此时 BIU 正好处于空闲状态，那么，会立即响应 EU 的总线请求；但如果 BIU 正在将某个指令字节取到指令队列中，那么，BIU 将首先完成这个取指令操作，然后再去响应 EU 发出的访问总线的请求。

（3）当指令队列已满，而且 EU 又没有总线访问时，BIU 便进入空闲状态。

（4）在执行转移指令、调用指令和返回指令时，下面要执行的指令就不是在程序中紧接着的那条指令了，而 BIU 往指令队列装入指令时，总是按顺序进行的。在这种情况下，指令队列中已经装入的指令就没有用了，会被自动消除。随后，BIU 会往指令队列中装入另一个程序段中的指令。

由于 EU 和 BIU 这两个功能部件能相互独立地进行工作。并在大多数情况下，能使大部分的取指令和执行指令重叠进行。这样 EU 执行的是 BIU 在前一时刻取出的指令。与此同时，BIU 又取出 EU 在下一时刻要执行的指令。所以，在大多数情况下，取指令所需的时间"消失"了（隐含在上一指令的执行之中），大大减少了等待取指令所需的时间，提高了微处理器的利用率和整个系统的执行速度。

2.1.3 8086/8088 CPU 的寄存器结构

8086/8088 CPU 内部有 14 个 16 位的寄存器，用来提供运算、控制指令执行和对指令及操作数进行寻址的操作。图 2-2 所示为 8086/8088 CPU 寄存器结构，包括 4 个通用数据寄存器、4 个指针和变址寄存器、2 个标志寄存器和 4 个段寄存器。

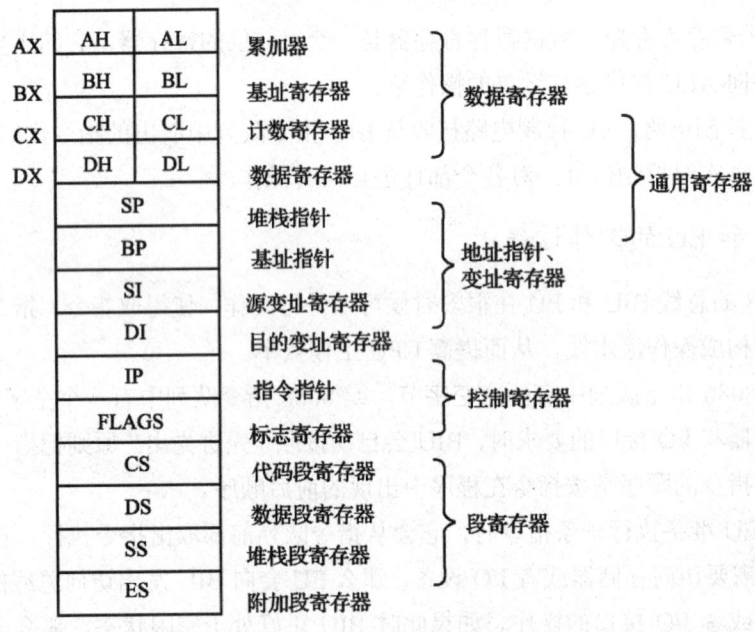

图 2-2　8086/8088 CPU 寄存器结构

1. 通用数据寄存器（general purpose registers）

通用数据寄存器组包括 4 个 16 位的寄存器 AX、BX、CX、DX。它们既可以作为 16 位寄存器使用，也可以分为 2 个 8 位寄存器使用，即高 8 位寄存器 AH、BH、CH、DH 和低 8 位寄存器 AL、BL、CL、DL。这些寄存器既可以作为算术、逻辑运算的源操作数，向 ALU 提供参与运算的原始数据，也可以作为目标操作数，保存运算的中间结果或最后结果。在有些指令中，这些寄存器具有特定的用途，例如，AX（accumulator）作为累加器，用于存放算术逻辑运算中的操作数。在乘、除等指令中指定用来存放操作数。

另外，所有的 I/O 指令都通过累加器与外设接口之间传送信息。BX（base）作为基址寄存器，常用来存放访问内存时的基地址。CX（count）作为计数寄存器，在循环、移位和串操作专用做计数器。DX（data）作为数据寄存器，在寄存器间接寻址的 I/O 指令中存放 I/O 端口地址。另外，在做双字长乘除法运算时，DX 与 AX 配合，存放一个双字长数（32 位），其中 DX 存放高 16 位数据，AX 存放低 16 位数据。

2. 指针及变址寄存器（pointer and index registers）

指针及变址寄存器分为 2 个指针寄存器 SP（stack pointer）、BP（base pointer）和 2 个变址寄存器 SI（source index）、DI（destination index）。这组寄存器通常用来存放存储器单元的 16 位偏移地址（即相对于段起始地址的距离，简称偏移地址）。

（1）指针寄存器。在 8086 CPU 内存中有一个按照"先进后出"原则进行数据操作的区域，称为堆栈。CPU 对堆栈的操作有两种：压入（PUSH）和弹出（POP）。在进行堆栈操作的过程中，SP 用来指示堆栈栈顶的偏移地址，称为堆栈指针；而 BP 则用来存放位于堆栈段中的一个数据区的"基址"的偏移量，称为基址指针。

（2）变址寄存器。SI，DI 称为变址寄存器，它们用来存放当前数据所在存储单元的偏移地址。在串操作指令中，SI（和 DS 联用）用来存放源操作数地址的偏移量，称为源变址寄存器；DI（和附加段寄存器 ES 联用）用来存放目标操作数地址的偏移量，称为目标变址寄存器。

3. 控制寄存器（control registers）

IP、FLAGS 是系统中的 2 个 16 位控制寄存器。

（1）IP（instruction pointer）指令指针寄存器。IP（instruction pointer）为 16 位指令指针，IP 的内容总是指向 BIU 将要取的下一条指令代码的 16 位偏移地址。当取出 1 个字节指令代码后，IP 自动加 1 并指向下一条指令代码的偏移地址。它的内容是由 BIU 来修改的，用户不能通过指令预置或修改 IP 的内容，但有些指令的执行可以修改它的内容，也可以将其内容压入堆栈或由堆栈中弹出。

（2）FLAGS 标志寄存器。标志寄存器的各标志位记录了指令执行后的各种状态，如果正确地使用这些标志那么可使程序按照预定的逻辑实现转移，使计算机准确完成确定的任务。

8086/8088 CPU 中有一个 16 位的状态标志寄存器 FR（flag register），但只使用了 9 位。其中 6 位为状态标志位，用来反映算术运算或逻辑运算结果的状态；3 位为控制位，用来控制 CPU 的操作。8086/8088 CPU 标志寄存器各位的定义如图 2-3 所示。

图 2-3 标志寄存器

① 状态标志位。CF（carry flag）：进位标志。表示本次加法或减法运算中最高位（D7 或 D15）产生进位或借位的情况。CF=1 表示有进位，CF=0 表示无进位（减法时，表示借位情况）。

PF（parity flag）：奇偶校验标志。表示本次运算结果中包含"1"的个数。PF=1 表示结果低 8 位中有偶数个"1"，PF=0 表示有奇数个"1"。

AF（auxiliary carry flag）：辅助进位标志。表示加法或减法运算结果中 D3 位向 D4 位发生进位或借位的情况。AF=1 表示有进位，AF=0 表示无进位（减法时，表示借位情况）。一般用于 BCD 码运算时是否进行十进制调整的依据。

ZF（zero flag）：零标志。表示当前的运算结果是否为零。ZF=1 表示运算结果为零，ZF=0 表示运算结果不为零。

SF（sign flag）：符号标志。表示运算结果的正、负情况。SF=1 表示运算结果为负，SF=0 表示运算结果为正。

OF（overflow flag）：溢出标志。表示运算过程中产生溢出的情况。OF=1 表示当前正在进行的补码运算有溢出，OF=0 表示无溢出。所谓溢出，是指运算结果超出了计算装置所能表示的数值范围。例如：对于字节运算。数值表示范围为－128—＋127；对于字运算。数值表示范围为－32768—＋32767。若超过上述范围，则发生了溢出。溢出是一种差错，系统应做相应的处理。

② 控制标志位。DF（direction flag）：方向标志。用来设定和控制字符串操作指令的步进方向。DF=1 时，串操作过程中的地址会自动递减 1，DF=0 时，地址自动递增 1。

IF（interrupt enable flag）：中断允许标志。用来控制可屏蔽中断的标志位。IF=1 时，开中断，CPU 可以接收可屏蔽中断请求，IF=0 时，关中断，CPU 不可接收可屏蔽中断请求。

TF（trap flag）：单步标志。用来控制 CPU 进入单步工作方式。TF=1 时，CPU 处于单步工作方式，每执行完一条指令就自动产生一次内部中断；TF=0 时，CPU 不能以单步方式工作。CPU 的单步工作方式为程序调试提供了一种重要的方法。

需要强调的是，不同指令执行结果对状态标志位的影响是不相同的，具体将在指令系统中作介绍。

控制标志位用于设置控制条件。控制标志一旦被设置后，便对其后的操作产生控制作用。

2.2　80X86 微处理器的工作模式及外部结构

2.2.1　80X86 的工作模式

自 80286 开始，出现了微处理器不同工作模式的概念。它较好地解决了 CPU 性能的提高与兼容性之间的矛盾。常见的微处理器工作模式有：实模式（real mode）、保护模式（protected mode）、虚拟 8086 模式（virtual 8086 mode）。下面概要说明这三种工作模式的主要特征。

1. 实模式

所谓实模式，简单地说就是 80286 以上的微处理器所采用的 8086 的工作模式。在实模式下，采用类似于 8086 的体系结构，其寻址机制、中断处理机制均和 8086 相同，物理地址的生成也同 8086 一样——将段寄存器的内容左移 4 位再与偏移地址相加（后面将详述）。寻址空间为 1MB，并采用分段方式，每段大小最多为 64 KB。此外，在实模式下，存储器中保留两个专用区域。

一个为初始化程序区：FFFF0H-FFFFFH。存放进入 ROM 引导程序的一条跳转指令，另一个为中断向量表区：00000H—003FFH，在这 1 KB 的存储空间中存放 256 个中断服务程序的入口地址，每个入口地址占 4 个字节，这与 8086 的情形相同。实模式是 80X86 处理器在加电或复位后立即出现的工作方式，即使是想让系统运行在保护模式，系统初始化或引导程序也需要在实模式下运行，以便为保护模式所需要的数据结构做好各种配置和准备。也可以说，实模式是为建立保护式做准备的工作模式。

2. 保护模式

保护模式是支持多任务的工作模式。它提供了一系列的保护机制，如任务地址空间的隔离、设置特权级、执行特权指令、进行访问权限的检查等，这些功能是运行 Windows 和 Linux 这些现代操作系统的基础。80386 以上的微处理器在保护模式下可以访问 4 GB 的物理存储空间，段的长度在启动分页功能时是 4 GB，不启动分页功能时是 1 MB。分页功能是可选的。在这种方式下，可以引入虚拟存储器的概念，用以扩充编程者所使用的地址空间。

3. 虚拟 8086 模式

虚拟 8086 模式又称"v86 模式"。是一种特殊的保护模式。它是既有保护功能又能执行 8086 代码的工作模式，是一种动态工作模式。在这种工作模式下，处理器能够迅速、反复进行 v86 模式和保护模式之间的切换。从保护模式进入 V86 模式执行 8086 程序，然后离开 v86 模式，进入保护模式继续执行原来的保护模式程序。三种工作模式之间的转换如图 2-4 所示。

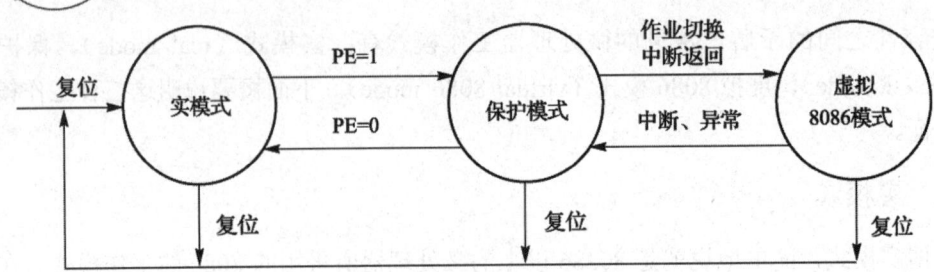

图 2-4 三种工作模式之间的转换

注：① PE——保护模式允许，是 80x86 控制寄存器 CR0 的一位

② 异常——80286 以上的处理器中，称"内部中断"为异常（exception）

2.2.2 Intel 8086 微处理器引脚信号及功能

8086 CPU 是 40 引脚双列直插式芯片，微处理器通过这些引脚可以和存储器、I/O 接口、外部控制管理部件以及其他微处理器相互交换信息。8086 CPU 的引脚信号如图 2-5 所示。

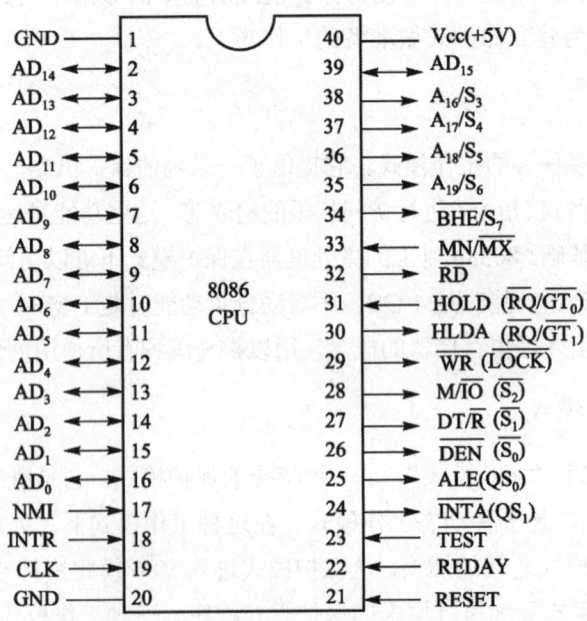

图 2-5 8086 CPU 引脚功能

在学习 8086 CPU 的引脚信号前，必须弄清 CPU 最小模式和最大模式的概念，通过在 MN/$\overline{\text{MX}}$ 输入引脚上加上不同的电压来进行选择。当 MN/$\overline{\text{MX}}$ =1 时，8088 工作在最小模式。所谓最小模式，就是在系统中只有一个 8086 微处理器，所有的总线控制信号都直接由 8086 CPU 生成，因此，系统中的总线控制电路被减到最少。当 MN/$\overline{\text{MX}}$ =0 时，最大模式是相对最小模式而言的。在最大模式系统中，总是包含两个或多个微处理器，其中一个主处理器

就是 8086，其他的处理器称为协处理器，它们是协助主处理器工作的。如数学运算协处理器 8087，输入/输出协处理器 8089。8086CPU 到底工作在最大模式还是最小模式，完全由硬件决定。当 CPU 处于不同工作模式时，其部分引脚的功能是不同的。

1. 两种工作方式功能相同的引脚

两种工作方式功能相同的引脚有以下这些。

（1）$AD_{15} \sim AD_0$（address data bus）：地址/数据总线，双向，三态。这是一组采用分时的方法传送地址或数据的复用引脚。根据不同时钟周期的要求，决定当前是传送要访问的存储单元或 I/O 端口的低 16 位地址，还是传送 16 位数据，或是处于高阻状态。当 ALE=1 时，这些引脚上传输的是地址信号。当 $\overline{DEN}$=0 时，这些引脚上传输的是数据信号。

（2）$A_{19}/S_6 \sim A_{16}/S_3$（address/status）：地址/状态信号，输出，三态。这是采用分时的方法传送地址或状态的复用引脚。其中 $A_{19} \sim A_{16}$ 为 20 位地址总线的高 4 位地址，$S_6 \sim S_3$ 是状态信号。S_6 表示 CPU 与总线连接的情况，S_5 指示当前中断允许标志 IF 的状态。S_4、S_3 的代码组合用来指明当前正在使用的段寄存器。S_4、S_3 的代码组合及对应段寄存器的情况如表 2-1 所示。

表 2-1 S_4、S_3 的代码组合及对应段寄存器的情况表

S4	S3	性　能	对应段寄存器
0	0	交换数据	ES
0	1	堆栈	SS
1	0	代码或不用	CS 或未用段寄存器
1	1	数据	DS

（3）$\overline{BHE}/S_7$（bus high enable/status）：允许总线高 8 位数据传送/状态信号，输出，三态。$\overline{BHE}$ 为总线高 8 位数据允许信号，当 $\overline{BHE}$ 低电平有效时，表明在高 8 位数据总线 D15～D8 上传送 1 个字节的数据。S7 为设备的状态信号。

（4）$\overline{RD}$（read）：读信号，输出，三态，低电平有效。$\overline{RD}$ 信号低电平有效时，表示 CPU 正在进行读存储器或读 I/O 端口的操作。

（5）READY（ready）：准备就绪信号，输入，高电平有效。READY 信号用来实现 CPU 与存储器或 I/O 端口之间的时序匹配。当 READY 信号高电平有效时，表示 CPU 要访问的存储器或 I/O 端口已经作好了输入/输出数据的准备工作，CPU 可以进行读/写操作。当 READY 信号为低电平时，则表示存储器或 I/O 端口还未准备就绪，CPU 需要插入若干个"TW 状态"进行等待。

（6）INTR（interrupt request）：可屏蔽中断请求信号，输入，高电平有效。8086 CPU 在每条指令执行到最后一个时钟周期时，都要检测 INTR 引脚信号。INTR 为高电平时，表

明有 I/O 设备向 CPU 申请中断，若 IF=1，CPU 则会响应中断，停止当前的操作，为申请中断的 I/O 设备服务。

（7）$\overline{\text{TEST}}$（test）：等待测试控制信号，输入，低电平有效。$\overline{\text{TEST}}$ 信号用来支持构成多处理器系统，实现 8086 CPU 与协处理器之间同步协调的功能，只有当 CPU 执行 WAIT 指令时才使用。

（8）NMI（non-maskable interrupt）：非屏蔽中断请求信号，输入，高电平有效。当 NMI 引脚上有一个上升沿有效的触发信号时，表明 CPU 内部或 I/O 设备提出了非屏蔽的中断请求，CPU 会在结束当前所执行的指令后，立即响应中断请求。

（9）RESET（reset）：复位信号，输入，高电平有效。RESET 信号有效时，CPU 立即结束现行操作，处于复位状态，初始化所有的内部寄存器。复位后各内部寄存器的状态如表 2-2 所示。当 RESET 信号由高电平变为低电平时，CPU 从 FFFF0H 地址开始重新启动执行程序。

表 2-2　系统复位后 8086CPU 各内部寄存器状态表

内部寄存器	状态
FR	清除
IP	0000H
CS	FFFFH
DS	0000H
SS	0000H
ES	0000H
指令队列缓冲器	清除

（10）CLK（clock）：时钟信号，输入。CLK 为 CPU 提供基本的定时脉冲信号。8086 CPU 一般使用时钟发生器 8284A 来产生时钟信号，时钟频率为 5～8 MHz，占空比为 1∶3。

（11）VCC：电源输入引脚。8086 CPU 采用＋5 V 电源供电。

（12）GND：接地引脚。

（13）MN/$\overline{\text{MX}}$（minimum/maximum）：最小/最大模式输入控制信号。

MN/$\overline{\text{MX}}$ 引脚用来设置 8086 CPU 的工作模式。当 MN/$\overline{\text{MX}}$ 为高电平（接＋5 V）时，CPU 工作在最小模式；当 MN/$\overline{\text{MX}}$ 为低电平（接地）时，CPU 工作在最大模式。

2. CPU 工作于最小模式时使用的引脚信号

当引脚 MN/$\overline{\text{MX}}$ 接高电平时，CPU 工作于最小模式。此时，引脚信号 24～31 的含义及其功能如下。

（1）M/$\overline{\text{IO}}$（memory I/O select）：存储器、I/O 端口选择控制信号。M/$\overline{\text{IO}}$ 信号指明当

前 CPU 是选择访问存储器还是访问 I/O 端口。M/$\overline{IO}$ 为高电平时，访问存储器，表示当前要进行 CPU 与存储器之间的数据传送。M/$\overline{IO}$ 为低电平时，访问 I/O 端口，表示当前要进行 CPU 与 I/O 端口之间的数据传送。

（2）$\overline{WR}$（write）：写信号，输出低电平有效。$\overline{WR}$ 信号有效时，表明 CPU 正在执行写总线周期，同时由 M/$\overline{IO}$ 信号决定是对存储器还是对 I/O 端口执行写操作。

（3）$\overline{INTA}$（interrupt acknowledge）：可屏蔽中断响应信号，输出，低电平有效。CPU 通过 $\overline{INTA}$ 信号对外设提出的可屏蔽中断请求做出响应。$\overline{INTA}$ 为低电平时，表示 CPU 已经响应外设的中断请求，即将执行中断服务程序。

（4）ALE（address lock enable）：地址锁存允许信号，输出，高电平有效。CPU 利用 ALE 信号可以把 AD_{15}～AD_0 地址/数据、A_{19}/S_6～A_{16}/S_3 地址/状态线上的地址信息锁存在地址锁存器中。

（5）DT/$\overline{R}$（data transmit or receive）：数据发送/接收信号，输出，三态。DT/$\overline{R}$ 信号用来控制数据传送的方向。DT/$\overline{R}$ 为高电平时，CPU 发送数据到存储器或 I/O 端口；DT/$\overline{R}$ 为低电平时，CPU 接收来自存储器或 I/O 端口的数据。

（6）$\overline{DEN}$（data enable）：数据允许控制信号，输出，三态，低电平有效。$\overline{DEN}$ 信号用作总线收发器的选通控制信号。当 $\overline{DEN}$ 为低电平时，表明 CPU 进行数据的读/写操作。

（7）HOLD（bus hold request）：总线保持请求信号，输入，高电平有效。在 DMA 数据传送方式中，由总线控制器 8237A 发出一个高电平有效的总线请求信号，通过 HOLD 引脚输入到 CPU，请求 CPU 让出总线控制权。

（8）HLDA（hold acknowledge）：总线保持响应信号，输出，高电平有效。HLDA 是与 HOLD 配合使用的联络信号。在 HLDA 有效期间，HLDA 引脚输出一个高电平有效的响应信号，同时总线将处于浮空状态，CPU 让出对总线的控制权，将其交付给申请使用总线的 8237A 控制器使用，总线使用完后，会使 HOLD 信号变为低电平，CPU 又重新获得对总线的控制权。

3. CPU 工作于最大模式时使用的引脚信号

当引脚 MN/$\overline{MX}$ 接低电平时，CPU 工作于最大模式。此时，引脚信号 24～31 的含义及其功能如下。

（1）$\overline{S_2}$，$\overline{S_1}$，$\overline{S_0}$（status signals）：总线周期状态信号，输出，低电平有效。它们表明当前总线周期所进行的操作类型。$\overline{S_2}$，$\overline{S_1}$，$\overline{S_0}$ 代码组合及其对应操作如表 2-3 所示。

（2）$\overline{RQ}/\overline{GT_0}$，$\overline{RQ}/\overline{GT_1}$（request/grant）：总线请求允许信号输入/总线请求允许输出信号，双向，低电平有效。该信号用以取代最小模式时的 HOLD/HLDA 两个信号的功能，是特意为多处理器系统而设计的。当系统中某一部件要求获得总线控制权时，就通过此信号线向 8086 CPU 发出总线请求信号，若 CPU 响应总线请求，就通过同一引脚发回响应信号,允许总线请求,表明 8086 CPU 已放弃对总线的控制权,将总线控制权交给提出总线请求的部件使用。引脚 $\overline{RQ}/\overline{GT_0}$ 的优先级高于 $\overline{RQ}/\overline{GT_1}$。

表 2-3 $\overline{S_2}$,$\overline{S_1}$,$\overline{S_0}$ 代码组合及其对应操作

$\overline{S_2}$	$\overline{S_1}$	$\overline{S_0}$	操作功能
0	0	0	发出中断响应信号
0	0	1	读 I/O 端口
0	1	0	写 I/O 端口
0	1	1	暂停
1	0	0	取指令
1	0	1	读内存
1	1	0	写内存
1	1	1	无效状态

(3) $\overline{Lock}$:(lock)总线封锁信号,输出,低电平有效。信号有效时,表示此时 8086 CPU 不允许其他总线部件占用总线。

(4) QS_1,QS_0(queue status):指令队列状态信号,输出。QS_1 和 QS_0 信号的组合可以指示总线接口部件 BIU 中指令队列的状态,以便其他处理器监视、跟踪指令队列的状态。QS_1,QS_0 的代码组合与队列状态如表 2-4 所示。

表 2-4 QS_1,QS_0 的代码组合与队列状态

QS_1	QS_0	指令队列状态
0	0	无操作
0	1	从队列中取出当前指令的第 1 个字节代码
1	0	队列为空
1	1	除第 1 个字节外,还从队列取出指令的后续字节

2.3 8086 微处理器的存储器组成及输入/输出结构

2.3.1 8086 微处理器的存储器组成

8086 CPU 有 20 条地址线,可直接寻址 1 MB 的存储空间,在存储器里以字节为单位存储信息。为了区别每个字节单元将它们编号,称为存储器地址。地址编号从 0 开始,顺序

加 1，是一个无符号二进制整数，常用十六进制数表示。每一个存储单元可以存放一个字节（8 位）二进制信息。为了便于对存储器进行存取操作，每一个存储单元都有一个唯一的地址与之对应，其地址范围用十进制表示为 0～1048575，用十六进制表示为 00000H～FFFFFH。即每一个内存单元都有一个 20 位的地址，称为内存单元的物理地址。将存储器按照地址顺序排列如图 2-6 所示。

在进行数据存取操作时，数据可以是字节、字、双字，甚至是多字，它们分别占用一个存储单元、两个存储单元、四个存储单元和多个存储单元。

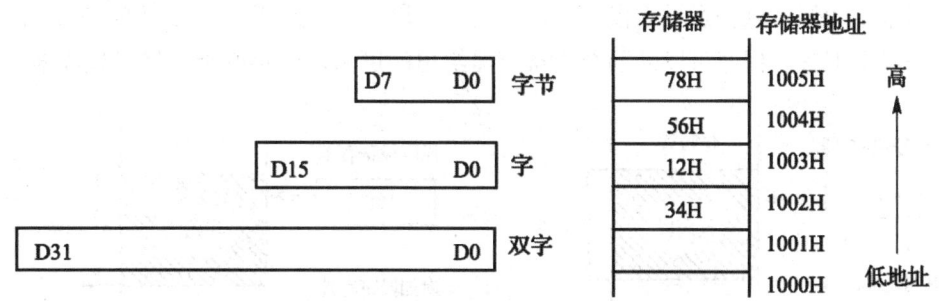

图 2-6 8086 存储器按照地址顺序排列示意图

一个存储单元存放的信息称为该存储单元的内容，图 2-6 表示在 1002 H 地址的存储器中存放的信息为 34 H，表示为：

[1002H]=34H，或(1002H)=34 H

如何存放一个字或双字呢？字或双字在存储器中占相邻的 2 个或 4 个存储单元；存放时，低字节存入低地址，高字节存入高地址，字或双字单元的地址用它的低地址来表示。例如，图 2-6 在 1002 H 地址的存储器中，字单元的内容为：[1002H]=1234 H；双字单元的内容为：[1002H]=78561234 H。

因此，同一个地址既可以看作是字节单元的地址，也可以看作是字单元的地址，还可以看作是双字单元的地址，这要根据具体情况来确定。

2.3.2 存储器的分段和物理地址的形成

1. 存储器的分段

实模式下 CPU 可直接寻址的地址空间为 2^{20}=1 MB 单元。这就是说，CPU 需输出 20 位地址信息才能实现对 1MB 单元存储空间的寻址。但实模式下 CPU 中所使用的寄存器均是 16 位的。内部 ALU 也只能进行 16 位运算，其寻址范围局限为 2^{16}=64 KB 单元。为了实现对 1 MB 单元的寻址，8086 系统采用了存储器分段技术。具体做法是，将 1MB 的存储空间分成许多逻辑段，每段最长 64 KB 单元，可以用 16 位地址码进行寻址。每个逻辑段在实际存储空间中的位置是可以浮动的，其起始地址可由段寄存器的内容来确定。实际上，段寄存器中存放的是段起始地址的高 16 位，称之为"段基值"（segment base value）。

8086 CPU 将 1 MB 的存储器划分为若干个区段以后，每个段包含 2^{16} 个字节（即 64 KB），并且每个段的首地址是一个可以被 16 整除的数（即段的起始地址的最低四位为 0）。在任意时刻，程序能够很方便地访问四个分段的内容。这四个分段又被称为四个现行可寻址段，即代码段、数据段、堆栈段和附加段。将这四个现行段的起始地址的最高 16 位地址值（用十六进制表示为四位）分别存放在 CS，DS，SS 和 ES 四个段寄存器中，称为现行段的段基址。利用指令我们可以任意设定段寄存器的内容，段基址一旦确定，对应 64 KB 的存储区段则完全确定下来，程序可以从四个段寄存器给出的逻辑段中存取指令代码和数据。

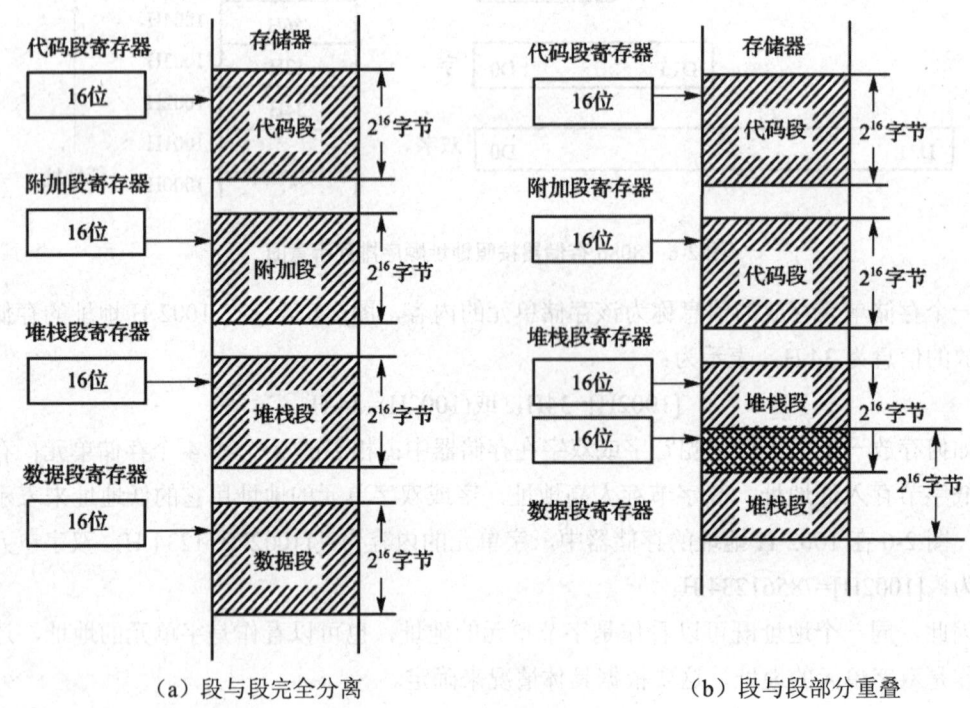

（a）段与段完全分离　　　　　　　　　（b）段与段部分重叠

图 2-7　8086 存储器分段示例

存储空间的分段方式可以有多种多样，段与段之间可以部分重叠、完全重叠或完全分离。存储器分段示例如图 2-7 所示。

若已知当前有效的代码段、数据段、附加段和堆栈段的段基址分别为 1000H、3501H、7F3BH、EAB0H，那么它们在存储器中的分布情况如图 2-8 所示。

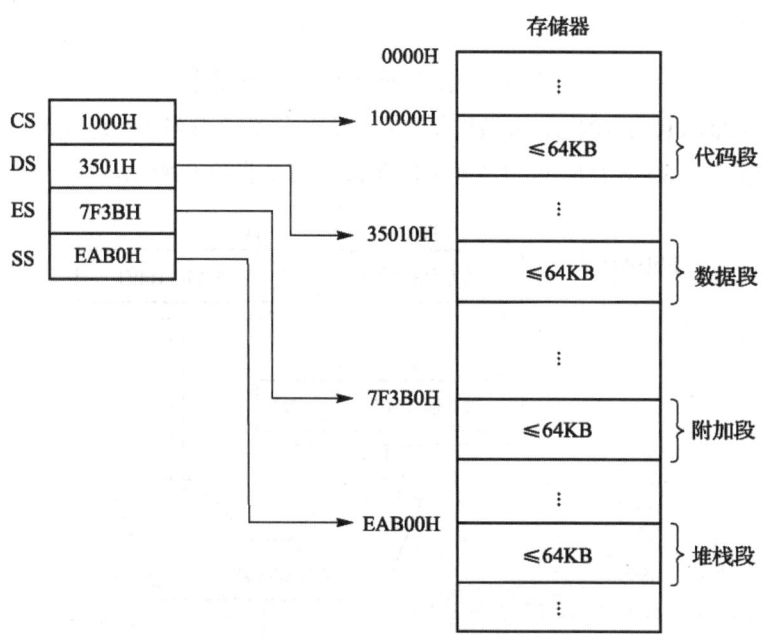

图 2-8　8086 存储器分布情况

另外，段的起始地址的计算和分配通常是由系统完成的，并不需要普通用户参与。

由图可见，1 MB 的存储器除已经被定义的四个段外，还剩下一些空白（未用）区域。如果要用到这些区域，则必须首先改变相应段寄存器的内容，重新设置四个段寄存器，一旦加以定义，就可以通过段寄存器来访问不同的段。

2．存储器的逻辑地址和物理地址

存储器采用分段结构以后，对存储器的访问可以使用两种地址，即逻辑地址和物理地址。

前已介绍，8088/8086 内部寄存器都只有 16 位，而访问内存往往会通过寄存器间接寻址。显然，如不采取特殊措施，是无法访问 1 MB 的存储空间的。8088/8086 采用了将地址空间分段的方法来解决此问题，即将 1 MB 的存储器空间分为若干个 64 KB 的段，然后用段基地址加上段内偏移来得到存储器的物理地址，以实现访问物理存储器。逻辑地址由段基址（存放在段寄存器中）和偏移地址（由寻址方式提供）两部分构成，通常写为 XXXXH：YYYYH 形式。其中 XXXXH 是段基址，YYYYH 是偏移地址。前已提及，"段基值"是段的起始地址的高 16 位，"偏移量"（offset）也称偏移地址，它是所访问的存储单元与段的起始地址之间的字节距离。给定段基值和偏移量就可以在存储器中寻址所访问的存储单元。它们都是无符号的 16 位二进制数。逻辑地址是用户进行程序设计时采用的地址。

1 MB 内存空间中每个存储单元的物理地址是唯一的，由 20 位二进制数构成。物理地址是 CPU 访问内存时使用的地址。当用户通过编制程序将 16 位逻辑地址送入 CPU 的总线接口部件 BIU 时，地址加法器通过地址运算变换为 20 位的物理地址。产生 20 位物理地址的公式为：

$$物理地址 = 段基址 \times 16 + 偏移地址$$

其中，段基址×16 的操作常常通过将 16 位段寄存器的内容（二进制形式）左移四位末位补四个 0 来实现。8086 存储器物理地址的形成过程如图 2-9 所示。

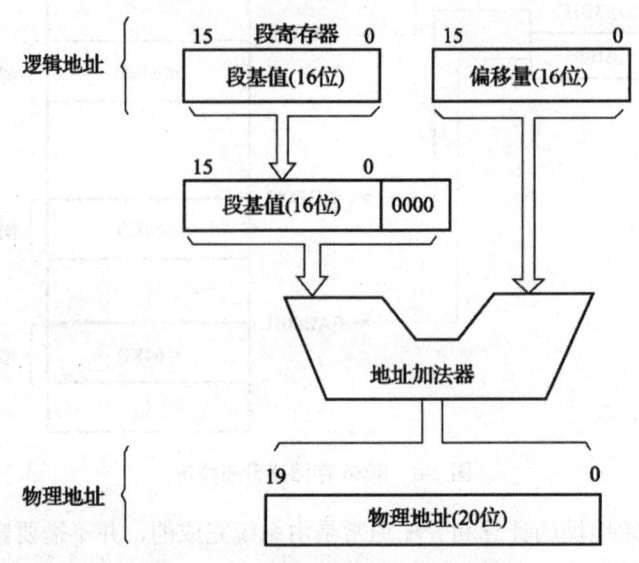

图 2-9　8086 存储器物理地址的形成过程

需注意的是，每个存储单元有唯一的物理地址，但它可以由不同的"段基值"和"偏移量"转换而来，这只要把段基值和偏移量改变为相应的值即可。也就是说，同一个物理地址可以由不同的逻辑地址来构成。或者说，同一个物理地址与多个逻辑地址相对应。例如，段基值为 0040 H，偏移量为 0016 H，构成的物理地址为 00416 H。然而，若段基值改变为 0041 H，偏移量为 0006 H，其物理地址仍然是 00416 H。

分段寻址的好处是允许程序在存储器内重定位（浮动）。可重定位程序是一个不加修改就可以在任何存储区域中运行的程序，只要程序中不使用绝对地址访问存储器，就可把一个程序作为一个整体移到一个新的区域。

段寄存器的设立不仅使 8086 存储空间能扩大到 1 MB，而且为信息按其特征分段存储带来了方便。

在存储器中，信号按特性可分为程序代码、数据、堆栈等。程序段用来存放程序的指令代码；数据段用来存放数据；堆栈用来传送参数，保存数据和状态信息。有时某种类型的段还可能有多个，通过修改段寄存器内容，可将这些段设置在存储器的任何位置上，这些段可相互独立，也可部分或完全重叠。

访问存储器时，其段地址可由"默认"段寄存器提供，也可由指定的段寄存器提供。当指令中没有"指定"使用一个段寄存器时，就由"默认"的段寄存器来提供访问内存的段地址。大多数情况下，都用"默认"段寄存器。

内存访问，允许在指令中指定使用另外的段寄存器，使之可灵活地访问不同的内存段。这叫段超越。DS、ES 和 SS 的段基地址设置可用传送指令完成，但用户程序中不允许设置 CS，CS 一般由操作系统进行设置。

更改段寄存器的内容意味着内存段的移动。这意味着无论是程序段、数据段，还是堆栈段都可以超出 64 KB 的容量，都可以用重新设置段寄存器内容的方法来扩大段，且各内存段都可在这个存储空间中浮动。

【例 2.1】 若数据段寄存器 DS=2100 H，试确定该存储区段物理地址的范围。

首先需要确定该数据区段中第一个存储单元和最后一个存储单元的 16 位偏移地址。因为一个逻辑段的最大容量为 64 KB，所以第一个存储单元的偏移地址为 0，最后一个存储单元的偏移地址为 FFFFH。该数据区段由低至高相应存储单元的偏移地址为 0000H～FFFFH。

存储区的首地址=DS×16＋偏移地址=2100H×16＋0000H=21000H

存储区的末地址=DS×16＋偏移地址=2100H×16＋FFFFH=30FFFH

从而可知：该数据段的地址范围是 21000H～30FFFH，如图 2-10 所示。有时也采用"段基址：偏移地址"这种形式来表示存储单元的地址。

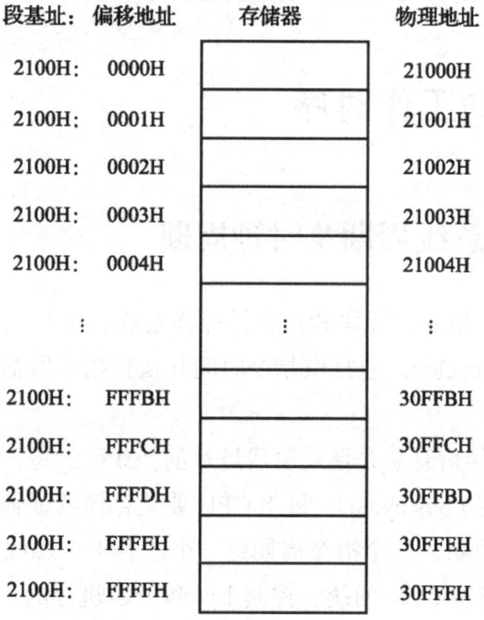

段基址:	偏移地址	存储器	物理地址
2100H:	0000H		21000H
2100H:	0001H		21001H
2100H:	0002H		21002H
2100H:	0003H		21003H
2100H:	0004H		21004H
⋮	⋮	⋮	⋮
2100H:	FFFBH		30FFBH
2100H:	FFFCH		30FFCH
2100H:	FFFDH		30FFBD
2100H:	FFFEH		30FFEH
2100H:	FFFFH		30FFFH

图 2-10 数据段地址范围示意图

【例 2.2】① 当 CS=5A00 H，偏移地址=2245 H 时，求物理地址；② 当 CS=4C82 H，偏移地址=FA25 H 时，求物理地址。

根据物理地址的计算公式，可得：

①的物理地址=CS×16＋偏移地址=5A00 H×16＋2245H=5C245 H

②的物理地址=CS×16+偏移地址=4C82 H×16+FA25H=5C245 H

从例 2.2 可以看出：在①和②中给定的段基址和偏移地址各不相同，而计算所得的物理地址却是一样的，均为 5C245H。这说明，对于存储器的任意存储单元来说，物理地址是唯一的，而逻辑地址却有无数组。不同的段基址和相应的偏移地址可以形成同一个物理地址。

2.3.3　8086 的输入/输出结构

在 8086 微机系统中，配置了一定数量的输入/输出设备，而这些设备必须通过输入/输出，即 I/O 接口芯片与 CPU 相连接。每个 I/O 接口芯片都有一个或几个 I/O 端口，像存储器一样，每个 I/O 端口都有一个唯一的端口地址，以供 CPU 访问。

由于 8086 用地址总线的低 16 位 $A_{15} \sim A_0$ 来寻址端口地址，所以 8086 CPU 可以访问的 I/O 端口地址共有 64KB，其地址为 0000H～FFFFH。这些端口均为 8 位端口（即通过该端口一次输入/输出一个字节信息）。对端口的寻址有直接寻址方式和间接寻址方式两种。直接寻址适用于地址在 00H～FFH 范围内的端口寻址。间接寻址适用于地址在 0100H～FFFFH 范围内的端口寻址（所有端口均可采用间接寻址方式）。

2.4　8086 CPU 的工作时序

2.4.1　指令周期、总线周期及时钟周期

每条指令的执行由取指令、译码和执行等操作组成，执行一条指令所需的全部时间称为指令周期（instruction cycle），包括取指令时间和执行指令所需的时间，不同指令的指令周期是不等长的。

8086 CPU 与外部交换信息总是通过总线进行的。CPU 的每一个这种信息输入输出过程需要的时间称为总线周期（bus cycle）。每当 CPU 要从存储器或输入输出端口存取一个字节或字时就需要一个总线周期。一个指令周期由一个或若干个总线周期组成。而执行指令的一系列操作都是在时钟脉冲 CLK 的统一控制下一步一步进行的。时钟脉冲的重复周期称为时钟周期（clock cycle）。时钟周期是 CPU 的时间基准，由计算机的主频决定。例如，8086 的主频为 5 MHz，则 1 个时钟周期为 200 ns。

2.4.2　最小模式下的总线操作时序

CPU 为了与存储器或 I/O 端口进行一个字节的数据交换，需要执行一次总线操作，按

数据传输的方向可将总线操作分为读操作和写操作两种类型；按照读写的不同对象，又可分为存储器读写或 I/O 端口读写操作。下面就最小模式下的总线读写操作来进行具体分析。

1. 最小模式下的总线读操作时序

8086 最小模式下的读周期时序图如图 2-11 所示，一个最基本的读周期包含有 4 个状态，即 T_1、T_2、T_3、T_4，必要时可插入一个或几个 T_W。

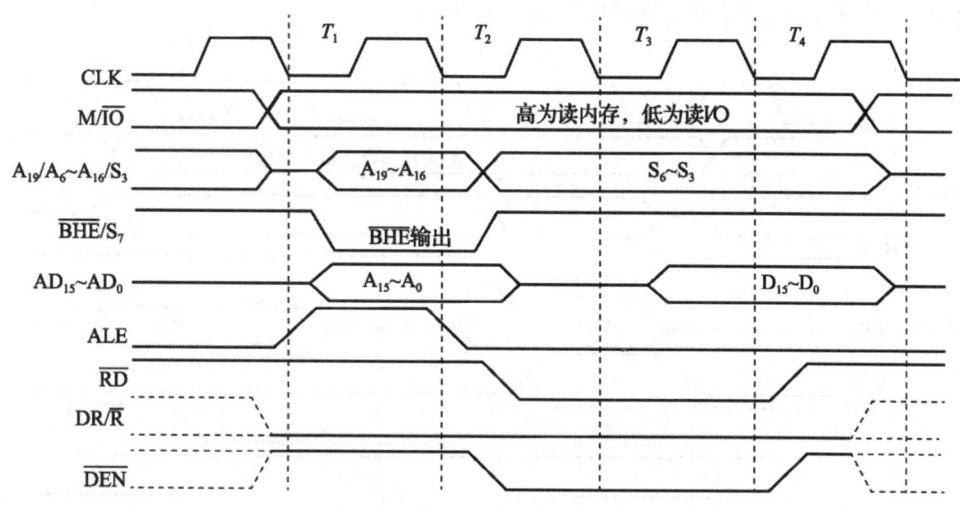

图 2-11 8086 最小模式下的读周期时序图

（1）T_1 状态。

① M/$\overline{IO}$ 状态有效，用来指出本次读周期是存储器读还是 I/O 读，它一直保持到 T4 有效。

② 地址线信号有效，高 4 位通过地址/状态线送出，低 16 位通过地址/数据线送出，用来指出操作对象的地址，即存储器单元地址或 I/O 端口地址。

③ ALE 有效，地址信号通过地址锁存器锁存，下降也有效。

④ $\overline{BHE}$ 有效，用来表示高 8 位数据总线上的信息有效，现在通过 $A_{15}\sim A_8$ 传送的是有效地址信息，$\overline{BHE}$ 常作为奇地址存储体的选通信号，因为奇地址存储体中的信息总是通过高 8 位数据线来传输的，而偶地址体的选通则用 A_0。

⑤ 当系统中配有总线驱动器时，T1 使 DT/$\overline{R}$ 变低，用来表示本周期为读周期，并通知总线驱动器接收数据。

（2）T_2 状态。

① 高 4 位地址/状态线送出状态信息，$S_3\sim S_6$。

② 低 16 位地址/数据线悬空，为下面传送数据做准备。

③ $\overline{BHE}$/S_7 引脚称为 S_7（无定义）。

④ $\overline{RD}$ 有效，表示要对存储器 I/O 端口进行读。

⑤ $\overline{DEN}$ 有效,使总线收发器可以传输数据。

(3) T_3 状态。从存储器 I/O 端口独处的数据送上数据总线。(通过 $A_{15} \sim A_0$)

(4) T_4 状态。在 T_4 与 T_3(或 T_W)的交界处(下降沿)采集数据,使各控制及状态线进入无效状态。

2. 最小模式下的总线写操作时序

8086 最小模式下的写周期时序图如图 2-12 所示。

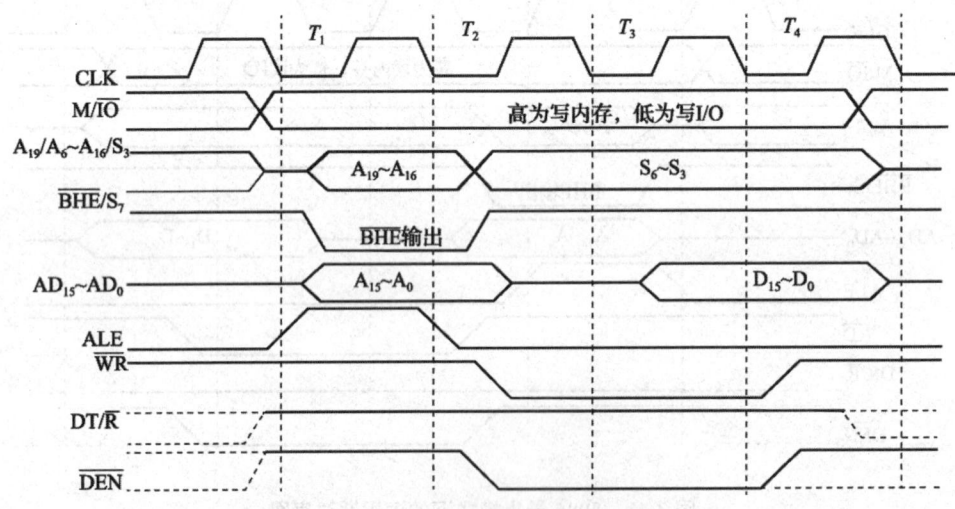

图 2-12 8086 最小模式下的写周期时序图

8086 最小模式下的写周期时序与读周期时序相似,其不同处在于:

(1) $AD_{15} \sim A_0$ 首先在 $T_2 \sim T_4$ 期间送上欲输出的数据,而无高阻态。

(2) $\overline{WR}$ 在 $T_2 \sim T_4$ 期间输出有效低电平,该信号送到所有的存储器和 I/O 接口。要注意的是,只有被地址信号选中的存储单元或 I/O 端口才会被 $\overline{WR}$ 信号写入数据。

(3) $DT/\overline{R}$ 在整个总线周期内保持高电平,表示本总线周期为写周期。在接有数据总线收发器的系统中,用来控制数据传输方向。

2.4.3 最大模式下的总线操作时序

8086 最大模式下的总线读写操作时序分别如图 2-13 和图 2-14 所示。

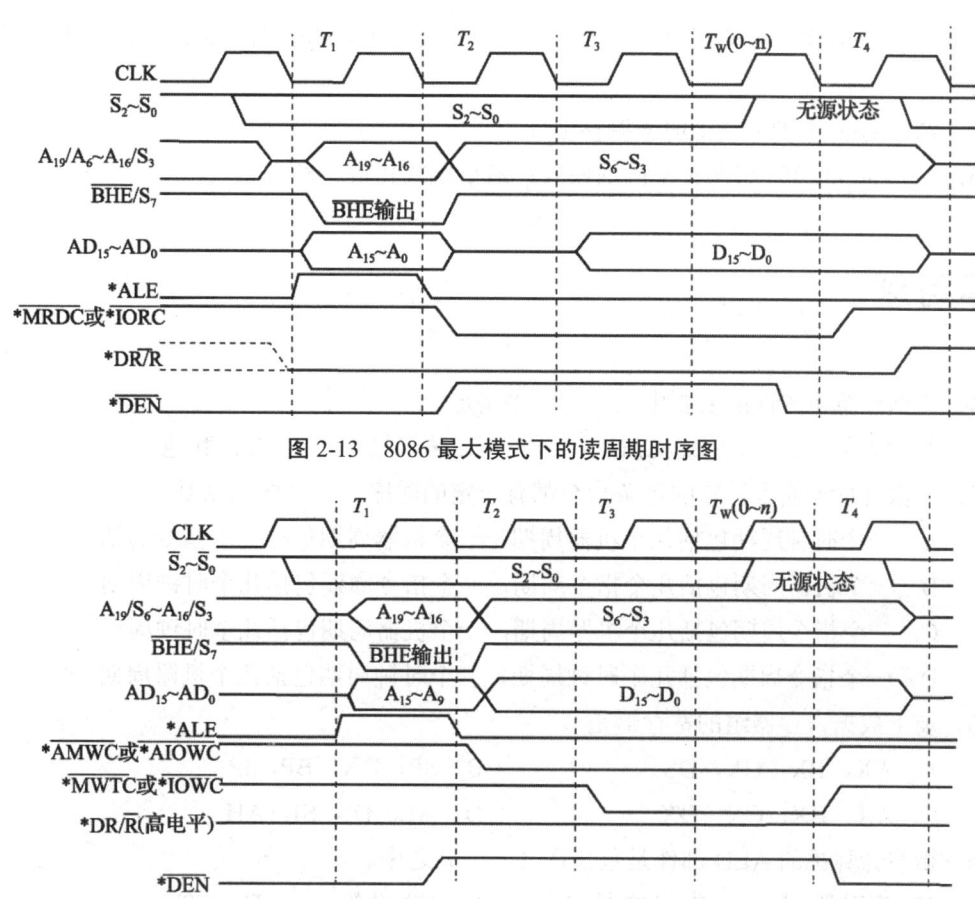

图 2-13　8086 最大模式下的读周期时序图

图 2-14　8086 最大模式下的写周期时序图

最大模式下，8086 的总线读写操作在逻辑上和最小模式下的读写操作是一样的。但与最小模式不同的是，最大模式下总线控制信号由总线控制器 8288 产生而不是由 CPU 产生。带"*"的信号都由 8288 根据 CPU 的 S2、S1、S0 组合产生的。

本章小结

本章针对 8086/8088 微处理器及其体系结构作了详细介绍。首先重点介绍了 8086/8088 内部结构、寄存器结构及工作过程；接着介绍了 8086 微处理器的工作模式、引脚功能、工作方式、存储器组织及 I/O 组织；最后介绍了 8086 的总线周期与操作时序。在学习的过程中，重点掌握以下知识点：

1. 从功能上看，8086/8088 CPU 由执行单元 EU 和总线接口部件 BIU 两部分组成。
2. EU 和 BIU 采用并行流水线工作方式协调工作。

3. 8086/8088 微处理器将内存分为 4 个段并设置地址段寄存器，以实现对 1 MB 空间的寻址。

4. 物理地址＝段地址×10H＋偏移地址

5. 8086/8088 CPU 有两种不同的模式：最小模式和最大模式。

本章习题

1. 微型计算机的性能主要由（　　）来决定。
   A．价钱　　　　　B．CPU　　　　　C．控制器　　　　　D．其他
2. 对微处理器而言，它的每条指令都有一定的时序，其时序关系是（　　）。
   A．一个时钟周期包括几个机器周期，一个机器周期包括几个指令周期
   B．一个机器周期包括几个指令周期，一个指令周期包括几个时钟周期
   C．一个指令周期包括几个机器周期，一个机器周期包括几个时钟周期
   D．一个指令周期包括几个时钟周期，一个时钟周期包括几个机器周期
3. 属于数据寄存器组的寄存器是（　　）。
   A．AX，BX，CX，DS　　　　　　B．SP，DX，BP，IP
   C．AX，BX，CX，DX　　　　　　D．AL，DI，SI，AH
4. 微型计算机的 ALU 部件是包含在（　　）之中。
   A．存贮器　　　　B．I/O 接口　　　C．I/O 设备　　　D．CPU
5. 在 8086 和 8088 汇编语言中，一个字能表示的有符号数的范围是（　　）。
   A．-32768≤n≤32768　　　　　　B．-32768≤n≤32767
   C．-65535≤n≤65535　　　　　　D．-65536≤N≤65535
6. 80386 微型计算机是 32 位机，根据是它的（　　）。
   A．地址线是 32 位的　　　　　　B．数据线为 32 位的
   C．寄存器是 32 位的　　　　　　D．地址线和数据线都是 32 位的
7. 某数存于内存数据段中，已知该数据段的段地址为 2000H，而数据所在单元的偏移地址为 0120H，该数在内存的物理地址为（　　）。
   A．02120H　　　　　　　　　　B．20120H
   C．21200H　　　　　　　　　　D．03200H
8. 在存贮器读周期时,根据程序计数器 PC 提供的有效地址,使用从内存中取出（　　）。
   A．操作数　　　　　　　　　　B．操作数地址
   C．转移地址　　　　　　　　　D．操作码

9. 8086/8088 系统中，对存贮器进行写操作时，CPU 输出控制信号有效的是（   ）。

    A．W/$\overline{IO}$=1，$\overline{WR}$=0　　　　　　B．$\overline{WR}$=1

    C．M/$\overline{IO}$=0，$\overline{RD}$=0　　　　　　D．$\overline{RD}$=0

10. 在 8086/8088 微机系统中，将 AL 内容送到 I/O 接口中，使用的指令是（   ）。

    A．IN AL，端口地址　　　　　　　B．MOV AL，端口地址

    C．OUT AL，端口地址　　　　　　D．OUT 端口地址，AL

11. 执行部件 EU 的组织有：_____个通用寄存器，_____个专用寄存器和_____个标志寄存器和算术逻辑部件。

12. 8086CPU 从偶地址访问内存 1 个字时需占用_____个总线周期，而从奇地址访问内存 1 个字操作需占用_____个总线周期。

13. IBM-PC 机中的内存是按段存放信息的，一个段最大存贮空间为_____字节。

14. 8086 微处理机在最小模式下，用_____来控制输出地址是访问内存还是访问 I/O。

15. 8086 从功能上分成了 EU 和 BIU 两部分。这样设计的优点是什么？

16. 8086 CPU 中地址加法器的重要性体现在哪里？

17. 存储器分段组织有何优越性？

18. 设 CPU 中各有关寄存器的当前状况为：SS=0A8bH、DS=17CEH、CS=DC54H、BX=394BH、IP=2F39H、SP=1200H，BX 给出的是某操作数的有效地址，请分别写出该操作数、下一条要取的指令及当前栈顶的逻辑地址和物理地址。

19. 什么是最大模式？什么是最小模式？用什么方法将 8086/8088 置为最大模式和最小模式？

20. 试述指令周期、机器周期和时钟周期间的关系。

第 3 章

寻址方式与指令系统

本章导读

本章主要介绍了 8086 处理器的指令通用格式、各种寻址方式和指令系统。通过学习，使学生熟悉一条汇编指令的回程，并掌握两大类寻址方式，理解并学会不同寻址方式下有小地址的计算方法；熟悉指令系统的六大类指令，一条指令除了实现单一的功能外，经过适当的组合还可完成更多其他功能，结合指令举例逐步熟悉和掌握汇编语言的格式以及典型程序段，为后续章节的学习打下坚实的基础。

学习目标

- 掌握 8086 指令寻址方式
- 理解有并掌握存储器操作的概念及其寻址方式
- 掌握重点指令的操作过程和含义：MOV、PUSH、POP、ADD、INC、DEC、JMP、Jxx、LOOP、CALL、RET、INT、IRET
- 掌握标志寄存器中 CF、ZF、SF、OF、PF、AF 的含义
- 了解 Pentium 系列微处理器的指令新增指令

3.1 指令格式

程序是使计算机完成一个任务的一组命令或指令序列；指令是规定微处理器执行某种特定操作的"命令"。指令系统是计算机全部的指令的集合，指令系统的功能大体上决定了计算机系统硬件的基本功能。

机器指令一般由操作码和操作数两个部分组成。操作码表示该指令完成的操作，如数据传送指令、算术逻辑操作等。它是指令中必不可少的部分；操作数指示指令执行过程中所需要的数据，如加法指令中的加数、被加数等，可以是参加操作的数本身或操作数的地址。汇编语言指令与机器指令是逐一对应的，其一般格式为：

指令助记符　操作数列表　；注释

格式说明：

1. 指令助记符表示指令的名称，一般是指令功能的英文缩写，对应的机器指令中的操作码部分，也是一条指令中必不可少的部分。
2. 操作数可以是立即数、寄存器或内存单元。若指令中包含多个操作数，则操作数之间以逗号分隔。通常情况下，将存放操作结果的操作数称为目标操作数，其大多是指令的第一个操作数。其他操作数称为源操作数，其他值在指令执行后保持不变；但有的单操作指令中的操作数又是目标操作数，还有的指令没有操作数，称为无操作数指令。
3. 注释以分号开始，用来说明程序功能，不影响指令的执行。

例：

HLT　　　　　　；无操作数指令，完成停机功能
INC　CX　　　　；单操作数指令，把 CX 寄存器的内容加 1
MOV　AX,BX　　 ；双操作数指令，把寄存器 BX 的内容传递给寄存器 AX

以上这些例子通过具体指令给出了汇编语言指令的基本格式，指令相应的功能将在本章后续内容中介绍，为了明确操作数的存在位置，必须先明确操作数的寻址方式。

3.2 寻址方式

寻址方式就是指令中用于说明操作数所在地址的方法，或者说是寻找操作数有效地址的方法。寻址方式如表 3-1 所示，大致可分为非存储器操作数寻址和存储器操作数寻址两大类。

表 3-1 寻址方式分类

操作数寻址方式	非储存器寻址	立即寻址
		寄存器寻址
	储存器寻址	直接寻址
		寄存器间接寻址
		寄存器相对寻址
		基址加变址寻址
		基址、变址加相对寻址

3.2.1 非存储器操作寻址

1. 立即寻址方式

指令中直接给出指令的操作数,取出指令的同时就可以获得操作数,这种寻址方式称为立即寻址,这种操作数称为立即数。这种寻址方式主要用来给寄存器或存储器赋初值。

【例 3.1】 MOV   AX,3064H   执行后 AX=?
　　　　AX=3064H

指令在代码段中的内容如图 3-1 所示。

【例 3.2】立即数寻址方式举例。

```
MOV    AX,1234H
MOV    BL,22H
MOV    BL,'3'    ;功能是将'3'字符的 ASCII 码值传送给寄存器 BL
```

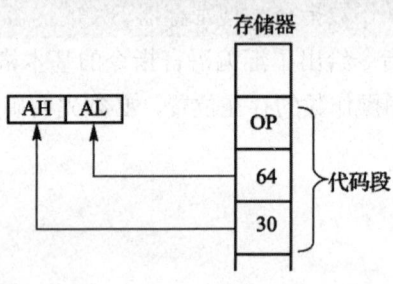

图 3-1 立即寻址

需要注意的是立即操作数只能作为源操作数,而不能作为目标操作数。

2. 寄存器寻址方式

相对于立即寻址方式来说,操作数在 CPU 内部的寄存器中,由指令指定寄存器号,这种寻址方式称为寄存器寻址(register addressing)。寄存器也可以是段寄存器,但 CS 寄存器不能做目的操作数。

由于指令的整个操作都在 CPU 内部进行，不需要访问存储器来取得操作数，所以指令执行速度很快。寄存器寻址方式既可用于源操作数，也可用于目的操作数，还可以两者均采用寄存器寻址方式，寄存器寻址方式的操作数是放在寄存器中的，其特点是存取速度快。

操作数放在通用寄存器中：

对于 16 位操作数，寄存器可以是 AX、BX、CX、DX、SI、DI、SP、BP 等；

对于 8 位操作数，寄存器可以是 AL、AH、BL、BH、CL、CH、DL、DH 等。

【例 3.3】 MOV   AX，BX

　　执行前(BX)=1234H
　　执行后(AX)=1234H   (BX)=1234H

【例 3.4】 寄存器寻址方式举例。

```
MOV  AL，BL      ；BL 寄存器的内容→AL
MOV  DS，AX      ；AX 寄存器的内容→DS
INC  CX          ；CX 寄存器的内容加 1
DEC  SI          ；SI 寄存器的内容减 1
ADD  AX，BX      ；AX、BX 寄存器的内容相加结果→AX
```

特别注意：不允许将立即数直接送段寄存器，也不允许在两个段寄存器间直接传送数据。

3.2.2 储存器操作寻址

程序设计过程中，通常操作数被存放在某个逻辑段的存储单元中（或运算结果需要写入到某存储单元），CPU 要获得这些操作数必须知道存放操作数的存储单元的物理地址。存储器操作数既可作为源操作数，也可作为目标操作数。但一般说来，不允许源操作数和目标操作数同时为存储器操作数。

对各种存储器寻址方式来说，操作数都在存储区中其中部分指令的操作数指明了此操作数的偏移量。通常将操作数的地址偏移量称为有效地址 EA（effective address）。

$$EA=基址＋变址＋偏移量$$

其中，基址只能存放在 BX、BP 寄存器中，变址只能存放在 SI、DI 寄存器中，位移量可以是 8 位或 16 位的带符号地址。

例如：BX＋SI＋1234H 是一个有效地址，假设寄存器（BX）=1000 H，（SI）=2000 H，则操作数的地址偏移量为：1000 H＋2000 H＋1234 H=4234 H。

根据 EA 的生成方式不同，可以分为以下几种寻址方式。

1. 直接寻址方式

直接寻址方式中，有效地址 EA 直接出现在指令中，存放在代码段中指令操作码之后，操作数存放在数据段中，若操作数不是存放在 DS 段，这种格式中段超越前缀不能省略，否则会出现寻址错误。另一种直接寻址方式的格式是，EA 是用变量来代表的存储单元的有效地址。在汇编语言中，可以一个符号来表示操作数的偏移地址，通常称为符号地址。直接寻址方式的限制是两个操作数中必须有一个是寄存器。需要注意，为使直接寻址与立即寻址相区别，指令系统规定偏移地址必须用方括号括起来。

【例 3.5】MOV AX，[2000H]

该指令源操作数的寻址方式为直接寻址，指令中直接给出了操作数的有效地址 2000 H，对应的段寄存器为 DS。若 DS=3000 H，则源操作数在数据段中的物理地址=3000 H×10＋2000 H=30000 H＋2000 H=32000 H，指令的执行情况如图 3-2 所示。图中假设 32000H 单元的内容为 12 H，32001 H 单元的内容为 34 H。指令执行后，AX=3412 H，其中 AH 中为 34 H，AL 中为 12 H。

【例 3.6】 直接寻址方式（段超越）举例

```
MOV DX，  DS:[2346H]   ；取出数据段 EA 为 2346H 字单元中的内容→DX
MOV BL，  ES:[3CH]     ；取出附加段 EA 为 3CH 字节单元中的内容→BL
```

【例 3.7】 取出数据段中以 VAR 命名的字单元的内容送 AX 寄存器，请写出该指令

```
MOV AX，  DS:VAR     ；  或  MOV AX，  VAR
```

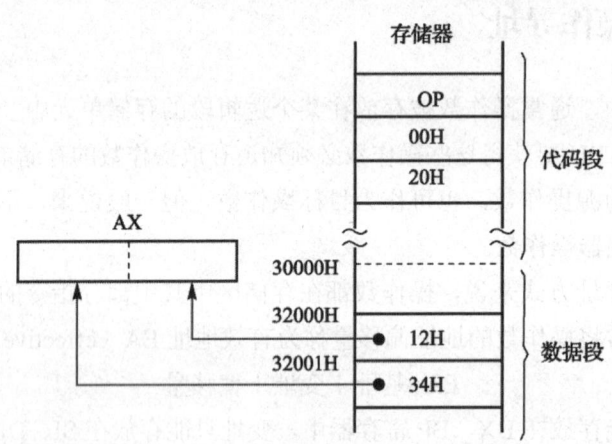

图 3-2 直接寻址方式

2. 寄存器间接寻址方式

与寄存器寻址方式不同，规定用作间址的寄存器必须加上方括号，在寄存器间接寻址方式中，寄存器的内容不是操作数，而是操作数的偏移地址，操作数本身在存储器中。

存放存储器地址的寄存器称为地址指针。寄存器间接寻址方式可用的寄存器只允许是 SI、DI、BX 和 BP 这 4 个，简称为间址寄存器。寄存器间接寻址要求事先把存储器单元的有效地址写入规定的基址或变址寄存器。指令的地址表达式格式：

段寄存器：[间址寄存器]

对于约定的逻辑段段超越前缀可以省略。16 位寻址时，EA 由 BX、SI、DI 或 BP 提供。一般情况下，BX、SI、DI 默认使用 DS，BP 默认使用 SS。同样，也允许段超越。

例：MOV AX, [BX]
　　MOV AX, ES:[BX]

这种寻址方式可以方便地用于一维数组或表格的处理，通过执行指令访问一个表项后，只需修改用于间接寻址的寄存器的内容就可访问下一项。

3. 寄存器相对寻址方式

在寄存器相对寻址方式下，操作数的 EA 为间址寄存器与一个 8 位或 16 位的位移量之和。

EA=[间址寄存器]+位移量

【例 3.8】 MOV AX, COUNT[SI] 或 MOV AX, [COUNT+SI]

COUNT 为 16 位位移量的符号地址。

如果（DS）=3000 H,（SI）=2000 H, COUNT=3000 H

则 PA=35000 H

执行结果为：AX=1234H。指令执行情况如图 3-3 所示。

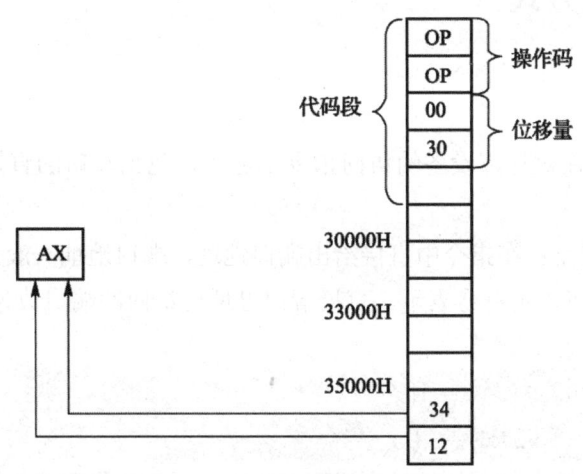

图 3-3　寄存器相对寻址

寄存器相对寻址常用于存取表格内容或一维数组中的元素。可把表格中的起始地址作为位移量，表中数据序号（或元素的下标值）放在间址寄存器中（反之亦然），即可存取表格数据或一维数组中的任意元素。

4. 基址加变址寻址方式

把 BX 和 BP 看成是基址寄存器,把 SI 和 DI 看成是变址寄存器,将一个基址寄存器(BX 或 BP)的内容加上一个变址寄存器(SI 或 DI)的内容,称为基址加变址寻址。操作数在存储器中,其偏移地址由基址寄存器＋变址寄存器形成。寄存器 BX 默认在数据段 DS,寄存器 BP 默认在堆栈段 SS。这种寻址方式和相对寻址方式一样也是用于存取一维数组的元素。

使用基址—变址寻址方式时,不允许同时使用两个基址寄存器或两个变址寄存器。同样,也可允许段超越。

【例3.9】 MOV AX,[BX][SI]

如果 (DS)=3000 H, (BX)=2000 H, (SI)=1000 H, EA=2000 H＋1000 H=3000 H, 则 PA=33000 H

5. 基址、变址加相对寻址方式

这种寻址方式是由基址、变址加位移量三者之和构成的。基址、变址寄存器对段寄存器的默认与前述相同。

【例3.10】 MOV AX, 1000H[BX][SI]

如果 (DS)=2100 H, (BX)=0158 H, (SI)=1000 H, EA=2158 H, 则 PA=23158 H

使用该寻址方法可方便地访问二维数组。利用基址寄存器存放数组的首址,而变址寄存器和位移量分别确定行和列的值,则可寻访二维数组中的指定行和列的元素。

3.2.3 其他寻址方式

1. 端口寻址

端口寻址方式只在对外部设备的访问指令中适用,包括端口的直接寻址和间接寻址两种方式。

（1）直接端口寻址：在指令中直接给出端口地址,端口地址一般采用 8 位二进制数或两位十六进制数,也可以用符号表示。直接端口寻址可访问的端口数为 0～255。

例：

```
IN   AL,34H      ；AL←[34H]
OUT  34H,AL      ；[34H]←AL
```

（2）间接端口寻址：把端口地址先送到 DX 中,用 DX 作间接寻址寄存,如果访问的端口地址大于 255,则必须使用端口的间接寻址。

例：

```
MOV DX,280H
IN  AX,DX        ；AX←[280H]
```

2. 隐含寻址

在指令中没有明显的标出，而指定寄存器参加操作，称之为"隐含寻址"。部分寄存器的隐含性质用法见表 3-2 所示。

例：

```
DAA
       MUL BL
```

寄存器的隐含用法如表 3-2 所示。

表 3-2 寄存器的隐含性质用法

寄存器名	特殊用途	隐含性质
AX，AL	在输入输出指令中作数据寄存器用	不能隐含
	在乘法指令中存放被乘数或乘积，在除法指令中存放被除数或商	隐含
AH	在 LAHF 指令中，作目标寄存器用	隐含
AL	在十进制运算指令中作累加器用	隐含
	在 XLAT 指令中作累加器用	隐含
BX	在间接寻址中作基址寄存器用	不能隐含
	在 XLAT 指令中作基址寄存器用	隐含
CX	在串操作指令和 LOOP 指令中作计数器用	隐含
CL	在移位/循环移位指令中作移位次数计数器用	不能隐含
DX	在字乘法/除法指令中存放乘积高位或被除数高位或余数	隐含
	在间接寻址的输入输出指令中作地址寄存器用	不能隐含
SI	在字符串运算指令中作源变址寄存器用	隐含
	在间接寻址中作变址寄存器用	不能隐含
DI	在字符串运算指令中作目标变址寄存器用	隐含
	在间接寻址中作变址寄存器用	不能隐含

3. 串寻址（string addressing）

串寻址方式仅在 8086 的串指令中使用。规定源操作数的逻辑地址为 DS:SI；目的操作数的逻辑地址为 ES:DI。当执行串指令的重复操作时，根据设定的方向标志 DF，SI 和 DI 会自动调整。

3.3 指令系统

控制计算机完成指定操作的命令称为指令。指令定义了计算机硬件所能完成的基本操作，不同的计算机具有各自不同的指令，其所有指令的集合，即为该计算机的指令系统。8086 指令系统是基本指令集，指令功能强大，大部分指令既能处理字数据，又能处理字节数据。8086 指令系统的指令分为以下六大类：

（1）数据传送类指令。

（2）算术运算类指令。

（3）逻辑运算和移位指令。

（4）串操作类指令。

（5）控制转移类指令。

（6）处理器控制类指令。

3.3.1 数据传送指令

数据传送类指令是程序中使用频度最高的一类指令。主要用于实现存储器与寄存器、寄存器与寄存器、累加器与 I/O 端口之间字节或字的数据传送，也可将立即数传送到寄存器或存储器单元中。数据传送类指令除了 SAHF 和 POPF 指令外，其余指令不会对标志寄存器 FLAGS 产生影响。数据传送类指令按功能又可分为四小类。

（1）通用数据传送指令。

（2）输入输出指令。

（3）地址传送指令。

（4）标志传送指令。

下面就常用的几条指令分类作重点介绍，其他指令可查阅相关书籍。

1. 通用数据传送指令

该类指令又可分为一般数据传送指令、堆栈操作指令、交换指令、查表转换指令、字位扩展指令。

（1）一般数据传送指令

格式：MOV　　DST，SRC

执行的操作(DST)←(SRC)，源地址中的操作数保持不变，其中：DST 表示目的操作数，SRC 表示源操作数。

该指令可实现如下传送：

➥ 寄存器与寄存器之间的数据传送

```
MOV    BX,SI     ;变址寄存器 SI 中的内容送到基址寄存器 BX
MOV    AL,CL     ;通用寄存器 CL 中的内容送 AL
```

❱ 寄存器与存储器之间的传送

```
MOV    [BX],AX   ;将 AX 的内容送连续两个存储器单元
```

如(DS)=6000H,(BX)=1200H,(AX)=1234H

则上指令执行后，(61200H)=34H,(61201H)=12H。

❱ 立即数到寄存器的传送

```
MOV    AL,5          ;将立即数 05H 送累加器 AL
MOV    BX,3078H      ;将立即数 3078H 送寄存器 BX
```

❱ 立即数到存储器的传送

```
MOV    BYTE PTR[BP+SI],5 ;将立即数 05H 送到 SS 段偏移量为(BP)+(SI)的单元中
MOV    WORD PTR[BX],1005H ;将立即数 1005H 分送 DS 段偏移地址为（BX）和
                          ;（BX）+1 的两个存储单元
```

❱ 存储器与段寄存器之间的传送

```
MOV    DS,[1000H]   ;将 DS 段偏移地址为 1000H 和 1001H 的两个存储单元的内容送
                    ;段寄存器 DS
MOV    [BX],ES      ;将段寄存器 ES 的内容分送 DS 段偏移地址为（BX）和（BX）
                    ;+1 的两个存储单元
```

如上两指令执行前（DS）=8000H，（ES）=4000H，（BX）=1200H，（81000H）=00H，（81001H）=20H，执行后（DS）=2000H，（21200H）=00H，（21201H）=40H。

用 MOV 指令进行数据传送应注意以下几点：

① MOV 指令的两个操作数类型必须相同。

下列指令为错误指令：

```
MOV    AX,BL
```

② 不能两个操作数同为存储器操作数。

下列指令为错误指令：

```
MOV    [BX],[SI]
```

③不能用立即数给段寄存器赋值（需通过两条指令）

下列指令为错误指令：

```
MOV    DS,1234H
```

④不能在段寄存器间直接传送数据（需通过两条指令）

下列指令为错误指令：

```
MOV    DS,ES
```

⑤ 一般情况下，IP 和 CS 的内容不能通过 MOV 指令修改。IP、CS 不能作目标操作数，

只能作源操作数。

⑥ FLAGS 内容不能通过 MOV 指令作修改。

（2）堆栈操作指令。堆栈是人为定义的一块连续的内存空间，用来暂存数据，堆栈操作指令中的操作数只能是寄存器操作数或存储器操作数，也可以是除 CS 寄存器以外的段寄存器，而不能是立即数。它在内存中所处的段称为堆栈段，其段基址放在堆栈段寄存器 SS 中；按"先进后出"的规律存取；栈底为堆栈空间的高地址单元，栈顶为低地址单元；栈底是固定不变的，栈顶随数据的进栈与出栈在变化，通常用 SP 来指出栈顶的地址，即 SP 的内容为当前栈顶偏移地址。堆栈操作以"字"为基本单位。数据进栈后，栈顶指针向低地址端调整；数据出栈后，栈顶指针向高地址端调整。数据进栈的规律是：高位字节存入高地址单元，低位字节存入低地址单元。

- 进栈指令 PUSH

格式：PUSH　SRC

功能：执行时，首先调整堆栈指针，然后把源操作数压入堆栈。

执行操作：(SP)←(SP)-2　　　((SP)+1，(SP))←(SRC)

- 出栈指令 POP

格式：POP　DST

功能：先将栈顶弹出 2 个字节，送目标操作数，然后调整堆栈指针。

执行操作：((SP)+1，(SP))→(DST)　　　(SP) ←(SP)+2

堆栈操作指令的格式比较简单，但在使用时需注意以下几点：

① 指令的操作数必须是 16 位。

② 操作数可以是寄存器或存储器两单元，但不能是立即数。

③ 不能从栈顶弹出一个字给 CS。

④ PUSH 和 POP 指令在程序中一般成对出现。

⑤ PUSH 指令的操作方向是从高地址向低地址，而 POP 指令的操作正好相反。

（3）交换指令 XCHG（exchange）

格式：XCHG OPR1，　OPR2

执行的操作：(OPR1) <=> (OPR2)

其中：OPR1 与 OPR2 必须是等长操作数，且 OPR1，OPR2 必须有一个是寄存器，能够完成寄存器与寄存器之间交换数据以及寄存器与存储器之间交换数据。

①交换指令执行结果不影响标志位。

②操作数不能为立即数；源和目的操作数不能同时为存储单元；段寄存器不能作为 XCHG 的操作数。

（4）查表转换指令 XLAT（translate）

格式：XLAT   表头变量名

执行：AL←(DS：[BX+AL])或 AL←(DS：[EBX+AL])

用途：把一种码转换为另一种代码。

使用方法：

1）建立表格，将表格的首地址预先存入 BX。

2）要转换的代码与表格首地址的偏移量存入 AL。

3）执行换码指令，(DS：[BX+AL])→AL。

表格如图 3-4 所示，完成求 5 的平方指令程序为：

```
MOV    BX, 2000H        ;指向平方表的首地址
MOV    AL, 5            ;将 5 换码成 5 的平方值
XLAT                    ;查表，平方值在 AL 中
```

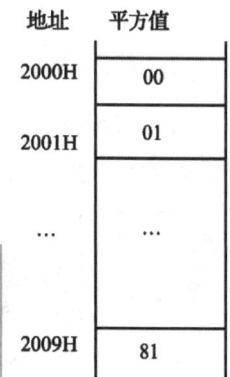

图 3-4 地址平方值表格

（5）字位扩展指令。字位扩展指令完成操作数的扩展，一种是将一个字节的数扩展为字，另一种是将一个字的数扩展为双字，以满足各种特殊需要（以后要用到）。

1）字节转换为字指令 CBW（convert byte to word）

格式：CBW

CBW 指令将一个字节操作数扩展为一个字长的数，源操作数隐含在 AL 中，目标操作数隐含在 AX 中。当（AL）<80H 时，（AH）=00H；否则（AH）=FFH，即为有符号数的扩展。

CBW 指令应用举例：

例：把字节数 8EH 扩展为字。

程序如下：

```
MOV    AL, 8EH
CBW
```

执行结果：（AX）=FF8EH。

2）字转换为双字指令 CWD（convert word to double word）

格式：CWD

CWD 指令将一个字操作数扩展为双字，源操作数隐含在 AX 中，目标操作数隐含在 DX 和 AX 中。当（AX）<8000H 时，（DX）=0000H；否则（DX）=FFFFH，也为有符号数的扩展。

CWD 指令应用举例：

例：把字 43FFH 扩展为双字。

程序如下：

```
MOV    AX, 43FFH
CWD
```

执行结果：（DX）:（AX）=000043FFH

2. 输入输出指令

（1）输入指令 IN

格式：   IN   AL, n
         IN   AX, n
         IN   AL, DX
         IN   AX, DX

操作：把外设端口(n)的内容输入到累加器 Ac(Accumulator)中。

说明：输入指令 IN 从输入端口传送一个字节到 AL 寄存器或传送一个字到 AX 寄存器。当端口地址范围为 0~255 时，可用直接寻址方式（即用一个字节立即数指定端口地址），也可以用间接寻址方式（即用 DX 的内容指定端口地址）。当端口地址大于 255 时，只能用间接寻址方式。

例：指令例子如下：

```
IN    AL, 60H      ; 把 60H 端口的内容（字节）输入到 AL
IN    AX, 60H      ; 把 60H 端口的内容（字）输入到 AX
MOV   DX, 326H     ; 把端口地址 326H 送入 DX
IN    AL, DX       ; 把 326H 端口的内容（字节）输入到 AL
IN    AX, DX       ; 把 326H 端口的内容（字）输入到 AX
```

（2）输出指令 OUT

格式：   OUT   n, AL
         OUT   n, AX
         OUT   DX, AL
         OUT   DX, AX

例：指令例子如下：

```
OUT   60H, AL      ; 把 AL 寄存器的内容输出到 60H 字节端口
OUT   60H, AX      ; 把 AX 寄存器的内容输出到 60H 字端口
MOV   DX, 326H     ; 把端口地址 326H 送入 DX
OUT   DX, AL       ; 把 AL 寄存器的内容输出到 326H 字节端口
OUT   AX, DX       ; 把 AX 寄存器的内容输出到 326H 字端口
```

3. 地址传送指令

（1）取偏移地址指令 LEA（load effective address）

格式：LEA reg16,mem

LEA 指令将存储器的 16 位偏移地址送到指定的寄存器，这里源操作数必须是存储器操作数，而且传送的是偏移地址。目标操作数是 16 位通用寄存器，而该寄存器用来作为地址指针。

例：设（BX）=1000H,（DS）=6000H,（61050H）=33H,（61051H）=44H。试述执行下述两条指令后的结果。

```
LEA  BX,[BX+50H]
MOV  BX,[BX+50H]
```

解：第一条指令执行后（BX）=1050H。

第二条指令执行后（BX）=4433H。

此例说明 MOV 指令和 LEA 指令的不同之处：MOV 指令传送的是内容，而 LEA 指令传送的是地址。

（2）加载数据段指针指令 LDS（load point into DS）

```
格式：  LDS  reg16,mem32 ;（reg16）←（mem32+1）:（mem32）
                        ;（DS）←（mem32+3）:（mem32+2）
```

LDS 指令源操作数 mem32 为存储器操作数，给出的是内存中 4 个连续单元的首地址，目标操作单元有两个。一个为 reg16，是 BX、BP、SI、DI 四个间址寄存器之一，存放上述 4 个存储单元的前两个单元内容作偏移地址。另一个操作单元为隐含的 DS，存放上述 4 个存储单元的后两个单元内容作为段基址。

例：假设 DS=2000H，存储器中数据存储情况如图 3-5 所示，则执行指令 LDS SI,[30H]后，DS=7856H, SI=3412H。

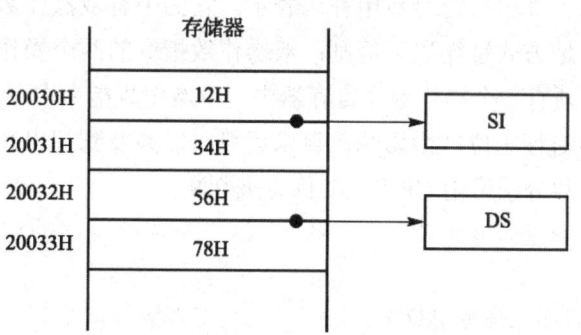

图 3-5 LDS 指令的执行

（3）加载附加数据段指针指令 LES（load point into ES）

格式：LES reg16,mem32 ;（reg16）←（mem32+1）:（mem32）

                                    ；(ES) ← (mem32+3)：(mem32+2)

LES 指令和 LDS 指令相仿，仅将 DS 换成 ES 而已。

4. 标志传送指令

（1）读取标志指令 LAHF（load AH with flag）

格式：LAHF

该指令把标志寄存器低 8 位（含 SF、ZF、AF、PF、CF 五个标志位）传送到 AH 的对应位，指令执行对标志位无影响。

（2）设置标志指令 SAHF（store AH into flag）

格式：SAHF

SAHF 指令与 LAHF 指令执行相反的操作，即将 AH 中的 7、6、4、2、0 位内容传送到标志寄存器的 SF、ZF、AF、PF、CF 位，以改变对应标志位的状态，但其他标志位不受影响。

LAHF 指令和 SAHF 指令一般配对使用。

（3）标志寄存器的内容进栈指令 PUSHF 和堆栈内容传送标志寄存器指令 POPF

该两条指令实质上为堆栈操作指令，只不过其操作数为标志寄存器 FLAGS 而已，操作功能类同堆栈操作指令。

PUSHF 和 POPF 指令用于过程调用时保护标志位的状态。PUSHF 和 POPF 指令一般配对使用。PUSHF 操作是先将 SP 的值减 2，再将标志寄存器的内容传送到由 SP 所指示的栈顶，标志寄存器内容不变。

3.3.2 算术运算指令

算术指令用来执行加减乘除算术运算，可以用于字节或字的运算，也可以用于有符号数与无符号数的运算，其中有符号数用补码表示。它们中有双操作数指令，也有单操作数指令。算术指令的寻址方式遵循以下规则：双操作数指令的两个操作数中除了源操作数为立即数的情况外，必须有一个操作数在寄存器中。单操作数指令中不允许使用立即数方式。算术运算指令大多会对标志位产生影响。算术运算可能涉及到超出数的表示范围的问题，对无符号数和有符号数分别可由 CF 和 OF 标志来判断。

1. 加法指令

（1）不带进位的加法指令 ADD

格式：　ADD　DST，SRC

执行的操作：DST ← (DST)+(SRC)

ADD 加法指令影响的标志位有：CF、OF、SF、ZF、PF、AF。

ADD 指令应用举例：

例：试析执行下列指令后，各标志位的状态。

```
MOV    AL,7EH   ；(AL)←7EH
ADD    AL,5BH   ；(AL)←7EH+5BH
```

$$
\begin{array}{r}
01111110 \\
+01011011 \\
\hline
11011001
\end{array}
$$

执行后：AF=1，CF=0，OF=1，PF=0，SF=1，ZF=0

(AL)=D9H

(2) 带进位加法指令 ADC

格式：ADC   DST，SRC

执行的操作：DST←(DST)+(SRC)+CF

ADC 带进位的加法指令影响的标志位有：CF、OF、SF、ZF、PF、AF，其中 CF 是上一条指令执行后产生的 CF 标志。该指令一般用于多字节的加法。

ADC 指令应用举例：

例：求两个 4 字节无符号数 0107A379H＋10067E4FH 之和。

程序如下：

```
MOV    DX,0107H    ；第 1 个数的高位送 DX
MOV    AX,0A379H   ；第 1 个数的低位送 AX
MOV    BX,1006H    ；第 2 个数的高位送 BX
MOV    CX,7E4FH    ；第 2 个数的低位送 CX
ADD    AX,CX       ；两数低 16 位相加
ADC    DX,BX       ；两数高 16 位相加，并加上低 16 位相加中的进位位
```

执行结果：(DX)=110EH   (AX)=21C8H   CF=0

即两数之和为 110E21C8H。

(3) 加 1 指令 INC

格式：INC   OPR

执行的操作：(OPR)←(OPR)＋1

> OPR 不能是段寄存器或立即数。INC 指令不影响 CF 标志位，但对 AF、OF、PF、SF 及 ZF 会产生影响。它通常在循环程序中用于修改地址指针及循环次数等。

2. 减法指令

（1）不带借位减法指令 SUB

格式：SUB DST，SRC

执行的操作：DST←(DST)－(SRC)

SUB 减法影响的标志位有：CF、OF、SF、ZF、PF、AF。

该指令对操作数的要求及对标志位的影响与 ADD 指令完全相同。

SUB 指令应用举例：

例：试析执行下列指令后，各标志位的状态。

MOV AL,63H ；（AL）←63H

SUB AL,38H ；（AL）←63H - 38H

$$\begin{array}{r} 01100011 \\ -00111000 \\ \hline 00101011 \end{array}$$

执行后：AF=1,CF=0,OF=0,PF=1,SF=0,ZF=0

（AL）=2BH

（2）带借位减法指令 SBB

格式：SBB DST，SRC

执行的操作：DST←(DST)－(SRC)－CF

SBB 指令在格式、功能及对标志位的影响上与 SUB 指令类同，只是标志位 CF 的值也参与减法运算，常用于多字节减法运算。

例如：

SBB BL,30H ；（BL）←（BL）- 30H - CF

（3）减 1 指令 DEC

格式：DEC OPR

执行的操作(OPR)←(OPR)－1

DEC 指令注意事项同 INC 指令。

（4）求补指令 NEG

格式：NEG OPR

执行的操作：OPR←－(OPR)

功能：NGE 求 OPR 的负数；若原 OPR 为正，在执行 NEG 后，变为补码表示的负数。反之，原 OPR 为补码表示的负数，则执行完 NEG 后，变为正数。

① 执行 NEG 指令后，除操作数位 0 外，一般情况下，都会使 CF 为 1。

② 当指定的操作数为 80H（－128）或位 8000H（－32768），则执行 NEG 指令后，结

果不变，但此时 OF 置 1，其他情况下 OF 均置 0。

（5）比较指令 CMP

格式： CMP　　DST，SRC

执行的操作：　　(DST)－(SRC)

CMP 指令对两个操作数进行比较（相减），相减结果不送目标操作数，而根据相减的结果影响标志位。指令对操作数的要求及对标志位的影响与 SUB 指令完全相同。

例如：

CMP　　BX,2100H　　；(BX)－2100H，影响标志位

比较指令主要用来比较两个数的大小关系。可在指令执行后，根据标志位的状态判断两个操作数的大小，或是否相等。判断方法如下：

相等关系：根据 ZF 状态判断。如 ZF=1，两个操作数相等。否则，不等。

大小关系：分无符号数和有符号数两种情况：

- 对两个无符号数，可据 CF 状态来判断。如 CF=0，则被减数大于减数；如 CF=1，则减数大于被减数。
- 对两个有符号数，需考虑 OF 和 CF 的状态。

当 OF⊕SF=0 时，被减数大于减数。

当 OF⊕SF=1 时，减数大于被减数。

编程时，一般都在 CMP 指令后紧跟一条条件转移指令，以根据比较结果决定程序走向。

3. 乘法指令

（1）无符号数乘法指令 MUL

格式：　MUL SRC

功能与说明：乘数和被乘数必须是等长的无符号二进制数，乘积为双倍长；被乘数默认在累加器中(AL/AX)。指令中源操作数 SRC 可为 8 位或 16 位寄存器操作数或存储器操作数，但不能为立即数。

执行的操作：

字节操作：　　(AX)←(AL) * (SRC)
字操作：　　(DX，AX)←(AX) * (SRC)

MUL 指令对 CF 及 OF 标志有影响，当乘积的高半部（在字节相乘时为 AH，在字相乘时为 DX）不为零，则 CF=OF=1，否则 CF=OF=0。对其他标志位无定义。

乘法指令执行时间较长，在某些场合下，可用左移指令来代替，以加快运行速度，待在移位指令中再作介绍。

（2）有符号数乘法指令 MUL

格式：　IMUL SRC

执行的操作：

字节操作： (AX)←(AL)＊(SRC)

字操作： (DX，AX)←(AX)＊(SRC)

指令执行原理：

- 将两个操作数取补码（对负数按位取反加1，正数不变）。
- 做乘法运算。
- 将乘积按位取反加1。

IMUL 指令应用举例：

例：设（AL）=FEH,（CL）=11H，求两数的乘积。

若将两数看作无符号数，则应使用指令：

MUL   CL

执行后结果：(AX)=10DEH（即 0FE0H+FEH=10DEH），且 CF=OF=1（∵AH 内容不为0）。

若将两数看作带符号数，则应使用指令：

IMUL   CL

执行后结果：(AX)=FFDEH（相当于−2×11H=−22H，即为 FFDEH），且 CF=OF=0（因为 AH 内容为 AL 内容符号位的扩展）。

4. 除法指令

（1）无符号数的除法指令 DIV

格式： DIV   SRC

说明：被除数应是除数的双倍字长，被除数放在默认寄存器中。SRC 为寄存器或存储器操作数，但不可为立即数。

执行的操作：

字节操作：16 位被除数放在 AX 中，8 位除数为源操作数。结果的 8 位商在 AL 中，8 位的余数在 AH 中。表示为：

(AL)←(AX)/(SRC)的商

(AH)←(AX)/(SRC)的余数

字操作： 32 位被除数在 DX，AX 中，16 位除数为源操作数。结果的 16 位商在 AX 中，16 位的余数在 DX 中。表示为：

(AX)←(DX，AX)/(SRC)的商

(DX)←(DX，AX)/(SRC)的余数

例如：DIV   BL   ;（AX）除以（BL），商放在 AL，余数放在 AH

DIV WORD PTR[SI]   ;（DX）:（AX）除以（(SI)+1):((SI))，商放在 AX，
                    ; 余数放在 DX

DIV 指令应用举例：

例：用除法指令计算 7FA2H÷03DDH。

程序如下：

```
MOV    AX,7FA2H        ;（AX）=7FA2H
MOV    BX,03DDH        ;（BX）=03DDH
CWD                    ;（DX）:（AX）=00007FA2H
DIV BX                 ;（AX）=0021H（商），（DX）=0025H（余数）
```

（2）有符号数的除法指令 IDIV

格式：IDIV   SRC

执行的操作：

字节操作：16 位被除数在 AX 中，8 位除数为源操作数。结果的 8 位商在 AL 中，8 位的余数在 AH 中。表示为：

(AL) ←(AX)/(SRC)的商
(AH)← (AX)/(SRC)的余数

字操作：32 位被除数在 DX，AX 中，16 位除数为源操作数。结果的 16 位商在 AX 中，16 位的余数在 DX 中。表示为：

(AX) ←(DX，AX)/(SRC)的商
(DX)←(DX，AX)/(SRC)的余数

IDIV 指令执行的结果，商和余数均为带符号数，但规定余数符号与被除数相同。以保证除法的结果唯一。

无符号除法和有符号除法对六个标志位均无影响。

5. 十进制调整指令

十进制码（BCD 码）是二进制数编码的十进制数。BCD 码可分为压缩 BCD（用 4 位二进制数表示一位十进制数）和非压缩 BCD 码（用 8 位二进制数表示一位十进制数）两种。

前面介绍的四则运算指令，其运算对象都是二进制数，CPU 在执行中按"逢二进一，借一当二"的规则处理运算过程中的进位和借位。如果运算对象是 BCD 码，就需要设置一套"调整指令"。调整指令并非用来进行运算，其目的是：在进行十进制的四则运算中，先用上述的二进制数运算指令，然后再用相关的调整指令，对结果进行修正，修正后的结果就是用 BCD 码表示的十进制数。为实现十进制（BCD 码）运算，8086 提供了 6 条用于 BCD 码运算和调整指令。均采用隐含寻址方式，隐含操作数为 AL（或 AL 和 AH）。这些指令与加、减、乘、除指令配合，实现 BCD 码的算术运算。本书以其中四种做详细说明，其余两种可参考相关书籍。

（1）压缩 BCD 码加法调整指令 DAA

格式：DAA

功能：对两个压缩 BCD 码相加之和（结果在 AL 中）进行调整，得到正确的组合十进制数。这条指令之前必须执行 ADD 或 ADC 指令将两个压缩的 BCD 码相加，并且把结果存放在 AL 寄存器中。调整方法为：

⇨ 若（AL）中低 4 位>9 或 AF=1，则（AL）←（AL）+06H，并使 AF=1。
⇨ 若（AL）中高 4 位>9 或 CF=1，则（AL）←（AL）+60H，并使 CF=1。

DAA 指令应用举例：

例：试编程，计算 48+27=？（要求计算结果为压缩 BCD 码）

程序如下：

```
MOV     AL,48H
ADD     AL,27H
DAA
```

上述第二条指令的计算过程为：

```
  01001000
 +00100111
  ─────────
  01101111
```

DAA 指令调整过程为：

```
  01101111
 +00000110     （注意，如调整中出现半进位或进位，不再调整）
  ─────────
  01110101
```

结果：（AL）=75H，AF=1，CF=0。

DAA 指令影响除 OF 以外的其余 5 个状态标志。

(2) 压缩 BCD 码减法调整指令 DAS

格式：DAS

功能：DAS 指令用于对两个压缩 BCD 码数相减后的结果（在 AL 中）进行调整。产生正确的压缩 BCD 码运算结果。调整方法如下：

⇨ 若（AL）中低 4 位>9 或 AF=1，则（AL）←（AL）−06H，并使 AF=1。
⇨ 若（AL）中高 4 位>9 或 CF=1，则（AL）←（AL）−60H，并使 CF=1。

DAS 指令对标志位的影响与 DAA 指令相同。

(3) 非压缩 BCD 码乘法调整指令 AAM

格式：AAM

功能：AAM 指令的操作为：

（AH）←（AL）/ 0AH（商）
（AL）←（AL）/ 0AH（余数）

即将 AL 寄存器的内容除以 0AH，商放在 AH 中，余数放在 AL 中。

AAM 指令实质上是把 AL 中的二进制数转换为其对应的十进制数。对于十进制值不超过 99 的二进制数，只要用一条 AAM 指令即可实现二—十进制转换。

AAM 指令影响 PF、SF 和 ZF 标志。

执行 AAM 指令前需先有一条 MUL 指令（BCD 码数总看作无符号数）将两个非压缩 BCD 码相乘，结果放在 AL 中，后用 AAM 指令进行调整，在 AX 中得到正确的非压缩 BCD 码乘积，积的高位在 AH 中，低位在 AL 中。

AAM 指令应用举例：

例：试编程，计算 7×9=？（要求计算结果为非压缩 BCD 码数）

程序如下：

```
MOV    AL,07H     ；非压缩 BCD 码数 07H 送 AL
MOV    BL,09H     ；非压缩 BCD 码数 09H 送 BL
MUL    BL         ；两 BCD 码数相乘（AX）=07H×09H=003FH
AAM               ；（AX）=0603H（即非压缩 BCD 码数 63），SF=0，ZF=0，PF=1
```

（4）非压缩 BCD 码除之前调整指令 AAD

格式：AAD

功能：AAD 指令其实质是在两个非压缩 BCD 码相除之前，先行对被除数（在 AX 中）进行调整，然后再执行 DIV 指令。

AAD 指令的操作为：

（AL）←（AH）×10＋（AL）
（AH）← 0

即把 AX 中的非压缩 BCD 码（十位数放在 AH，个位数放在 AL）调整为二进制数，并将结果置于 AL 中（即 AAD 指令可将不超过 99 的十进制数转换为二进制数）。

AAD 指令影响 PF、SF 和 ZF 标志。

AAD 指令应用举例：

例：试编程，计算 23÷4=？（要求计算结果为非压缩 BCD 码数）

程序如下：

```
MOV    AX,0203H   ；将 0203H（非压缩 BCD 码数 23）置于 AX 中
MOV    BL,4       ；将 04H（非压缩 BCD 码数 4）置于 BL 中
AAD               ；进行调整：（AX）=02H×0AH＋03H=0017H
DIV BL            ；（AH）=03H，（AL）=05H，即结果商为 5，余数为 3
```

BCD 码进行乘除法运算时，一律使用无符号数形式，因而 AAM 和 AAD 应固定出现在 MUL 之前和 DIV 之后。

3.3.3 逻辑运算和移位指令

1. 逻辑运算指令

逻辑运算指令包括 AND（逻辑"与"），OR（逻辑"或"），NOT（逻辑"非"），XOR（逻辑"异或"）及 TEST（测试）指令。这些指令均可对 8 位和 16 位的寄存器和存储器内容进行按位操作。除 NOT 指令对所有的标志为均无影响外，其余指令都会使 CF=OF=0，AF 值不定，而对 PF、SF 和 ZF 产生影响。

（1）逻辑与指令 AND

格式：AND DST,SRC

功能：AND 指令把源操作数和目标操作数按位相"与"，结果送回目标操作数中。其中源操作数可为立即数，寄存器操作数和存储器操作数，而目标操作数只能是后两者。

例：

```
AND    AL,0FH       ; AL 的内容与 0FH 相与，结果置 AL 中
AND    AX,BX        ; AX 和 BX 的内容相与，结果置 AX 中
AND    AX,[BX]DATA  ; AX 的内容与 DS 段中偏移地址为（BX）+DATA 及
                    ; （BX）+DATA+1 两单元的内容相与，结果置 AX 中
```

AND 指令的主要用途为"屏蔽"（例见上第 1 条指令）。逻辑与指令常用于把操作数的某些位清 0（与 0 相与）；而其他位保持不变（与 1 相与）。若一个操作数自身相与，则操作数本身不变，但使标志位 CF=OF=0（例 AND AX，AX）。

（2）逻辑或指令 OR

格式：OR DST,SRC

功能：OR 指令把源操作数和目标操作数按位相或，结果送回目标操作数中。其对操作数要求及对标志位影响同 AND 指令。

例如：

```
OR  AX,00FFH    ; AX 内容与 00FFH 相或，结果置 AX 中
OR  [BX],AL     ; DS 段中偏移地址为（BX）单元的内容和 AL 内容相或，
                ; 结果送回该单元
```

逻辑或指令常用于把操作数的某些位置 1（与 1 相或）；而其他位保持不变（与 0 相或）；若一个操作数自身相或，则操作数本身不变，但使标志位 CF=OF=0（例 OR AX,AX）。

（3）逻辑非指令 NOT

格式：NOT OPR

功能：NOT 指令将操作数按位求反，再送回源操作数。操作数可为 8 位或 16 位，可为寄存器操作数或存储器操作数，但不可为立即数。NOT 指令对标志位无影响。

例如：

NOT   AX   ；将 AX 内容按位求反，结果送回 AX

（4）异或指令 XOR

格式：XOR   DST,SRC

功能：XOR 指令把源操作数和目标操作数按位异或，结果送回目标操作数中。其对操作数要求及对标志位影响同 OR 指令。

按位异或相同为"0"，相异为"1"。

例如：

XOR   AX,1122H   ；AX 内容与 1122H 相异或，结果置 AX 中
XOR   AL,[BX]   ；AL 内容与 DS 段中偏移地址为（BX）单元的内容相异或，结   ；果送 AL 中

某一操作数如自身相"异或"，结果为 0，故在编程时常用这一特性使某寄存器清零。

（5）测试指令 TEST

格式：XOR   DST,SRC

功能：源、目操作数相"与"，但结果不送回目标操作数，结果影响标志位 PF、ZF、SF，AF 未定义，OF、CF 置 0。该指令后跟转移指令，用来测试目标操作数的一位或某几位。

TEST 的操作功能类似于 AND 指令，但两数相"与"的结果不送回目标操作数，而只影响标志位。故该指令可在不破坏操作数的情况下，检测操作数中某些位是 1 还是 0。

例：

TEST   AL,02H   ；若 AL 中 D1 位为 1，则 ZF=0，否则 ZF=1
TEST   AX,8000H   ；若 AX 中最高位为 1，则 ZF=0，否则 ZF=1

2. 移位指令

移位指令分为非循环移位指令和循环移位指令。8086 有 4 条非循环移位指令，指令格式相同。可实现对寄存器操作数或存储器操作数进行指定次数的移位。既可以进行字节操作，也可以进行字操作。在移位次数大于 1 次时，移位次数规定放在 CL 中。

（1）逻辑/算术左移指令 SHL/SAL

格式：SHL/SAL   DST，n；

功能：指令按照 n 指定的移位次数对目标操作数进行左移位，移位结果送目标操作数，移出的数暂时保存在 CF 中，空出的最低位用 0 补。如果是多次移位，则 CF 中保留最后一次移出的值。操作示意图如图 3-6 所示。

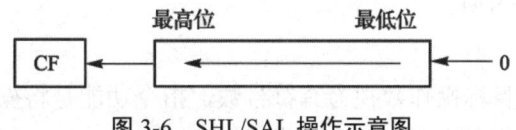

图 3-6 SHL/SAL 操作示意图

说明：DST 是除立即数外的任意一种寻址方式。n 为移位次数，只能是 1 或 CL 寄存器。移位后，若最高位与 CF 相同，则 OF 置 1，表示有溢出，否则 OF 为 0。

这两条指令的差别是：逻辑左移指令将操作数视为无符号数，而算术左移指令将操作数视为有符号数。如 OF=1，对 SHL 指令不表示溢出，而对 SAL 指令则表示左移后超出了带符号数的表示范围。

SHL/SAL 指令的应用举例：

例：试析下两条指令执行的结果。

MOV　　AL,41H
SHL　　AL,1

执行结果（AL）=82H，CF=0，OF=1。

若视 82H 为无符号数，则不表示溢出，而正好是将源操作数内容 41H 扩大了一倍。相当于将原数乘以 2。若视 82H 为有符号数，（执行 SAL 指令），则产生了溢出，因为移位后正数变成了负数。

用于左移指令执行速度要比乘法指令执行快得多，故在编程中有时用左移指令来代替乘法指令。

（2）逻辑右移指令 SHR

格式：SHR　　DST，n；

功能：指令按照 n 指定的移位次数对目标操作数进行右移位，移位结果送目标操作数，每右移一位，右边的最低位移入 CF 标志位，而最高位补零。

操作示意图如图 3-7 所示。

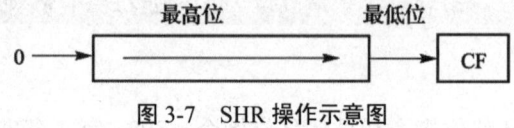

图 3-7　SHR 操作示意图

SHR 指令也影响标志位 CF 和 OF，如移动次数为 1 次，移位后最高位和次高位不等，则 OF=1，否则 OF=0。

例：

SHR　AL,1　　　　　　；（AL）逻辑右移一位
SHR　BX,CL　　　　　　；（BX）逻辑右移（CL）位

与 SHL 指令类似，每逻辑右移 1 位，相当于把无符号的目标操作数除以 2。因此，同样可以把 SHR 指令用于除以 2^i 的运算。SHR 指令执行速度也要比除法指令执行速度快得多。

（3）算术右移指令 SAR

格式：SAR　　DST，n；

功能：SAR 指令将目标操作数视为有符号数，指令功能是将操作数顺序向右移 1 位或 CL 指定的位数，操作数的最低位移入标志位 CF。它与 SHR 的区别是：最高位不是补零，

而是保持不变。操作示意图如图 3-8 所示。

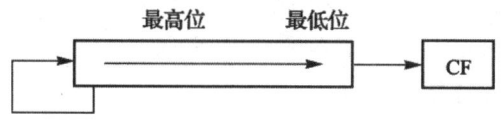

图 3-8 SAR 操作示意图

例：

SAR   AL,1   ；AL 的内容算术右移 1 位
SAR   SI,CL   ；SI 寄存器的内容算术右移（CL）位

算术右移指令可以完成有符号数除以 2^i 的运算。

8086 有 4 条循环移位指令。其指令格式与操作数类型与非循环移位指令相同。

（4）不含进位的循环左移指令 ROL

格式：ROL   DST，n；

功能：ROL 指令将目标操作数向左循环移动 1 位或 CL 指定的位数，最高位除移入 CF 外，还移入最低位构成循环，但进位位 CF 不在循环之内，ROL 指令影响标志位 CF 和 OF。如循环次数为 1 次，目标操作数最高位和 CF 值不等，则标志位 OF=1，否则 OF=0。即可用 OF 值来判断移位前后符号位是否变化。若移位次数不是一次，则 OF 状态不定。操作示意图如图 3-9 所示。

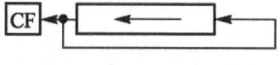

图 3-9 ROL 操作示意图

例：

ROL   CH,1   ；（CH）循环左移 1 位
ROL   BX,CL   ；（BX）循环左移（CL）位

（5）不含进位的循环右移指令 ROR

格式：ROR   DST，n；

功能：ROR 指令将目标操作数向右循环移动 1 位或 CL 指定的位数，最低位除移入 CF 外，还移入最高位构成循环，但进位位 CF 不在循环之内。ROR 指令影响标志位 CF 和 OF 标志。如循环次数为 1 次，移位以后新的最高位和次高位不等，则标志位 OF=1，否则 OF=0。若移位次数不是 1 次，则 OF 状态不定。操作示意图如图 3-10 所示。

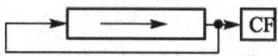

图 3-10 ROR 操作示意图

例如：

ROR	CX,1	;（CX）循环右以 1 位
ROR	BL,CL	;（BL）循环右移（CL）位

（6）含进位的循环左移指令 RCL

格式：RCL　DST，n;

功能：RCL 指令将目标操作数连同进位标志 CF 一起向左移动 1 位或 CL 指定的位数，最高位移入 CF 标志，而 CF 值移入最低位，RCL 指令对标志位的影响同 ROL 指令。操作示意图如图 3-11 所示。

图 3-11　RCL 操作示意图

例：

RCL	AX,1	;（AX）带进位位循环左移 1 位
RCL	BL,CL	;（BL）带进位位循环左移（CL）位

（7）含进位的循环右移指令 RCR

格式：RCR　DST，n;

功能：RCR 指令将目标操作数连同进位标志 CF 一起向右移动 1 位或 CL 指定的位数，最低位移入 CF 标志，而 CF 值移入最高位，RCR 指令对标志位的影响同 ROR 指令。操作示意图如图 3-12 所示。

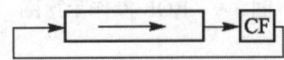

图 3-12　RCR 操作示意图

例：

RCR	AX,1	;（AX）带进位位循环右移 1 位
RCR	BL,CL	;（BL）带进位位循环右移（CL）位

循环右移指令和非循环右移指令不同，循环移位后，操作数中的各位数的信息不会丢失，仅改变了位置而已（仍在操作数其他位置上或 CF 中），如需恢复，只需反向移位即可。

3.3.4　串操作类指令

串操作指令是唯一一组源操作数和目标操作数均为存储单元的指令。8086 共有 5 条串操作指令。包括串传送、串比较、串扫描、取串和存入串等操作。从 80386 开始，串操作指令有所扩展，在原先的字节操作、字操作基础上，增加了双字操作，而且可以采用 16 位和 32 位寻址。各种串操作指令虽然功能有所不同，但有许多共同之处。

串操作指令的共同特点如下：

存储器中地址连续的若干单元的字符和数据称为字符串或数据串。串操作指令是用来对字符串中各字符或数据作同样操作的指令。串操作指令既可处理字节串，也可处理字串。并在每完成一个字节（或字）的操作后，能自动修改地址指针，去执行对下一个字节（或字）的操作。串操作指令可处理最大串长度为 64 K 字节（或字）。

所有串操作指令（与累加器打交道的串操作指令除外），都具有以下共性：

源串（源操作数）默认在数据段，段基址在 DS 中，但允许段超越。偏移地址由 SI 寄存器指定。

目标串（目标操作数）默认在附加数据段，段基址在 ES 中。偏移地址由 DI 寄存器指定。

使用重复前缀（后续介绍）时，串长度放在 CX 寄存器中。

串操作中地址指针和计数器会自动修改。每个字节（或字）操作后，SI 和 DI 寄存器的内容将自动修改，修改方向与方向标志 DF 有关。若 DF=0，则 SI 和 DI 按地址增量修改（对字节操作，地址加 1，对字操作，地址加 2）；否则，SI 和 DI 按地址减量方向修改。若使用重复前缀，CX 内容每次自动减 1。串操作指令的操作包括以下几个：

① 执行规定的操作。

② SI 和 DI 自动增量（或减量）。

③ 若有重复前缀，CX 自动减 1。

凡在串操作指令前均应预置源串指针（DS、SI），目标串指针（ES、DI）和重复次数。

任一串操作指令前均可通过加重复前缀，使该指令重复执行。直至满足指定条件为止。

在此过程中，指令指针 IP 始终指向该指令的偏移地址。若在重复操作指令执行过程中，被外部中断源中断，那么在完成中断服务程序后，将返回继续执行重复操作指令。

串操作指令重复操作前缀有 5 条，其中一条为无条件重复操作前缀，另 4 条为条件重复操作前缀，具体如下：

- **REP**：无条件重复操作前缀——重复执行指令规定的操作，直至（CX）=0。
- **REPE**：相等时重复——ZF=1，且（CX）≠0 时重复。
- **REPZ**：结果为零时重复——ZF=1，且（CX）≠0 时重复。
- **REPNE**：不相等时重复——ZF=0，且（CX）≠0 时重复。
- **REPNZ**：结果不为零时重复——ZF=0，且（CX）≠0 时重复。

指令加重复操作前缀后，可使程序编写简化，并加快串操作指令的执行速度。

另外，需要注意的是：在带有多个重复操作前缀时，将禁止 CPU 响应中断。

串操作指令有以下几个注意事项：

① 串操作指令需指明每次操作的类型：字节、字、双字。

② 串操作指令使用 DS:SI 作为源操作数指针，可用段前缀指令改变；使用 ES:DI 作为

目的操作数指针，不能用段前缀指令改变。

③ 设置 DF 来表示每次操作以后变址寄存器 SI 和 DI 的变化方向：DF=0 为增地址方式，DF=1 为减地址方式。

④ 用 CX 存放要处理的字符串的元素个数。CX 控制（或条件控制（ZF 标志））重复操作的退出。

⑤ 每处理完一个元素，自动修改 SI、DI 的值。

1. 串传送指令 MOVS

格式：MOVS OPRD1，OPRD2；OPRD1 是源串，OPRD2 是目的串

MOVSB	；字节传送
MOVSW	；字传送

功能：将源串地址所指向的单元中的内容（字或字节）传送到目标串地址所指向的单元中。第二、三种格式隐含了两个操作数的地址，分别用于字节操作和字操作。在使用第二、三种格式时，源串在 DS 段，偏移地址在 SI 中，目标串在 ES 段，偏移地址在 DI 中，而第一种格式往往用于段超越。

串传送指令常与无条件重复前缀 REP 联合使用，以提高程序执行速度。

串传送指令不影响标志位。

串传送指令（MOVS）应用举例：

【例 3.11】试编程，将 2000H:1200H 地址开始的 100 个字节传送到 6000H:0000H 地址开始的内存单元中去。

程序如下（个别指令尚未学）：

MOV	AX,2000H	；下两条指令送 DS 段基址
MOV	DS,AX	
MOV	AX,6000H	；下两条指令送 ES 段基址
MOV	ES,AX	
MOV	SI,1200H	；置源串偏移地址到 SI
MOV	DI,0000H	；置目标串偏移地址到 DI
MOV	CX,100	；置串长度到 CX
CLD		；DF=0，使地址指针按增量方向修改
REP MOVSB		；每次传送一个字节，并自动修改地址指针及 CX 内容
		；如（CX）≠0，则一直传送，直至（CX）=0 为止
HLT		；暂停

在使用 MOVSB/MOVSW 指令进行串传送时，要注意传送方向，即需要考虑是从源串的高地址端还是低地址端开始传送。如果源串与目的串的存储区域不重叠，则传送方向没有影响；如果源串与目的串的存储区域有一部分重叠，则只能从一个方向开始传送。

重复前缀指令有 REP、REPE/REPZ、REPNZ/REPNE。重复前缀指令不能单独使用，它用来控制紧跟其后的字符串指令是否重复。重复前缀指令执行过程如表 3-3 所示。

表 3-3 重复前缀指令执行过程

汇编格式	执行过程	影响指令
REP	1）若(CX)=0，则退出，否则顺序执行 2）CX=CX－1 3）执行后续指令 4）重复(1)-(3)	MOVS，STOS，LODS
REPE/REPZ	1）若(CX)=0 或 ZF=0，则退出，否则顺序执行 2）CX=CX－1 3）执行后续指令 4）重复(1)－(3)	CMPS，SCAS
REPNE/REPNZ	1）若(CX)=0 或 ZF=1，则退出，否则顺序执行 2）CX=CX－1 3）执行后续指令 4）重复(1)－(3)	CMPS，SCAS

2. 串装入指令 LODS

格式：　　LODSB　；DS:[SI]中的一个字节送 AL

　　　　　LODSW　；DS:[SI]中的一个字送 AX

　　　　　LODS　OPRD　（OPRD 为源串）

功能：从源串取一个字符串元素送累加器；

LODS 指令把由 DS:SI 指向的源串中的字节或字取到累加器 AL 或 AX 中，并在此后根据 DF 的值自动修改指针 SI 的值，以指向下一个要装入的字节或字。

LODS 指令不影响标志位，且一般不带重复前缀（作说明）。

串装入指令（LODS）应用举例：

【例 3.12】DS 段中以 MEM 为首址的内存区域中有 10 个以非压缩 BCD 码形式存放的十进制数，试编程，将这 10 个数顺序显示在 CRT 屏幕上。

程序如下：

```
        LEA SI,MEM      ;源串偏移地址送 SI
        MOV    CX,10    ;串长度送 CX
        CLD             ;使 DF=0，使地址指针按增量方向修改
        MOV    AH,02H   ;功能号送 AH（表示单字符显示器输出，见书后附录）
NEXT:   LODSB           ;取 BCD 码到 AL
        ADD    AL,3FH   ;将 BCD 码转换成 ASCII 码
```

MOV DL,AL	；将字符的 ASCII 码送 DL（作说明）
INT 21H	；输出显示
DEC CX	；CX 内容减 1（因 LODSB 指令无重复前缀）
JNZ NEXT	；(CX)≠0 则重复
HLT	；暂停

由上述程序可知：LODSB 指令相当于以下两条指令（当 DF=0）：

MOV   AL,[SI]

INC SI

显然，LODSW 指令相当于以下三条指令（当 DF=0）：

MOV   AX,[SI]

INC SI

INC SI

3. 串存储指令 STOS

格式：STOS OPRD

　　　STOSB

　　　STOSW

功能：STOS 指令把累加器 AL 中的字节或 AX 值的字存放到由 ES:DI 指向的存储器单元中，并在此后根据 DF 的值自动修改 DI 指针，指向下一个存储单元。利用重复前缀 REP 可对连续的存储单元存入相同的值。

STOS 指令对标志位无影响。

STOS 指令应用举例：

【例 3.13】把 6000H:1200H 单元开始的 100 个字存储单元内容清零。

程序如下：

MOV AX,6000H	；下两条指令将目标串段地址通过 AX 送段寄存器 ES
MOV ES,AX	
MOV DI,1200H	；目标串偏移地址送 DI
MOV CX,100	；串长度置 CX
CLD	；使 DF=0，使指针按增量方向修改
MOV AX,0	；AX 预置 0
REP STOSW	；将 100 个字存储单元内容清零
HLT	；暂停

4. 串比较指令 CMPS

格式：CMPS OPRD1，OPRD2   ；OPRD1 是源串，OPRD2 是目的串

CMPSB	；字节串比较
CMPSW	；字串比较

CMPS 指令与比较指令 CMP 类似，CMP 比较两个数据，而 CMPS 指令对两个数据串进行比较，比较结果也不送回目标单元，而只影响标志位。每进行一次比较，自动修改地址指针，指向两个串中的下一个单元。

上述三种格式也与串传送指令一样，第二、三种分别用于比较字节和字，而第一种格式往往用于段超越。

串比较指令通常和条件重复前缀 REPE（REPZ）或 REPNE（REPNZ）连用，用来检查两个字符串是否相等。

串比较指令应用举例：

【例 3.14】比较两个长度为 200 个字节的字符串。设 M1 为源串首地址，M2 为目标串首地址，找出其中第一个不相等字符的源地址，并将该地址送 BX，不相等的源字符送 AL。

程序如下：

```
        LEA SI,M1          ；置源串首地址 M1 到 SI
        LEA DI,M2          ；置目标串首地址 M2 到 DI
        MOV CX,200         ；置字符串长度 200 到 CX
        CLD                ；DF=0，使地址指针按增量方向修改
        REPE CMPSB         ；如相等，则继续比较
        AND CX,0FFFFH      ；扫描后判 CX 是否为 0
        JZ   STOP          ；如（CX）=0，则转 STOP（如无上指令，该用 JCXZ 指令）
        DEC SI             ；否则（SI）－1，找到不等单元的地址（说明为何要减 1）
        MOV  BX,SI         ；将该地址送 BX
        MOV  AL,[SI]       ；将该地址单元内容送 AL
STOP:   HLT                ；暂停（如找不到，未做处理）
```

5. 串搜索指令 SCAS

格式：SCAS OPRD ；（OPRD 为目标串）

SCASB	；字节比较
SCASW	；字比较

功能：在目标串中搜索是否有指定的"关键字"。把要找的关键字放在 AL（或 AX），再用本指令进行搜索。

该类指令是串扫描指令，从累加器 AL/AX 中减去由 ES:[DI]指定的目的串元素，结果不送任何地方，只改变状态标志位。同时自动修改 DI。用于寻找内存区中指定的数据和字符。

串扫描指令（SCAS）应用举例：

【例 3.15】ES 段中自偏移地址为 2000H 单元开始存放了 10 个字符，寻找其中有无字

符"A",若有,则记下搜索次数(放 DATA1 单元),并记下放"A"单元的地址(地址放在 DATA2 单元)。

程序如下:

```
    MOV     DI,2000H        ;目标字符串首址送 DI
    MOV     BX,DI           ;首地址暂存 BX(为计算搜索次数用)
    MOV     CX,0AH          ;字符串长度送 CX
    MOV     AL,'A'          ;关键字"A"的 ASCII 码送 AL
    CLD                     ;使 DF=0,每次扫描后地址指针加 1
    REPNZ   SCASB           ;扫描字符串,直至找到"A"或(CX)=0
    AND     CX,0FFFFH       ;扫描后判 CX 是否为 0
    JNZ FOUND               ;若找到则转 FOUND
    MOV     DI,10           ;若没找到,则使(DI)=000AH(即搜索 10 次)
    JMP DONE
        FOUND:DEC DI        ;(DI)-1,指向关键字所在地址
    MOV     DATA2,DI        ;将关键字地址送 DATA2 及 DATA2+1 两个单元
    INC DI                  ;恢复 DI 值
    SUB DI,BX               ;求搜索次数(作说明)
        DONE: MOV   DATA1,DI    ;将搜索次数送 DATA1 及 DATA1+1 两个单元
```

3.3.5 控制转移类指令

用于控制指令流程的指令有转移、循环、过程调用和中断调用等指令。按转移条件分:无条件转移和有条件转移;按转移的范围分:段内转移和段间转移;按获取地址的方法分:直接转移和间接转移。

1. 无条件转移指令 JMP

无条件转移指令功能:无条件转移,执行指定标号处的指令。无条件转移指令的执行结果不影响标志位。

格式 1: 段内直接转移

  JMP 标号

  JMP SHORT 标号(符号地址)

该指令被汇编时,汇编程序会计算出 JMP 指令的下一条指令到标号 LABEL 所指示的目标地址之间的位移量(即相距多少个字节单元),该位移量可正可负(正:表示正向转移;负:表示逆向转移),可以是 8 位的或 16 位的。若为 8 位,称为段内直接短转移,转移范

围为-128～+127 字节。此时，需在标号前加运算符 SHORT；若位移量为 16 位，称为段内直接近转移，转移范围为-32768～+32767 字节。标号前可加运算符 NEAR，也可不加，如缺省，则为近转移。

JMP 指令的操作是将 IP 的当前值（即 JMP 指令下条指令的地址）加上地址位移量，形成新的 IP 值（CS 值保持不变），从而使程序按新地址继续执行，即实现了地址的转移。

格式 2：段内间接转移

JMP	寄存器操作数
JMP	内存操作数

说明：寄存器、内存单元存放的是有效地址。所谓"间接"，是指当 CPU 执行指令时，将寄存器或内存单元内的有效地址写入 IP 或 EIP，从而实现转移。

> 上指令中如 OPRD 为存储器操作数，则必须加上类型指示符 WORD PTR(JMPWORD PTR[BX + DI])，以说明操作数是一个字。另由于是段内转移，所以 CS 内容不变。

格式 3： 段间直接转移

JMP	标号	；(IP)←跳转的 EA ；(CS)←跳转的段地址

说明：模块化程序设计中，从一个模块转移到另一个模块需执行段间转移指令，此时段间转移标号要作两项说明：在转移目标模块（即被调用模块）中用 PUBLIC 说明为"公共变量"，在本模块（即调用模块）中用 EXTRN 说明为"外部变量名"在模块设计时，从一个模块转移到另一个模块，用段间直接转移。

例：

JMP FAR PTR LABEL
JMP 8000H:1200H

格式 4：段间间接转移

JMP	内存操作数	；(IP)← (EA)；(CS)←(EA+2)

在实模式下，段间间接转移指令将段地址和偏移地址送给 CS 和 IP。

只能为存储器操作数，由指定的连续 4 个内存单元的内容分别送入 IP 和 CS（低地址两单元内容送 IP，高地址两单元内容送 CS），使程序转移到另一个代码段继续执行。

例：

JMP DWORD PTR[BX]
设指令执行前：(DS)=3000H,（BX）=3000H
　　　　　　　（33000H）=0BH,
　　　　　　　（33001H）=20H,

（33002H）=10H，
（33003H）=80H。

则指令执行后：(IP)=200BH，(CS)=8010H。即转移目标地址为8210BH。

2. 条件转移指令

条件转移指令是编程中经常使用的一类十分重要的指令。主要用于程序有条件分支。8088/8086共有18条不同的条件转移指令，它们根据该指令执行时各标志位的状态来决定程序是否转移。若满足转移指令所规定的条件，则程序转移到目标地址去执行该处的指令，若不满足条件，则顺序执行下一条指令，从而实现程序分支。

所有的条件转移指令都是直接寻址方式的短转移，即只能在以当前IP地址（JCC指令的下一条指令的地址）为中心的−128～+127字节范围内转移。条件转移指令也不影响标志位。

格式： 操作码助记符　　转移地址标号

按标志位的当前状态转移、无符号数条件转移、有符号数条件转移、循环控制转移。由单个标志位来确定转移地址的指令总结起来如表3-4所示。

表3-4　判断单个标志的条件转移指令

标志	为1时转移	为0时转移
ZF	JZ(JE)	JNZ(JNE)
SF	JS	JNS
OF	JO	JNO
PF	JP(JPE)	JNP(JPO)
CF	JC(JB/JNAE)	JNC(JNB/JAE)

判断无符号数大小的条件转移指令如表3-5所示。

表3-5　判断无符号数大小的条件转移指令

操作码助记符	指令功能	等价助记符	条件标志位
JA	被减数大于减数转	JNBE	高于/不低于等于转移，CF∨ZF=0
JNA	被减数小于或等于减数转	JBE	不高于/低于等于转移，CF∨ZF=1
JNC	被减数大于或等于减数转	JNB/JAE	不低于/高于等于转移，CF=0
JC	被减数小于减数转	JB/JNAE	低于/不高于等于转移，CF=1

判断有符号数大小的条件转移指令如表3-6所示。

表 3-6 判断有符号数大小的条件转移指令

操作码助记符	指令功能	等价助记符	
JG	被减数（真值）大于减数（真值）跳转（大于/不小于等于转移）	JNLE	(SF∨OF)∨ZF=0
JGE	被减数（真值）大于或等于减数（真值）转移（大于等于/不小于）	JNL	（SF∨OF）=0
JL	被减数（真值）小于减数（真值）转（小于/不大于等于转移）	JNGE	（SF∨OF）=1
JLE	被减数（真值）小于或等于减数（真值）转（小于等于/不大于转移）	JNG	(SF∨OF)∨ZF=1

转移指令应用举例：

【例 3.16】 在 DS 数据段以 TABEL 为首址的 100 个单元中放有 8 位带符号数，试编程，统计其中正数、负数和零的个数，并分别将统计结果存入 PLUS、MINUS 和 ZERO 单元。

程序如下：

```
START:XOR  AL,AL         ;使（AL）=0
      MOV  PLUS,AL       ;PLUS 单元清零
      MOV  MINUS         ;MINUS 单元清零
      MOV  ZERO,AL       ;ZERO 单元清零
      LEA SI,TABEL       ;数据表首地址送 SI
      MOV  CX,100        ;表长度送 CX
      CLD                ;使 DF=0，使指针向增量方向修改
CHECK:LODSB              ;用串装入指令将数据送入 AL
      OR AL,AL           ;AL 内容自身相或，影响标志位
      JS  X1             ;如为负数，转 X1
      JZ  X2             ;如为 0，转 X2
      INC PLUS           ;否则为正数，PLUS 单元内容加 1
      JMP NEXT           ;跳转 NEXT
X1:   INC MINUS          ;MINUS 单元内容加 1
      JMP NEXT           ;跳转 NEXT
X2:   INC ZERO           ;ZERO 单元内容加 1
NEXT: LOOP   CHECK       ;(CX)-1，若不为 0，则转 CHECK
      HLT                ;若为 0，则暂停
```

循环控制：

循环控制指令是在循环程序中用来控制循环的，其实质是一条短距离相对转移指令。其转向的目标地址以在当前 IP 内容为中心的 $-128\sim+127$ 个字节的范围内。循环次数必须

预置在 CX 寄存器中。程序中，循环控制指令放在循环程序段的开始或末尾。每循环一次，CX 内容自动减 1，若（CX）≠0，则继续循环，否则，退出循环。

循环控制指令有 3 条，其均不影响标志位。

（1）格式：LOOP   标号(目标地址)   ；CX－1→CX，若 CX≠0，转执行该指令，CX－1，若 CX≠0，转移到目标地址，即：

IP←IP+8 位位移量（带符号扩展到 16 位）。由于指令自动对 CX 寄存器做减 1 操作，故使用 LOOP 指令前，需将循环操作次数值赋给 CX 寄存器。

LOOP 指令应用举例：

【例 3.17】 DS 段中以 BUFFER 为起始地址的 100 个单元中存放 8 位带符号数，试编程，统计其中负数的个数，并存放在 NUM 单元中。

程序如下：

```
        XOR    BL,BL           ;BL 用作统计负数个数，先清零
        MOV    CX,100          ;CX 预置循环次数
        LEA SI,BUFFER          ;首地址 BUFFER 送 SI
        CLD
NEXT:   LODSB                  ;取一个数据到 AL
        TEST   AL,80H          ;测试是否为负数
        JZ GOON                ;若不是，转 GOON
        INC BL                 ;若是，统计数加 1
GOON:   LOOP   NEXT            ;(CX)←(CX)－1，若不为 0，则循环
        MOV    NUM,BL          ;如为 0，则将统计结果送 NUM 单元
        HLT                    ;暂停
```

由上例可知 LOOP 指令相当于下两条指令的组合：

```
DEC  CX
JNZ  NEXT
```

（2）LOOPZ（或 LOOPE）指令

指令格式为：

LOOPZ LABEL 或 LOOPE LABEL

该指令的操作功能是先使 CX 内容减 1（不影响标志位），再根据 CX 中的值及 ZF 的内容决定是否继续循环，当 CX 内容不为 0，且 ZF=1 的条件下，才转移到目标地址继续循环；若 CX=0 或者 ZF=0，则退出循环。

LOOPNZ/LOOPNE   标号   ；CX－1→CX，若 CX≠0 且 ZF=0，转 LOOPNE 和 LOOPNZ 也是同一条指令的不同助记符。该指令执行时将 CX 的值减 1，若 CX≠0 且 ZF=0.则继续循环；否则，顺序执行下一条指令。

> 上述循环控制指令本身并不影响任何标志位。也就是说，ZF 标志位并不受 CX 减 1 的影响，即 ZF=1，CX 不一定为 0。ZF 是由前面指令决定的。

3. 子程序调用与返回

在编程时，为节省内存单元及编写方便，往往将程序中常用的具有某种功能的部分独立出来，编成一个模块，称之为子程序（或过程）。主程序在需要时，随时可调用这些子程序，子程序执行完后又返回主程序继续执行，8088/8086 为实现此功能，提供了调用指令 CALL 和返回指令 RET。

子程序是一个完整的、独立的有一定名称（标号）的程序段，它可以多次被其他程序调用，并在这个程序段执行完后返回到原先调用的程序处。

主程序调用子程序用子程序调用指令 CALL 实现；子程序结束须用一条返回指令（如 RET 指令），返回到主程序。CPU 在读取 CALL 指令时，IP 自动递增，使它指向下一条指令的存储单元地址。CALL 指令执行时，必须保存 CALL 指令后面的第一条指令地址（断点地址）。

CALL 指令的功能：必须先将断点地址（IP）或（CS）与（IP））压栈，然后将子程序首地址送 IP 或 CS 与 IP 中，从而将程序转到子程序入口，再顺序执行子程序。

返回指令 RET 在子程序最后。CPU 执行返回指令时，会从堆栈中弹出断点地址，重新装入 IP 或 CS 与 IP 中，从而返回主程序。由于子程序有可能与主程序在同一个段内，也有可能不在一个段内，所以与 JMP 指令一样，CALL 指令也有 4 种形式，下面分别介绍。

（1）子程序调用指令

① 段内直接相对调用

格式：CALL　　DST

执行的操作：

将子程序的返回地址（即 CALL 指令的下一条指令）即断点地址存入堆栈，以便于子程序结束返回主程序时使用。

转到子程序的入口地址去执行子程序。DST 指定了子程序的入口地址，即子程序第一条指令的 EA。在机器语言中，它是一个 16 位的有符号数偏移量，则子程序的入口地址是 (IP+D16)。

段内直接调用：

$(SP) \leftarrow (SP)-2$；

将 IP 寄存器内容入栈：$(SP+1) \leftarrow (IP)8\sim15$, $(SP) \leftarrow (IP)0\sim7$；

$(IP) \leftarrow (IP)+disp16$。

② 段内间接调用

格式：CALL MEM/REG

当 CPU 执行段内调用指令时，首先把断口地址的有效地址压栈，为子程序返回作准备，然后把子程序的入口地址→IP，从而转入子程序。断点地址是 CALL 指令的后继指令地址。

(SP) ← (SP)－2;

将 IP 寄存器内容入栈：(SP+1)←(IP) 8~15；(SP)←(IP) 0~7；(IP)←(EA)。

例：

LCALL AX   ;(IP)←(AX)，子程序入口地址（偏移地址）为 AX 内容
LCALL WORD PTR[BX] ;(IP)←((BX)+1):((BX))，子程序的入口地址（偏
                ; 移地址）为（BX）和（BX）+1 两内存单元内容

③ 段间直接调用

格式：CALL FAR PTR 过程名

此过程用 FAR 属性定义在另一代码段中。

指令执行时，先将该指令的下一条指令地址，即当前 CS 和 IP 的内容压入堆栈保护，然后使指令中给出的段地址和偏移地址分别成为 CS 和 IP 的内容，从而实现过程调用，指令执行过程如下：

（SP）←（SP）－2，
((SP)+1):((SP))←(CS)，
(CS)←指令中给出的所调用子程序入口的段地址；
（SP）←（SP）－2，
((SP)+1):((SP))←(IP)，
(IP)→入口地址的 EA, (CS)←入口地址的段地址

④ 段间间接调用

格式：CALL OPRD

指令中 OPRD 只能为存储器操作数，由指定的连续 4 个内存单元的内容，分别送入 IP 和 CS（低地址两单元内容为偏移地址，送入 IP，高地址两单元内容为段地址，送入 CS）。使程序能调用有关子程序。

例：

CALL DWORD PTR[SI]

（2）子程序返回指令

① 无参数的返回

格式：RET

功能：子程序的出口，将堆栈中的断点地址弹出。若是段内返回，则只弹出偏移地址至 EIP（或 IP），若是段间返回，则需弹出段基址至 CS 和偏移地址至 EIP（或 IP）。

② 有参数返回指令

格式： RET　N（N 为偶数）

功能：首先完成 RET 指令的操作，再执行 SP＋N→SP。

在执行 RET 以前，栈顶元素必须是调用程序的断口地址。

4. 中断调用及返回

中断是计算机的一个十分重要的功能。在程序运行中，有时会产生一个随机事件，要求 CPU 暂时中止正在运行的程序，而自动转去执行一段专门的中断服务程序来处理这些事件。处理完后又返回被中止的主程序继续执行，这一过程称为中断。

8088/8086 中断系统分为外部中断（或称硬件中断）和内部中断（或称软件中断）。外部中断主要用来处理外设和 CPU 之间的通信以及一些突发事件。内部中断主要指中断指令引起的中断。

中断指令用于产生软件中断，主要有以下几种用途：

- 通过中断指令调用操作系统提供的特殊子程序，可简化应用软件的开发。
- 用来实现某些特殊功能，如用于调试程序的单步运行、断点设置等。
- 调用 BIOS 提供的硬件低层服务。

有关中断的各种技术问题将在第 6 章作介绍，这里仅介绍软件中断的指令格式及操作。8088/8086 提供 3 条有关软件中断指令。

（1）INT 指令

格式：INT　n

指令中的 n 为中断向量码（也称中断类型码），取值范围为 0～255。

指令执行时，CPU 根据 n 的值计算出中断向量（作说明）的地址，然后从该地址中取出中断服务程序的入口地址，并转到中断服务程序去执行。

8088/8086 规定所有中断服务程序的入口地址都必须放在一个称为中断向量表的表格中，它位于内存的最低 1 K 字节（即 00000H～003FFH），共有 1024 个单元，可存放 256 个中断入口地址，每个中断入口地址占 4 个字节，其中低位字（2 个字节）存放入口地址的偏移量，高位字（2 个字节）存放段地址。

据指令给出的 n 值，中断向量地址的计算方法是将中断向量码 n×4，INT n 指令的具体操作步骤如下：

① 把标志寄存器内容压入堆栈保护。

$(SP) \leftarrow (SP) - 2$

$((SP)+1):((SP)) \leftarrow (PLAGS)$

② 清除 IF 和 TF，保证在中断服务执行时不再被其他软件中断再次中断，也不响应单步中断。

$IF \leftarrow 0 \quad TF \leftarrow 0$

③ 把断点地址（INT n 指令的下一条指令地址）的段地址和偏移地址压入堆栈保护。

$(SP) \leftarrow (SP) - 2$

$((SP)+1):((SP)) \leftarrow (CS)$

$(SP) \leftarrow (SP) - 2$

$((SP)+1):((SP)) \leftarrow (IP)$

④ 由 n×4 得到中断向量地址，并进而得到中断服务程序入口地址。

$(IP) \leftarrow (n \times 4 + 1):(n \times 4)$

$(CS) \leftarrow (n \times 4 + 3):(n \times 4 + 2)$

完成上述操作后，CPU 开始执行中断服务程序。

INT n 指令除使 IF、TF 复位外，对其他标志位无影响。

INT 指令与 CALL 指令的段间调用功能十分相像，所不同的是：

- INT 指令保护 FLAGS 内容，而 CALL 指令不保护。
- INT 指令影响 IF 和 TF 标志，而 CALL 指令不影响。
- 中断服务程序的入口地址放在内存的固定位置，而 CALL 指令可任意指定子程序入口地址的存放位置。

（2）溢出中断指令

格式：INTO

该指令专门用来判断有符号数的加减运算是否产生溢出。使用时，一般使该指令紧跟在加减运算指令后面。如运算产生溢出，使 OF=1，则自动转到溢出中断服务程序，进行溢出处理。如 OF=0，则 INTO 指令不执行任何操作，程序将继续执行下一条指令。

INTO 指令是 n=4 的 INT n 指令，其中断向量地址为 0010H，其操作过程与 INT n 指令类同。

（3）中断返回指令

格式：IRET

任何中断服务程序（包括外部中断和内部中断引起的）的最后一条指令都必须是 IRET 指令。该指令首先将堆栈中的断口地址弹回到 IP 和 CS，接着将原在堆栈中保存的 FLAGS 内容弹回到标志寄存器。显然本指令对标志位将产生影响。指令操作过程为：

$(IP) \leftarrow ((SP)+1):((SP))$

$(SP) \leftarrow (SP) + 2$

(CS)←((SP)+1):((SP))
(SP)←(SP)+2
(FLAGS)←((SP)+1):((SP))
(SP)←(SP)+2

3.3.6 处理器控制类指令

处理器控制指令用来控制处理器与协处理器之间的交互作用，修改标志寄存器，以及使处理器与外部设备同步等。

1. 标志位操作指令

（1）STC

格式：STC

执行的操作：CF←1

（2）CLC

格式：CLC

执行的操作：CF←0

（3）CMC

格式：CMC

执行的操作：CF←取反 CF

（4）STD

格式：STD

执行的操作：DF←1

（5）CLD

格式：CLD

执行的操作：DF←0

（6）STI

格式：STI

执行的操作：IF←1

（7）CLI

格式：CLI

执行的操作：IF←0

2. 外部同步指令

（1）暂停指令 HLT

格式：HLT

执行的操作：处理器停止工作，等到外部中断到来或复位信号，中断结束后继续向下执行，不影响标志位。

（2）空操作指令 NOP

格式：NOP

执行的操作：不做任何工作，其机器码占用一个字节单元。

用途：在调试程序中用于占用一定的单元，以便于可以插补一些指令或消除一些指令。

（3）等待指令 WAIT

格式：WAIT

引脚，当为高电平时，执行 WAIT 指令使 CPU 处于等待状态。而一旦检测到引脚上变为低电平时，CPU 则退出等待状态。顺序执行下一条指令。

该指令主要用于 8088 与协处理器和外设同步，也可用于等待外部中断，待中断服务程序执行完后仍返 WAIT 指令，继续等待。

WAIT 指令对标志位无影响。

（4）封锁总线指令 LOCK

格式：LOCK

为一条前缀指令，8086 构成最大模式时，LOCK 前缀指令可以放在任何指令的前面，使得加此前缀的指令执行时，总线被封锁，使别的外部处理器或设备利用请求/应答线申请总线时，主 CPU 仅记录此请求，但不响应。只有当此指令执行完毕时，主 CPU 才响应总线请求。此指令不影响标志位。

（5）处理器交权指令 ESC（escape）

格式：ESC 外部操作码，源操作数

ESC 是一个交权的指令前缀，把指令交给协处理器处理。一般和 WAIT 指令一起使用，通过 TEST 引脚和协处理器同步。主要用于与外部处理器（协处理器）配合工作，当 CPU 读取 ESC 指令后，利用 6 位的外部操作码来控制外部处理器，使它完成某种特定的操作。外部操作码是 6 位立即数，源操作数 SRC 是 REG/MEM。若 SRC=REG，不进行任何操作；若 SRC=MEM，主 CPU 取出 SRC 交给协处理器。

3.4 Pentium 系列微处理器的新增指令

Pentium 系列处理器的指令集向上兼容，它保留了 8086 和 80X86 微处理器系列的所有指令，因此，所有早期的软件可直接在 Pentium 机上运行。

从微处理器的指令系统中可以看出，自 1985 年 Intel 公司推出 32 位微处理器 80386 以来，始终使用着几乎一样的指令系统，只是每提高一代便追加很少几条指令。

Pentium 处理器指令集中新增加了以下 3 条专用指令。

3.4.1 比较和交换 8 字节数据指令，CMPXCHG8B

指令格式：CMPXCHG8B　opr1，opr2

该指令执行 64 位数据的比较和交换操作。执行时将存放在 opr1（64 位存储器）中的目的操作数与累加器 EDX：EAX 的内容进行比较，如果相等，则 ZF=1，并将源操作数 opr2（规定为 EDX：EAX）的内容送入 opr1；否则 ZF=0，并将 opr1 送到相应的累加器。

3.4.2 CPU 标识指令，CPUID

指令格式：CPUID

该指令执行后可以将有关 Pentium 处理器的型号和特点等系列信息返回到 EAX 中。在执行 CPUID 指令前，EAX 寄存器必须设置为 0 或 1，根据 EAX 中设置值的不同，软件会得到不同的标志信息。

3.4.3 读时间标记计数器指令，RDTSC

指令格式：RDTSC

在 Pentium 处理器有一个片内 64 位计数器，称为时间标记计数器 TSC。计数器的值在每个时钟周期都自动加 1，执行 RDTSC 指令可以读出计数器 TSC 中的值，并送入寄存器 EDX：EAX 中，EDX 保存 64 位计数器中的高 32 位，EAX 保存低 32 位。

此外，Pentium 处理器指令集中新增加了 3 条系统控制指令：

（1）读专用模式寄存器指令（RDMSR）。RDMSR 指令使软件可访问专用模式寄存器的内容，执行指令时在访问的模式专用寄存器与寄存器组 EDX：EAX 之间进行 64 位的读操作。

（2）写专用模式寄存器指令（WRMSR）。WRMSR 指令执行时在访问的专用模式寄存器与寄存器组 EDX：EAX 之间进行 64 位的写操作。

（3）恢复系统管理模式指令（RSM）。Pentium 处理器有一种称为系统管理模式（SMM）的操作模式，这种模式主要用于执行系统电源管理功能。外部硬件的中断请求使系统进入 SMM 模式，执行 RSM 指令后返回原来的实模式或保护模式。

本章小结

本章主要介绍了 8086 微处理器的寻址方式和指令系统。通过本章的学习了解汇编语言的指令格式及表达方式；掌握 8086 指令的寻址方式；掌握各种指令的功能、格式及应用。

8086 系统有百余条指令，每条指令都能完成某种特定的操作，如传送数据、算术运算、逻辑运算等。对于每条指令，可以从以下几方面去掌握：指令的格式、指令的寻址方式、指令的功能、指令对标志寄存器的影响。其中操作数寻址方式中的存储器操作数寻址是难点，寄存器间接寻址是基础，而指令系统中所有指令的格式、功能和应用是重点。

本章习题

1. 当程序顺序执行时，每取一条指令语句，IP 指针增加的值是（　　）。
   A. 1　　　　　　　　　　　　B. 2
   C. 3　　　　　　　　　　　　D. 由指令长度决定的
2. 下列属于合法的指令是（　　）。
   A. MOV　DS, ES　　　　　　B. MOV　[SI], [DI]
   C. MOV　AX, BL　　　　　　D. MOV　[DI], BL
3. 下列寄存器组中在段内寻址时可以提供偏移地址的寄存器组是（　　）。
   A. AX, BX, CX, DX　　　　　B. BX, BP, SI, DI
   C. SP, IP, BP, DX　　　　　　D. CS, DS, ES, SS
4. 下列传送指令中有语法错误的是（　　）。
   A. MOV CS, AX　　　　　　　B. MOV DS, AX
   C. MOV SS, AX　　　　　　　D. MOV ES, AX
5. 下面指令执行后，改变 AL 寄存器内容的指令是（　　）。
   A. TEST AL, 02H　　　　　　B. OR AL, AL
   C. CMP AL, BL　　　　　　　D. AND AL, BL
6. 与 MOV BX, OFFSET VAR 指令完全等效的指令是（　　）。
   A. MOV BX, VAR
   B. LDS BX, VAR
   C. LES BX, VAR
   D. LEA BX, VAR

7. 将 DX 的内容除以 2，正确的指令是（   ）。

   A. DIV 2

   B. DIV DX，2

   C. SAR DX，1

   D. SHL DX，1

8. 下列数值表达式和地址表达式中，错误的是（   ）。

   A. MOV AL，8*14+4

   B. MOV SI，OFFSET BUF+13

   C. MOV CX，NUM2-NUM1

   D. MOV CX，NUM2+NUM1

9. 为使 CX=−1 时，转至 MINUS 而编制了一指令序列，其中错误的序列是（   ）。

   A. INC CX   JZ MINUS

   B. SUB CX，OFFFFH   JZ MINUS

   C. AND CX，OFFFFH   JZ MINUS

   D. XOR CX，OFFFFH   JZ MINUS

10. 当执行指令 ADD AX，BX 后，若 AX 的内容为 2BA0H，设置的奇偶标志位 PF=1，下面的叙述正确的是（   ）。

    A. 表示结果中含 1 的个数为偶数

    B. 表示结果中含 1 的个数为奇数

    C. 表示该数为偶数

    D. 表示结果中低八位含 1 的个数为偶数

11. AND，OR，XOR，NOT 为四条逻辑运算指令，下面的解释正确的是（   ）。

    A. 指令 XOR AX，AX 执行后，AX 内容不变，但设置了标志位

    B. 指令 OR DX，1000H 执行后，将 DX 最高位置 1，其余各位置 0

    C. 指令 AND AX，OFH 执行后，分离出 AL 低四位

    D. NOT AX，执行后，将 AX 清 0

12. 完成对 CL 寄存器的内容乘以 4 的正确操作是（   ）。

    A. ROL CL，1   B. MUL 4
       ROL CL，1

    C. SHL CL，1   D. MOV CL，2
       SHL CL，1   SHL CL，CL

13. 下面各传送指令中，正确的是（   ）。

    A. MOV [DI]，[SI]

    B. MOV[DX+DI]，AL

C. MOV WORD PTR [BX]，0100H

D. MOV AL，BX

14. 在下列串操作指令中，同时使用源串和目的串地址指针的指令是（   ）。

    A. STOSW

    B. LODSW

    C. SCASW

    D. CMPSW

15. AL=0AH，下列指令执行后能使 AL=05 H 的是（   ）。

    A. NOT AL

    B. AND AL，0FH

    C. XOR AL，0FH

    D. OR AL，0FH

16. 分别指出下列指令中的源操作数和目的操作数的寻址方式。

    （1）MOV   SI，200

    （2）MOV   CX，DATA[SI]

    （3）ADD   AX，[BX+DI]

    （4）AND   AX，BX

    （5）MOV   [SI]，AX

    （6）PUSHF

17. 假设已知(DS)=2900H,(ES)=2100H，(SS)=1500H，(SI)=00A0H，(BX)=0100H，(BP)=0010H，数据段中变量名 VAL 的偏移地址值为 0050H，试指出下列源操作数字段的寻址方式是什么？其物理地址值是多少？

    （1）MOV AX，0ABH   （2）MOV AX，BX

    （3）MOV AX，[100H]   （4）MOV AX，VAL

    （5）MOV AX，[BX]   （6）MOV AX，ES:[BX]

    （7）MOV AX，[BP]   （8）MOV AX，[SI]

    （9）MOV AX，[BX+10]   （10）MOV AX，VAL[BX]

    （11）MOV AX，[BX][SI]   （12）MOV AX，[BP][SI]

18. 判断下列指令书写是否正确，如有错误，指出错在何处并用正确的程序段（一条或多条指令）实现原错误指令[((8)、(13)除外]，期望实现的操作。

    （1）MOV AL，BX   （9）MOV ES，3278H

    （2）MOV AL，SL   （10）PUSH AL

    （3）INC [BX]   （11）POP [BX]

    （4）MOV 5，AL   （12）MOV [1A8H]，23DH

(5) MOV [BX]，[SI]　　　　　　（13）PUSH IP

(6) MOV BL，F5H　　　　　　　（14）MOV [AX]，23DH

(7) MOV DX，2000H　　　　　　（15）SHL AX，5

(8) POP CS　　　　　　　　　　（16）MUL AX，BX

19．设堆栈指针 SP 的初值为 2000H，AX=3000H，BX=5000H，试问：

(1) 执行指令 PUSH AX 后(SP)=？

(2) 再执行 PUSH BX 及 POP AX 后 (SP)=？(AX)=？(BX)=？

20．分别写出实现如下功能的程序段

(1) 双字减法（被减数 7B1D2A79H，减数 53E2345FH）。

(2) 使用移位指令实现一个字乘 18 的运算。

(3) 使用移位指令实现一个字除以 10 的运算。

(4) 将 AX 中间 8 位，BX 低四位，DX 高四位拼成一个新字。

(5) 将数据段中以 BX 为偏移地址的连续四个单元的内容颠倒过来

(6) 将 BX 中的四位压缩 BCD 数用非压缩 BCD 数形式顺序放在 AL、BL、CL、DL 中。

21．现有下列程序段：

　　MOV AX，6540H

　　MOV DX，3210H

　　MOV CL，04

　　SHL DX，CL

　　MOV BL，AH

　　SHL AX，CL

　　SHR BL，CL

　　OR DL，BL

试问上述程序段运行后,（AX）=＿＿＿（BL）=＿＿＿（DX）=＿＿＿

22．分析下面程序段，

　　MOV AL，200

　　SAR AL，1

　　MOV BL，AL

　　MOV CL，2

　　SAR AL，CL

　　ADD AL，BL

试问程序段执行后（BL）=＿＿＿（AL）=＿＿＿

23．在 NUMW 单元存放有一个 0-65535 范围内的整数，将该数除以 500，商和余数分别存入 QU1 和 REM 单元，请在空行处各填上一条指令完善该程序。

⋮

MOV AX,NUMW

_____

XOR DX,DX

MOV BX,500

DIV BX

MOV QUI,AX

_____

第 4 章
汇编语言程序设计

本章导读

在学习了指令系统之后，本章讲述汇编语言程序的设计方法。通过本章学习，使读者熟悉汇编语言程序的结构、语句类型和格式、各种运算符及表达式；结合实例熟练应用各种运算符，能够计算出多种运算符组成的表达式的结果；要能明确区分标号和变量的差异；掌握汇编语言程序中各种伪指令操作的含义和用法。在此基础上，读懂和编写简单的汇编语言源程序，并可上机调试和运行所编程序。

学习目标

- ➢ 掌握汇编语言的基本框架
- ➢ 熟悉常用伪指令的含义和用法
- ➢ 掌握 DOS 软件中的几个常用功能
- ➢ 能够读懂顺序结构、分支结构、循环结构的汇编语言程序，并能编写简单的汇编语言源程序
- ➢ 掌握 MASM 程序和 LINK 程序
- ➢ 掌握 Debug 上机调试和运行程序

4.1 汇编语言基础知识

随着计算机软件技术的发展，尽管有各种接近于人类自然语言的高级语言不断问世，但由于汇编语言执行速度快以及能对硬件直接实现控制等独特优点，汇编语言至今仍是微机实时控制系统软件开发中使用较多的程序设计语言。

4.1.1 计算机语言的发展历程

到目前为止，计算机语言由低级到高级经历了机器语言、汇编语言、高级语言、第四代语言的发展过程。

1. 机器语言

机器语言（machine language）是用二进制代码来表示指令和数码的语言。它是计算机唯一能够直接识别和执行的语言，其优点是执行速度快，占用内存少。缺点是不直观，不易理解、记忆和交流。

2. 汇编语言

汇编语言（assembly language）是介于机器语言和高级语言之间的计算机语言，是一种用符号表示的面向机器的程序设计语言。它比机器语言易于阅读、编写和修改，又比高级语言运行速度快，能充分利用计算机的硬件资源，占用内存空间少。汇编语言常用于计算机控制系统的开发和高级语言编译程序的编制等应用场合。采用不同 CPU 的计算机有不同的汇编语言。

用助记符来表示操作码，用符号来表示操作数的指令，称为汇编指令，用汇编指令构成的语言称为汇编语言（assemble language）。用汇编语言编写的程序其执行速度和机器语言程序相同。但由于助记符接近自然语言，因此使程序的编写、阅读和修改都较方便，不易出错。

用汇编语言编写的程序称为汇编语言源程序（source program）。汇编语言源程序不能直接在计算机上运行，需要将它翻译成机器语言程序（也称目标代码程序，object program）。这个翻译过程为汇编。完成汇编（assemble）任务的程序（软件）称为汇编程序。

汇编程序主要完成以下几个任务。

（1）将汇编语言源程序翻译成目标代码程序。

（2）按指令要求自动分配存储区（包括程序区、数据区等）。

（3）自动把源程序中以各种进制表示的数据都转换成二进制形式的数据。

（4）计算表达式的值。

（5）对汇编语言源程序进行语法检查，并给出语法出错的提示信息。

目前广泛采用的是宏汇编 MASM。它的功能很强，除能将源程序翻译为目标代码外，还允许使用宏定义简化编程，能自动检查出源程序编写过程中出现的语法错误，非法标号和未定义的助记符等。另外还可根据用户要求自动分配各类存储区，自动将非二进制数转换成二进制数，自动将字符转换成 ASCII 码，以及计算指令中表达式的值等。

3. 高级语言

高级语言是面向过程（或对象）的语言。用高级语言编程不需要了解计算机的内部结构和原理。但用高级语言编写的程序必须翻译成机器代码，计算机才能执行。完成"翻译"的系统软件称为编译程序或解释程序，它要比汇编程序复杂的多，需占用较多内存，翻译过程需要较多时间，不适合要求响应速度很快的实时控制系统。

随着计算机技术的不断发展，为了扬长避短，有时在一个程序中，对执行速度或实时性要求较高的部分用汇编语言编写，而其余部分用高级汇编语言编写，这已成为一种常用的技术手段。

4. 第四代语言

第四代语言（fourth-generation language，以下简称 4GL）比第三代语言更接近自然语言，用于访问数据库的语言经常被认为是第四代语言，如 Power Builder。4GL 的出现是出于商业需要。4GL 这个词最早是在 20 世纪 80 年代初期出现在软件生产商的广告和产品介绍中的。人们很快发现这一类语言由于具有"面向问题""非过程化程度高"等特点，可以成数量级地提高软件生产率，缩短软件开发周期，因此赢得了众多用户。其原意是非过程化程序设计语言，是针对以处理过程为中心的第三代语言提出的，希望通过某些标准处理过程的自动生成，使用户只说明要做什么，而把具体的执行步骤的安排交软件自动处理。

4.1.2 汇编语言语句的组成

汇编语言语句主要由字符集、标识符、保留字、常量、变量和标号等组成。

1. 字符集

汇编语言基本元素的字符，宏汇编源程序允许使用的字符包括以下几种。
英文字符：A~Z 或 a~z，不区分大小写。
数字字符：0~9
算术运算符：＋ － ＊ ／
关系运算符：＜ ＝ ＞

分隔符：，；（）[]' "和空格

控制符：回车、换行、制表符

其他字符：$ & _ ? @ % !

在汇编语言中，除了字符串，英文字符都是不区分大小写的。例如，MOV 和 mov 是一样的，但字符串 A 和 a 则有区别：A=41H，a=61H。编写程序时，程序中一系列相连的空格、制表符效果相当于一个空格；一系列相连的回车、换行相当于一次回车或换行。一般用它来对齐程序，使程序更加美观易读。

在程序中，注释项用来说明一段程序、一条或几条指令的功能，此项是可有可无的。但是，对于汇编语言源程序来说，注释项可以使程序易于被读懂；而对编写程序的人来讲，注释项可以是一种"备忘录"。注释前必须有分号，可跟在语句后，也可独立写一行，如超过一行，换行后还要加分号。注释不参与汇编。

注释编写举例

例如，一般在循环程序的开始都有初始化程序，置有关工作单元的初值：

```
MOV    CX,100              ；将 100 送入 CX
MOV    SI,0100H            ；将 0100H 送入 SI
MOV    DI,0200H            ；将 0200H 送入 DI
MOV    CX,100              ；循环计数器 CX 置初值
```

另外，字符"&"若用于某语句的开头，则表示该行是上一行的续行，汇编程序把它当成空格，而把换行去掉。例如：

```
ASSUME CS:CODE,DS:DATA,
& SS:STACK,ES:EXTRA
```

与下面的语句完全相同：

```
ASSUME CS: CODE,DS:DATA, SS:STACK,ES:EXTRA
```

汇编语言的语句可以分为：指令语句、伪指令语句、宏指令语句。

2. 标识符

标识符是程序员对程序中的常量、变量、标号、段名、过程名、结构、记录等命名，命名规则应符合下列几个规定。

（1）合法符号：由字母（不分大小写）、数字及特殊符号（"?"，"@"，"_"，"$"，":"）组成，而且第一个字符必须是字母、?、@、_（下划线）这四种字符之一。

（2）名字的有效长度不超过 31 个字符。

（3）尽量用有意义的英文单词或缩写来命名，以增加程序的可读性。

（4）不能把保留字（如 CPU 的寄存器名、指令助记符等）用作名字。

3. 保留字

Intel 系列处理器中的寄存器名、指令助记符、伪指令助记符、表达式运算符及属性操作符都是系统专用的保留字。例如：

（1）指令助记符及指令前缀：MOV、ADD 及 REP 等。

（2）伪指令助记符：DB 及 SEGMENT 等。

（3）寄存器名：AX、BX 及 CL 等。

（4）运算符和操作符：EQ、OFFSET 及 SEG 等。

这些保留字是不能用作标识符的，使用时必须注意。

4. 常量

常量是没有任何属性的纯数值数据，它的值在汇编期间和程序运行过程中不能改变。

汇编语言程序中的常量有：数值常量、字符常量、符号常量。

（1）数值常量。在汇编程序中，数值常量可以用不同进制形式表示。

二进制常量表示为以字母 B（或 b）结尾的由数字 0 和 1 组成的序列，例如，01100101B。

八进制常量表示为以字母 Q（或 q）或 O（或 o）结尾的由数字 0~7 组成的序列，例如，145Q。

十六进制常量表示为以字母 H（或 h）结尾的由数字 0~9、字母 A~F（或 a~f）组成的序列，例如，653AH。对于十六进制数，如果常量是以 A~F 开头的，则必须在前面加"0"，否则会与标识符混淆。

十进制常量表示为以字母 D（或 d）结尾的由数字 0~9 组成的序列。汇编语句中的数据默认采用十进制表示形式，所以，采用十进制数时，也可省略结尾的字母。例如，101D 或 100。

（2）字符串常量。字符串常量是用单引号或双引号引起来的一个或多个 ASCII 字符，汇编程序把字符串当成一系列的字节，每个字节的值等于对应字符的 ASCII 码值。如字符串 A 相当于 41H 一个字节，字符串 12 相当于 31H、32H 两个字节。只有初始化存储器的时候才能使用长度超过两个字节的字符串常量。

（3）符号常量。符号常量是用名字来标识的常量。以符号常量代替常量，可以增加程序的可读性及通用性。例如用 PI=3.1415926，PI 就是符号常量。

5. 变量

变量是存储单元的符号地址（也即该数据区的首地址），这类存储单元的内容可以在程序运行期间被修改。变量以变量名的形式出现在程序中。同一个汇编程序中，变量只能定义一次。变量具有以下 3 种属性，如表 4-1 所示。

表 4-1 变量的类型值

类型		类型值	占用存储单元的字节数	说明
变量	BYTE	1	1	字节
	WORD	2	2	字
	DWORD	4	4	双字
	QWORD	8	8	四字
	TBYTE	10	10	五字
标号	NEAR	-1		近标号（段内调用）
	FAR	-2		远标号（段间调用）

- **段属性**：变量所在段的段地址。
- **偏移属性**：变量所在段的段内偏移地址。
- **类型属性**：变量占用存储单元的字节数。

在使用变量时，要注意以下两点：

（1）变量的类型必须与指令的要求相符。例如：

```
MOV AX,VAR1    ；VAR1 必须定义为字变量
MOV BL,VAR2    ；VAR2 必须定义为字节变量
```

（2）在定义变量时，变量名对应的是数据区的首地址，如要对数据区其他数据进行操作时，需修改地址。例如：

```
NUM DB 11H,22H,33H
    ⋮
MOV    AL,NUM+2   ；将 33H 送 AL
```

6. 标号

标号是指令的符号地址，可用作控制转移指令的操作数，如指令前有标号，则程序中其他地方就可引用该标号，作为转移、过程调用或循环控制等指令的操作数。标号具有以下 3 种属性。

- **段属性**：标号所在段的段地址。
- **偏移属性**：标号所在段的段内偏移地址。
- **类型属性**：也叫距离属性，表示标号可作为段内或段间的转移特性，标号的类型有两种，NEAR 和 FAR。前者为近标号，在段内引用，地址指针是 2 个字节。后者为远标号，可在其他段引用，地址指针为 4 个字节。

标号与符号名的区别：标号与符号名都称为名字。标号是可选项，一般设置在程序的入口处或程序跳转点处，表示一条指令的符号地址，在代码段中定义，后面必须跟上冒号"："。符号名也是一个可选项，可以是常量、变量、段名、过程名、宏名，后面不能跟冒号。

4.1.3 表达式及运算符

操作数是汇编语句中的一个重要组成部分，它可以由常量（常数）、寄存器、标号、变量或表达式组成。

表达式是常量、寄存器、标号、变量与一些操作数相组合的序列，分为数值表达式和地址表达式、关系表达式、逻辑表达式等。

汇编程序在汇编时按照一定的规则对表达式进行计算后可以得到一个数值或地址值。

表达式中常用的运算符有以下几种。

1. 算术运算符

算术运算符有：加（＋＋）、减（－）、乘（×）、除（/）和取余（MOD）。如表 4-2 所示。

表 4-2 算术运算符

运算符	格式	功能说明
＋	＋<表达式>、<表达式 1>＋<表达式 2>	表达式值为正数、两数相加
－	－<表达式>、<表达式 1>－<表达式 2>	表达式值为负数、两数相减
*	<表达式 1>×<表达式 2>	两式相乘
/	<表达式 1>/<表达式 2>	两式相除
MOD	<表达式 1> MOD <表达式 2>	两式整除取余数

算术运算符可以用于数值表达式和地址表达式中，参加运算的数和运算的结果都是整数。除法运算的结果是商的整数部分。

取余操作的结果是两个整数相除后得到的余数。

算术运算符可以用于数值表达式或地址表达式。

当它用于地址表达式时，仅当其结果有明确的物理意义时，才是有效的结果。例如，将两个地址相乘或相除都是没有意义的。加、减操作可以用于地址表达式，但也要注意其物理意义。例如，将两个地址相加或相减也是没有意义的。有意义的用法是地址值与一个偏移量相加或相减，可以得到一个新的地址值。

例：

MOV AX,2＋3×5 ；汇编后,表达式 2＋3×5 被数值 17 代替
MOV BL,NUM＋1 ；表达式 NUM＋1 是汇编时由汇编程序计算的,不是由 CPU 在执行该指令时才计算的。汇编后得到的目标程序中，表达式被它的值代替。

2. 逻辑运算符

逻辑运算符有：与（AND）、或（OR）、非（NOT）和异或（XOR）。如表 4-3 所示。

表 4-3 逻辑运算符

运算符	格式	功能说明
NOT	NOT <表达式>	表达式值按位取反
AND	<表达式 1> AND <表达式 2>	表达式值按位相与
OR	<表达式 1> OR <表达式 2>	表达式值按位相或
XOR	<表达式 1> XOR <表达式 2>	表达式值按位异或

逻辑运算按位进行，只适用于数值表达式。对地址进行逻辑运算没有意义。逻辑运算符指定汇编程序对操作符前后的两个数值或数值表达式进行指定的逻辑操作。要注意区分逻辑操作符与逻辑指令。逻辑运算符和逻辑运算指令有本质上的不同。前者操作数对象是具体的整型常数，在汇编时完成逻辑运算，它作为指令的某一个操作数或构成操作数的一部分；而后者是对一个寄存器或存储单元内容，在程序运行时执行逻辑运算。

例如：在汇编阶段，指令 AND AL，78H AND 0FH 等价于指令 AND AL，08H。

3. 移位运算符

移位运算符有两个：左移运算符 SHL 和右移运算符 SHR，按位操作，只适用于数值表达式，相当于二进制数进行乘法或除法的运算。如表 4-4 所示。

表 4-4 移位运算符

运算符	格式	功能说明
SHL	<表达式 1> SHL n	向左移 n（移动位数）位
SHR	<表达式 1> SHR n	向右移 n（移动位数）位

汇编程序将把数字表达式的值左移（SHL）或右移（SHR）n 位。注意当 n>15 时，结果为 0。

4. 关系运算符

关系运算符用于数的比较，有相等（EQ）、不相等（NE）、小于（LT）、大于（GT）、小于等于（LE）和大于等于（GE）6 种。关系运算符两边的操作数必须是两个数值或同一段中两个存储单元地址。关系操作的运算结果是逻辑值，当结果为真（TURE）时，表示为 0FFFFH；当结果为假（FALSE）时，则表示为 0。如表 4-5 所示。

表 4-5 关系运算符

运算符	格式	功能	说明
EQ	<表达式 1> EQ <表达式 2>	两个表达式值相等为真，否则为假	相等
NE	<表达式 1> NE <表达式 2>	两个表达式值不相等为真，否则为假	不相等

续表 4-5

运算符	格式	功能	说明
LT	<表达式 1> LT <表达式 2>	表达式 1<表达式 2 为真，否则为假	小于
GT	<表达式 1> GT <表达式 2>	表达式 1>表达式 2 为真，否则为假	大于
LE	<表达式 1> LE <表达式 2>	表达式 1≤表达式 2 为真，否则为假	小于等于
GE	<表达式 1> GE <表达式 2>	表达式 1≥表达式 2 为真，否则为假	大于等于

例：

MOV AX,4 EQ 3 ；该指令汇编后的结果为：MOV AX, 0

指令 MOV BX, 56 GT 30 等价于 MOV BX, 0FFFFH。

5. 数值返回运算符（分析运算符）

数值回送运算符的运算对象必须是存储器操作数，即变量或标号。操作符加在运算对象的前面，返回一个数值。运算符的格式为：运算符 地址表达式，具体使用格式和功能如表 4-6 所示。

表 4-6 数值返回运算符

运算符	格式	功能说明
SEG	SEG 变量或标号	返回变量或标号的段地址
OFFSET	OFFSET 变量或标号	返回变量或标号的偏移地址
TYPE	TYPE 变量或标号	返回变量的或标号的类型值（见表 4-1）
LENGTH	LENGTH 变量或标号	返回变量所定义的元素的个数
SIZE	SIZE 变量或标号	返回变量所占的字节数

例如：

MOV SI,OFFSET DATA1；将变量 DATA1 的偏移地址送 SI

上指令与下列指令执行结果相同。

LEA SI,DATA1

MOV AX,SEG DATA；下两条指令，将变量 DATA 的段地址通过 AX 转送 DS

MOV DS,AX

例如：若 BUFFER 存储区用如下伪指令定义：

BUFFER DW 200 DUP(0)

则：

TYPE BUFFER 等于 2

LENGTH BUFFER 等于 200

SIZE BUFFER   等于 400

6. 属性运算符

属性运算符用来建立或改变已定义变量、内存操作数或标号的类型属性。

属性运算符有：PTR

段运算符：THIS、SHORT、HIGH、LOW 等。

（1）PTR 运算符的功能是对已分配的存储器地址临时赋予另一种类型属性，但不改变操作数本身的类型属性，同时保留存储器地址的段基值和段内偏移量的属性。

格式：类型　PTR　变量/标号

其中，地址表达式部分可以是标号、变量或各种寻址方式构成的存储器地址。对于标号，可以设置的类型有 NEAR 和 FAR；对于变量，可以设置的类型有 BYTE、WORD 和 DWORD。

返回值：具有规定类型属性的变量或标号。

典型应用：

① 重新指定变量类型

例如，有如下数据定义：

BUFW　DW　1234H,5678H

则下列指令合法：

MOV　AX,BUFW

MOV　AL,BYTE　PTR　BUFW　;临时改变 BUFW 的字属性为字节属性

② 指定内存操作数的类型

在寄存器间接寻址、寄存器相对寻址、基址变址寻址或相对基址变址寻址等内存寻址方式中，往往很难判断出操作数的类型属性，例如：INC　[BX]。此时，汇编将提示出错，为了避免出错，应对操作数类型加以说明，如下所示：

INC　BYTE PTR [BX]   ;字节属性

INC　WORD PTR [BX][SI]   ;字属性

③ 与 EQU 一起定义一个新的变量

格式：变量或标号　EQU　类型　PTR

说明：新变量或新标号的段属性、偏移属性与前一个已定义的变量或标号段属性、偏移属性相同。

例如：BUFW　DW　1234H,5678H

BUFB　EQU　BYTE　PTR　BUFW　　；BUFB 的类型属性为字节

其他属性与 BUFW 一样进行字存取时，可用变量 BUFW,

如：MOV　AX,BUFW

进行字节存取时，可用变量 BUFB,

如：MOV AL,BUFB

PTR 属性运算符用于指定位于其后的存储器操作数的类型。例如：

CALL   DWORD PTR[BX]   ；说明存储器操作数为 4 个字节，即调用远过程
MOV   AL,BYTE PTR[SI] ；将 SI 指向得一个字节数送 AL

利用 PTR 运算符可修改变量的属性。例如变量 VAR 已定义为字，现要将 VAR 当作字节操作数使用，则：

MOV AL,VAR   ；是非法的，因两个操作数字长不等，而：
MOV AL,BYTE PTR VAR   ；是合法的。
JMP FAR PTR LPT   ；将标号 LPT 临时设置为远类型

PTR 指令仅对当前指令有效。

（2）段运算符（段超越运算符"："）

运算符"："跟在某个段寄存器后面，表示段超越。例如：

MOV AX,ES:[SI]   ；SI 的默认段寄存器为 DS，现段超越，把 ES 段中由 SI
                 ；指向的字操作数送 AX

（3）THIS

格式：THIS 类型

可以像 PTR 一样建立一个指定类型的地址操作数，它只指定变量或标号的类型属性.并不为它分配存储区，该操作数的段地址和偏移地址与下一个存储单元地址相同。例如：

BUFB EQU   THIS BYTE
BUFW DW   1234H,5678H

此时 BUFB 的偏移地址和 BUFW 完全相同，但它是字节类型的；而 BUFW 则是字类型的。

（4）SHORT

格式：SHORT 标号

返回值：偏移量在−128～+127 范围内的标号。

用于 JMP 指令。

即：JMP SHORT 标号，指明是短转移。

（5）字节分离运算符 HIGH、LOW

格式：HIGH 表达式
      LOW   表达式

返回值：表达式值的高字节或低字节。

例：

CONST EQU 0ABCDH
MOV AH,HIGH CONST   ；AH=0ABH
MOV CL,LOW   CONST   ；CL=0CDH

以上这些运算符在使用过程中，通过不同的组合形成不同的表达式，想要得到表达式的值就需要将不同运算符的优先级了解清楚。运算符优先级别如表 4-7 所示。

表 4-7 运算符优先级

优先级	运算符
高 ↓ 低	(),[]，结构变量（变量、字段） LENGTH、SIZE、WIDTH、MASK SEG、OFFSET、TYPE、PTR、THIS、段操作符 LOW、HIGH *、/、MOD、SHR、SHL +、- EQ、NE、LT、GT、LT、LE、GE NOT AND OR、XOR SHORT

4.2 汇编语言的语句

汇编语言的语句可以分为伪指令语句和指令性语句。伪指令语句不含指令，但包含伪指令，能指导汇编程序完成翻译工作；指令性语句包含指令，能被汇编程序翻译成机器指令。

4.2.1 伪指令语句

伪指令语句，也称指示性语句，是不可执行语句，汇编后不产生目标代码，它仅仅在汇编过程中告诉汇编程序如何汇编源程序。伪指令语句可以告诉汇编程序哪些语句是属于一个段、是什么类型的段、各段存入内存应如何组装、给变量分配多少存储单元、给数字或表达式命名等。伪指令语句的功能是由汇编程序汇编源程序时完成的，不是由 CPU 执行目标代码时实现的。

伪指令语句的格式为：

[符号名] 伪指令助记符 [操作数] [；注释]

上式加方括号的项为可选项，可以有，也可以没有，据具体情况而定。

指令性语句中的"标号"和指示性语句中的"符号名"，形式上类似。但标号是指令的符号地址，后面要加"："，而符号名通常表示变量名（表示存储区中一个数据区的地址）、段名和过程名等。

指令性语句中的操作数最多为双操作数，也可没有操作数。而指示性语句中的操作数可根据需要有多个，当操作数不止一个时，互相之间用逗号隔开。

例：

START: MOV　　AX,DATA；指令性语句，将立即数 DATA 送 AX
DATA1　DB　11H,22H,33H；指示性语句，定义字节型数据，"DB"是伪操作，定义
　　　　　　　　　　　　；变量中每个操作数是一个字节

宏汇编程序 MASM 提供了几十种伪指令，下面只介绍几种常用的伪操作指令。

1. 数据定义伪指令

数据定义伪指令用来定义一个变量的类型，给存储器赋初值，或给变量分配存储空间。建立变量与存储单元之间的联系。

语句格式为：

[变量名] 数据定义伪指令 操作数 1[,操作数 2…]

其中带方括号的项为可选项，变量名后不加冒号，操作数可有多个，其间用逗号分开。

变量定义伪指令有：

DB、DW、DD、DQ、DT，分别用来定义类型属性为字节（DB，define byte）、字（DW，define word）、双字（DD，define double word）、4 字（DQ，define quad byte）、5 字（DT，define ten byte）的变量。

变量定义伪指令的操作数可以是：

① 数字常量，允许以十进制、八进制、十六进制、二进制等形式表示，默认形式是十进制。

② 字符常量，用单引号括起来，被存储的是该字符的 ASCII 码。

③ 符号常量，必须是预先已定义的符号；

例如：

DATA DB 11H,33H　　　；定义包括两个元素的字节变量
NUM DW 100*5＋88　　；定义一个字类型变量，其初值为表达式的值
STR DB 'HELLO!'；定义一个字符串，字符串首址为 STR

数据定义伪操作的操作数也可以为"？"，此时仅给变量保留相应的存储单元，而不赋予变量确定的值。当同样的操作数重复多次时，可以用重复操作符"DUP"表示。

一般格式为：

[变量名]数据定义伪操作 n DUP（初值[，初值…]）

圆括号中放置重复的内容，n 为重复次数。

例：

DATA1 DB 20 DUP（?）；为变量 DATA1 分配 20 个字节的空间，初值为任意值

```
DATA2 DW ?,?；         为变量 DATA2 分配 4 个字节的空间，初值为任意值
DATA3 DB 20 DUP（30H）； 为变量 DATA3 分配 20 个字节的空间，初值均为 30H
DATA4 DB 4 DUP（'ABC'）；为变量 DATA4 分配 12 个字节的空间，其初值为连续
                       ；4 组 ABC 的 ASCII 码
```

2. 符号定义伪指令 EQU、=、LABEL、PURGE

在程序中对于一个重复使用的表达式可赋予一个名字，以后凡用到该表达式的地方就用该名字来代替，当表达式要修改时，只需修改定义处即可。

符号包括汇编语言的变量名、标号名、过程名、寄存器名及指令助记符等。

常用符号定义伪指令有：EQU、"="、LABEL、PURGE

（1）EQU 伪指令

格式：名字　EQU　表达式

表达式可以是一个常数、已定义的符号、数值表达式或地址表达式乃至指令助记符。

功能：给表达式赋予一个名字。定义后，可用名字代替表达式。在同一源程序中，一个名字只能用 EQU 定义一次。

例如：

```
PIX   EQU   64*1024        ；名字 PIX 代表数值表达式的值
CR   EQU 0DH               ；常量
TEN EQU 0AH                ；常量
AA   EQU ASCII TABLE       ；变量
VAR EQU TEN*2＋1024        ；数值表达式
ADR EQU ES:[BP＋DI＋5]     ；地址表达式
GOTO EQU JMP               ；指令助记符
经过上述定义后，如执行下述指令，其结果如下：
MOV AL,CR                  ；（AL）←0DH
CMP AL,TEN                 ；AL 内容与 0AH 进行比较
GOTO WORD PTR ADR          ；转移到本段内以字单元 ES:[BP＋DI＋5]的内容为偏移
                           ；地址的程序段执行
```

EQU 指令不允许对同一符号重复定义，若要对一个符号重复定义，可用"="伪指令。

（2）等号（=）伪指令

格式：名字=表达式

功能：与 EQU 基本相同，区别是"="伪指令可以重复定义，而 EQU 伪指令则不允许。例如 EMP=EMP+2，不可以写成 EMP EQU EMP+2。

例：

```
COUNT=10
MOV    AL,COUNT
    ...
COUNT=5          ；从现在开始，COUNT 表示值 5
    ...
```

（3）LABEL 伪指令

格式：变量/标号　LABEL　类型

变量的类型有：BYTE、WORD、DWORD、DQ、DT；标号的类型有：NEAR、FAR。

功能：定义变量或标号的类型，而变量或标号的段属性和偏移属性由该语句所处的位置确定。

例如，利用 LABEL 使同一个数据区有一个以上的类型及相关属性。

```
AREAW   LABEL   WORD  ；AREAW 与 AREAB 指向相同的数据区,
                      ；AREAW 类型为字,AREAB 类型为字节
AREAB   DB   100 DUP(?)
    ...
MOV    AX,2011H
MOV    AREAW,AX       ；(AREAW)=2011H
    ...
MOV    BL,AREAB       ；BL=11H
```

（4）PURGE 伪指令

用于释放使用 EQU 伪指令定义的变量，使这些变量可以被重新定义。例如

```
PURGE   TIMES        ；释放 TIMES 变量
TIMES EQU 2          ；重新定义
```

3. 段定义伪指令 SEGMENT、ENDS

（1）汇编源程序的结构。一个完整的汇编语言源程序通常由若干个逻辑段（segment）组成，按照各段功能的不同，分别有数据段、附加数据段、堆栈段和代码段，其中代码段是必须要定义的。它们分别映射到存储器的物理段上。每个逻辑段以 SEGMENT 语句开始，以 ENDS 语句结束，整个源程序用 END 语句结尾。

源程序所有的语句代码都放在代码段中，而数据、变量则放在数据段和附加数据段中，程序中可定义堆栈段，也可不定义而利用系统中的堆栈段。一个源程序可有多个代码段，也可有多个数据段、附加数据段和堆栈段，具体要根据实际情况来定。将源程序以分段形

式组成，是为在汇编后能将指令代码和数据分别装入存储器的相应物理段中。

（2）段定义伪指令 SEGMENT、ENDS

格式：

段名　SEGMENT　[定位类型] [组合类型] [类别名]
　　　　　…　　；段体
段名　ENDS

功能：定义一个逻辑段。

SEGMENT 和 ENDS 必须成对使用，它们前面的段名必须是相同的。段名是用户定义的段的标识符，用于指明段的基址。

SEGMENT 后面中括号中的内容为可选项，告诉汇编程序和连接程序如何确定段的边界、如何连接几个程序模块。在实际应用中，为了加快程序的开发速度，通常把一个大型的程序分解成若干个有独立功能的小程序或模块，每个模块都可以有自己的数据段、代码段和堆栈段等。各个模块单独编辑，单独汇编，生成各自的 OBJ（目标）文件。然后通过连接程序将各个.OBJ 文件连接起来，生成一个.EXE（可执行）文件。采用模块化程序设计时，不同模块间，同名段如何连接？如何定位？或定位类型、组合类型如何选择才能达到设计者的目的呢？下面详细介绍段参数的作用。

① 定位类型。定位类型说明段的起始地址应有怎样的边界值，有以下 4 种。

- **BYTE**：表示本段可以从任何地址开始，这种类型段间不留空隙，本段起始地址紧跟在前一个段的后面。存储器利用率高。
- **WORD**：表示本段的起始地址必须为偶地址。
- **PARA**：表示本段从节边界开始。8086 规定每 16 字节为 1 小节。所以，定位类型为 PARA 的段，其起始地址必为 16 的倍数。也即段起始物理地址应该为 XXXX0H。这种类型简单，但是段间往往有空隙。定位类型的默认值为 PARA。
- **PAGE**：表示本段从页边界开始。8086 规定每 256 字节为 1 页，所以，定位类型为 PAGE 的段，其起始地址必为 256 的倍数。也即段起始地址应为 XXX00H。

② 组合类型。组合类型主要用于具有多个模块的程序中。组合类型告诉汇编程序，当一个逻辑段装入存储器时，它与其他段如何进行组合。组合类型说明链接不同模块中的同名段时采用的方式，有以下 6 种。

- **PUBLIC**：本段与其他模块中说明为 PUBLIC 的同名同类别的段链接起来，公用一个段地址，形成一个新的逻辑段，所以偏移量调整为相对于新逻辑段起始地址的值。
- **STACK**：本段与其他模块中说明为 STACK 的同名的堆栈段链接起来，公用一个段地址，形成一个新的逻辑段。同时，系统自动初始化 SS 及 SP。将不同程序模块中用 STACK 说明的同名堆栈段组合在一起，由各模块共享。
- **COMMON**：同名段从同一个内存地址开始装入。所以，各个逻辑段将发生覆盖。

连接以后，该段长度取决于同名段中最长的那个，而内容有效的是最后装入的那个。

- **MEMORY**：与 PUBLIC 同义，只不过 MEMORY 定义的段装在所有同名段的最后。若连接时出现多个 MEMORY，则最先遇到的段按组合类型 MEMORY 处理，其他段组合类型按 PUBLIC 处理。
- **PRIVATE**：不组合，该段与其他段逻辑上不发生关系（不组合），即使同名，各段拥有各自的段基值。分别作为不同的逻辑段装入内存，而不进行组合。缺省情况下组合类型的默认值为 PRIVATE(NONE)。
- **AT expression**：段地址为表达式 expression 的值（长度为 16 位）。此项不能用于代码段。例如：AT 0530H，表示本段从物理地址 0530H 开始。

③ 类别名。类别名是用单引号括起来的字符串。如代码段（CODE）、堆栈段（STACK）等。连接时，将具有相同类别名的逻辑段顺序装入连续的内存区内。类别的作用是在连接时决定各逻辑段的装入顺序。当几个程序模块进行连接时，其中具有相同类别名的段，按出现的先后顺序被装入连续的内存区。

没有类别名的段，与其他无类别名的段一起连续装入内存。

典型的类型名有：STACK、CODE、DATA。

对段定义语句的上述 4 个属性参数，通常只在模块化程序中才有必要仔细考虑各模块之间同名段的定位方式和组合方式。对于单一模块的程序没有必要考虑这些问题。

4. 设定段寄存器的伪指令 ASSUME

格式：ASSUME 段寄存器名：段名[，段寄存器名：段名…]

段寄存器可以是：CS、DS、ES、SS。

段名为已定义的段。

凡是程序中使用的段，都应说明它与段寄存器之间的对应关系。

功能：用于明确段与段寄存器的关系。

ASSUME 使用说明：

ASSUME 伪指令只是指示各逻辑段使用段寄存器的情况，并没有对段寄存器的内容进行赋值。DS、ES 的值必须在程序段中用指令语句进行赋值，而 CS、SS 由系统负责设置，程序中也可对 SS 进行赋值，但不允许对 CS 赋值。

同时最多只能允许有 4 个逻辑段有效。ASSUME 伪指令用来告诉汇编程序当前正在使用的各段的名字，也即告诉汇编程序用 SEGMENT 伪指令定义过的各段的段地址将要放在哪个段寄存器中，但真正把段地址装入段寄存器的操作（段初始化）仍需由指令来完成。

源程序中 ASSUME 伪指令放在可执行程序开始位置的前面。

ASSUME 伪指令应用举例:

```
            ⋮
CODE    SEGMENT PARA PUBLIC 'CODE'
    ASSUME   CS:CODE,DS:DATA,ES:EDATA,SS:STACK
            MOV    AX,DATA
    MOV DS,AX
    MOV AX,EDATA
            MOV ES,AX
            MOV AX,STACK
            MOV SS,AX
            ⋮
CODE   ENDS
            ⋮
```

程序中 CS 不需要初始化。汇编时，系统自动将代码的段地址装入段寄存器 CS。

5. 过程定义伪指令 PROC 和 ENDP

过程（子程序）定义伪指令用于定义过程。指令格式如下：

```
过程名　PROC　[类型]
        …
        RET
过程名　ENDP
```

过程名：过程的标识符（也可视为标号，当标号处理）按汇编语言命名规则设定，汇编及链接后，该名称表示过程程序的入口地址，供调用使用。

过程定义伪指令使用说明：PROC 与 ENDP 必须成对出现，PROC 开始一个过程，ENDP 结束一个过程。成对的 PROC 与 ENDP 的前面必须有相同的过程名。过程名实际上是子程序（过程）入口的符号地址。

类型取值为：NEAR（为默认值）或 FAR，表示该过程是段内调用或段间调用。

一个过程中，至少有一条过程返回指令 RET，一般放在 ENDP 之前。过程可以嵌套，即子程序还可调用子程序，过程也可递归，即过程可调用本身。如下段程序：

```
NAME1  PROC FAR
    ⋮
CALL    NAME2
    ⋮
RET
```

```
        NAME2  PROC
          ⋮                    ⎫
                               ⎬  过程 NAME2 嵌入过程 NAME1 中
        RET                    ⎭
        NAME2  ENDP
        NAME1  ENDP
```

过程调用应用举例：

例：编写一个延时 20 ms 的子程序。

```
        DELAY  PROC     ；定义一个近过程
   PUSH  BX              ；保护 BX 的内容
   PUSH  CX              ；保护 CX 的内容
   MOV   BL,2            ；设外循环次数
NEXT:  MOV   CX,2801   ；设内循环次数（延时 10 ms）
W10mS: LOOP  W10mS    ；（CX）≠0，则循环
   DEC   BL              ；外循环次数减 1
   JNZ   NEXT            ；（BX）≠0，则循环
   POP   CX              ；恢复 CX 的内容
   POP   BX              ；恢复 BX 的内容
   RET                   ；返主
   DELAY  ENDP           ；过程结束
```

6. 定位伪指令 ORG

格式：ORG 表达式

功能：指定其后的程序段或数据块所存放的起始地址的偏移量。要注意，该伪指令语句不占内存，它仅指定下一个占内存语句的偏移地址。

例：

```
MY_DATA   SEGMENT
    ORG   100H
    MYDAT   DW   1,2,8
MY_DATA   ENDS
```

程序中数据定义存储区示意图如图 4-1 所示。

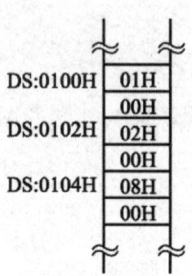

图 4-1　数据定义存储区示意图

7. 模块定义和结束伪指令

（1）TITLE

格式：TITLE　标题

功能：TITLE 伪指令可指定每一页上打印的标题。标题最多可用 60 个字符。

在编写较大的汇编语言源程序时，通常将其分成几个独立的源程序（称为模块），然后将各模块分别进行汇编，生成各自的目标程序，最后将它连接为一个完整的可执行程序。

每一模块开始，常用伪指令 NAME 为模块定义一个名字，而在模块结束要加结束伪指令 END。

（2）NAME

格式：NAME　模块名

功能：为源程序的目标程序指定一个模块名。

如果程序中没有 NAME 伪指令，则汇编程序将 TITLE 伪指令定义的标题名前 6 个字符作为模块名；如果程序中既没有 NAME，又没有 TITLE，则汇编程序将源程序的文件名作为目标程序的模块名。

（3）END

格式：END [标号]

功能：表示源程序的结束。

标号指示程序开始执行的起始地址。如果多个程序模块相连接，则只有主程序要使用标号，其他子模块则只用 END 而不必指定标号。

END 伪指令表示源程序到此结束。指示汇编程序停止汇编。END 伪指令将标号的段值和偏移地址分别提供给 CS 和 IP。标号为任选项，也可没有。如 END 后没有标号，则汇编程序把程序中的第一条指令的地址作为程序执行的开始地址。如有多个模块连接在一起，只有主模块的 END 语句允许使用标号。

下面举例说明一个具有完整程序结构的汇编语言源程序。

例：求从 TABLE 开始的 10 个无符号单字节数的和，结果放在 SUM 字单元中。

源程序如下:

```
    DATA    SEGMENT                 ;定义数据段
    TABLE   DB  12H,23H,34H,45H,56H ;10 个加数
    DB  67H,78H,89H,9AH,0FDH
    SUM     DW ?
    DATA    ENDS
    STACK   SEGMENT
    DB  50 DUP（?）                  ;定义 50 个字节堆栈段
    STACK   ENDS
    CODE    SEGMENT                 ;定义代码段
    ASSUME CS:CODE, DS:DATA, ES:DATA, SS:STACK
    START:MOV  AX,DATA    ;下 3 条指令, 初始化 DS 和 ES
    MOV     DS,AX
    MOV     ES,AX
    MOV     AX,STACK      ;下 2 条指令, 初始化 SS
    MOV     SS,AX
    LEA SI,TABLE          ;SI 指向数据区首地址
    MOV     CX,10         ;设循环次数
    XOR     AX,AX         ;AX 先清零
    NEXT:   ADD     AL,[SI]  ;把一个数加到 AL 中
    ADC     AH,0          ;若有进位位, 加到 AH 中
    INC SI                ;指向下一个数
    LOOP    NEXT          ;若未加完, 继续循环
    MOV     SUM,AX        ;若已加完, 将结果送 SUM 字单元
    HLT                   ;结束
    CODE    ENDS          ;代码段结束
    END     START         ;汇编结束（程序起始地址为 START）
```

8. 宏命令伪指令

宏的概念与过程很相似, 也是用一个宏名字来代替源程序中经常要用到的一个程序模块, 在汇编语言源程序中, 如需多次使用同一个程序段, 可将此程序段定义为一个宏指令, 当每次需要时, 即可用宏指令来替代该程序段（称为宏调用）, 以使程序简洁明了。

一般格式为:

宏命令名 MACRO [形式参数, …]
　　（宏定义体）

ENDM

格式中宏命令名与过程定义伪指令中过程名类似,宏定义结束符前不加宏命令名。中间部分是宏定义体。

宏定义中的形式参数是任选的,可有可无,如有多个参数时,各参数间用逗号隔开。在宏调用时,将用实际参数替代形式参数。若实际参数多于形式参数,则多余的实际参数将不用。

宏调用的格式为:

宏名　[实际参数表]

使用宏汇编和使用子程序一样,都可简化源程序的书写,因而也降低了程序出错的可能性。要注意宏调用和子程序(或过程)调用的区别在于程序不管被调用多少次,它都只汇编一次,即有唯一的一段目标代码,而宏指令则调用多少次,就汇编多少次,每次调用都要在程序中展开并保留宏体中的每一行。因此宏汇编适合于代码较短、传送参数较多的子功能段使用,子程序适合于代码较长、调用比较频繁的子功能段使用。

使用宏定义和宏调用时还有两个问题要注意:

(1) 当允许宏被多次调用时,宏体内的标号要用 Local 伪指令说明为局部标号,以免多次调用时,发生标号重复定义错误。

LOCAL 伪指令格式为:

LOCAL 标号1 [, 标号2, …]

在宏展开时,LOCAL 定义的标号由从？？000—？？FFFF 的符号名来替代,这个符号名是唯一的。

(2) 对带参数的宏指令。宏调用时实际参数与形式参数的类型要一致,以免产生无效调用。

宏定义和宏调用举例:

例:两个数之和的宏定义和宏调用。

宏定义为:

```
    DADD    MACRO X,Y,Z
MOV    AX,X
ADD    AX,Y
MOV    Z,AX
ENDM
```

其中 X、Y、Z 为形式参数,在汇编语言源程序中调用时,可写为:

DADD　DATA1,DATA2,SUM

这里 DATA1、DATA2、SUM 为实际参数,在调用时 X、Y、Z 将被这三个实际参数替换。事实上,该宏命令经汇编后相应的源程序(即宏开展)为:

MOV AX,DATA1

```
ADD AX,DATA2
MOV SUM,AX
```

宏调用与过程调用有类似之处，但也有不同之处：

（1）宏命令伪指令由宏汇编程序 MASM 处理，而过程调用由 CPU 处理，使程序转移到子程序的入口地址。

（2）宏指令简化了源程序，但不简化目标程序。因每次宏调用时，经过宏扩展，宏定义体的机器码仍出现多次，所以并不节省内存单元。而对于子程序，每次调用时，只需用 CALL 指令，不再重复出现子程序的机器代码，因此使目标程序节省了内存单元。

（3）从执行时间来看，调用子程序要保护断点，恢复断点，这些都将占 CPU 的时间，而宏调用则不需要。因此相对来说，宏指令执行速度较快。所以说，宏指令是空间换取时间。但不管如何，宏指令和子程序都是简化编程的有效手段。

4.2.2 指令性语句

指令性语句是可执行语句，汇编后将产生目标代码，CPU 根据这些目标代码执行并完成特定操作。每一条指令语句说明了计算机具有的一个基本能力，这种能力在目标程序执行时反映出来。

指令语句的格式为：

[标号：] 指令助记符 [操作数],[操作数] [；注释]

- **标号**：表示机器指令语句的存放地址，其后面必须紧跟冒号：。
- **指令助记符**：表示该语句的操作类型，如数据传送、算术运算等。
- **操作数**：表示指令助记符的操作对象，不同指令的操作数个数不同。
- **注释**：与指示性语句中的注释相同，仅用于说明、解释当前语句。

例：

START: MOV AX,DATA；指令性语句，将立即数 DATA 送 AX

4.3 DOS 功能调用

微机的系统软件（如操作系统）提供了很多可供用户调用的功能子程序，包括控制台输入输出、基本硬件操作、文件管理、过程管理等。用户可直接调用这些功能模块，为用户编程提供了方便。

4.3.1 INT 中断类型号

8086 系统中允许有 256 种中断类型，其中断类型号为 0~255。各种中断服务程序的入口地址都存放在中断入口地址表中，每一个表项占 4 个字节单元，其中低地址的 2 个字节单元存放入口地址的偏移量，高地址的 2 个字节单元存放入口地址的段基值，都是低字节在前，高字节在后。

CPU 执行 INT 指令时，先将标志寄存器 FLAGS 的值压栈，然后清除中断标志 IF 和单步标志 TF，从而禁止可屏蔽中断和单步中断进入；再将当前 CS 和 IP 寄存器的值压入堆栈保护，最后从中断地址入口表中取得中断服务程序的入口地址，分别装入 CS 和 IP 寄存器中。这样 CPU 就转去执行相应的中断服务程序。

4.3.2 INTO

该指令为溢出中断指令，用来对溢出标志 OF 进行测试。若 OF=1，则产生出一个溢出中断，否则执行下一条指令而不启动中断过程。系统中把溢出中断定义为类型 4，其中断服务程序的入口地址存放在中断入口地址表的 10H-13H 单元中。

INTO 指令一般跟在带符号数的算术运算指令之后，若运算发生溢出，就启动中断过程。

4.3.3 IRET

该指令为中断返回指令，总是放在中断服务程序的末尾，执行该指令时从栈顶弹出 3 个字分别送入 IP、CS 和 FR（按中断调用时的逆序恢复断点和现场），使 CPU 返回到程序断点处继续执行。

应注意中断返回指令 IRET 与过程返回指令 RET 的区别。

系统软件提供的功能调用有两种。一种为 DOS 功能调用，也称高级调用。一种为 BIOS 功能调用，也称低级调用。

在系统启动时，DOS 和 BIOS 系统服务程序已被加载到内存中，程序入口也被放到了中断向量表中。用户在调用这些功能时，不用 CALL 命令，而采用软件中断指令 INT n 来实现。采用 DOS 和 BIOS 功能调用，会使编写的程序简单、清晰，便于调试。

BIOS 是 IBM PC 及 PC/XT 的基本 I/O 系统。包括系统测试程序，初始化引导程序，部分中断矢量装入程序及外设服务程序等，这些程序都固化在 ROM 中。BIOS 与系统硬件直接相关，调用 BIOS 只能在与 IBM-PC/XT 兼容的微机上进行。

DOS 是 IBM PC 系列微机操作系统（现在的 Pentium 微机仍能运行 DOS 系统，最新的 windows 10x 操作系统也继续提供所有的 DOS 功能调用），负责管理系统的所有资源，协调微机操作,包括大量可供用户调用的服务程序,DOS 功能调用不依赖于硬件系统。

所有的 DOS 系统功能调用都用一条 INT 21H 指令来实现。INT 21H 是一个具有 90 多个子功能的中断服务程序。这些功能大致为 4 个方面:设备管理、目录管理、文件管理和其他。其功能一览表见本书附录 C。由表可知,INT 21H 对每一个子功能都进行了编号,称为功能调用号。用户能通过指定功能号,来调用 INT 21H 的不同子功能。

DOS 系统功能调用的方法如下:

① 把功能号送 AH 寄存器。

② 在相关的寄存器内放入该功能所需的入口参数。

③ 执行 INT 21H 指令。

④ 分析出口参数。

下面介绍 INT 21H 指令的几个常用功能。

1. 单个字符输入

功能调用号 AH=01H。

功能:接收从键盘输入的一个字符并在屏幕回显。输入字符的 ASCII 码存入 AL 寄存器。若按下组合键 Ctrl+Break 或 Ctrl+C,则程序返回 DOS。

例:

```
MOV   AH,01H
INT   21H
```

01H、07H、08H 号功能都可接收键盘输入的单字符,输入字符以 ASCII 码形式放在累加器 AL 中。其中 01H 号功能还有回显功能(即键入内容同时显示在显示器上)。

例:从键盘上输入一个"Y"或"N"字符,以此实现程序分支。

程序如下:

```
        ⋮
KEY: MOV AH,1        ;调用回显的键盘输入,功能号 01H 送 AH
     INT   21H       ;按键后,执行完指令后(AL)=字符的 ASCII 码
     CMP   AL,'Y'    ;通过比较,判是否按 Y 键
     JE    YES       ;如是,转至 YES
     CMP   AL,'N'    ;如不是,判是否按 N 键
     JE    NOT       ;如是,转至 NOT
     JMP   KEY       ;如不是,返回至 KEY,重新等待键入
YES:
        ⋮
NOT:
        ⋮
```

2. 字符串输入

功能调用号 AH=0AH。

功能：接收从键盘输入的一个字符串。

入口参数：存放字符串的接收缓冲区首地址和最大字符个数。寄存器 DS 和 DX 存放接收缓冲区首地址，分别存放其段地址和偏移地址；缓冲区第一字节存放接收字符串的最大字符个数。

出口参数：输入的字符串及实际输入的字符个数。缓冲区第二字节存放实际输入的字符个数（不包括回车符）；第三字节开始存放接收的字符串。

说明：

字符串必须以回车键结束，回车符是接收到的字符串的最后一个字符。如果输入的字符数超过设定的最大字符个数，则随后的输入字符被丢失并响铃，直到遇到回车键为止。

如果在输入时按组合键 Ctrl＋C 或 Ctrl＋Break，则结束程序。

```
DATA    SEGMENT
        BUF    DB    100
               DB    ?
               DB    100 DUP(?)
        ...
DATA ENDS
CODE SEGMENT
        ...
        MOV DX,OFFSET   BUF
        MOV     AH,10
        INT     21H
        ...
CODE    ENDS
```

输入字符串通过调用 0AH 号功能来实现。此功能要求用户指定一个键入缓冲区来采访输入的字符串。规定第一个字节为用户定义的缓冲区长度，若键入字符数（字符以回车键结束，包括回车符）大于此值，则机内喇叭会鸣叫，且光标不再右移，直至按回车符为止。缓冲区第二个字节为实际键入的字符数（不包括回车符），由 0AH 号功能自动填入，第三个字节开始存放键入的字符，显然，缓冲区总长度为定义的缓冲区长度加 2，在调用此功能前，应将缓冲区的起始偏移地址置 DX 寄存器。

3. 单字符输出

要将一个字符传送到 CRT 显示，可调用 DOS 功能的 02H、06H、09H 号功能来实现。

其中 02H、06H 号功能用于显示单个字符，09H 号功能用于显示一个字符串。

功能调用号 AH=02H。

功能：在屏幕上显示一个字符。

入口参数：要显示的字符的 ASCII 码保存于寄存器 DL。

例如： MOV　DL,'2'
　　　 MOV　AH,2
　　　 INT　21H

例：用 02H 号功能显示一个'A'，程序如下：

```
    ⋮
MOV    DL, 'A'      ;将要显示的字符放在 DL 中
MOV    AH,02H       ;号功能 02H 送 AH
INT 21H             ;功能调用
    ⋮
```

06H 号功能与 02H 号功能的区别在于 06H 号功能还能用于键盘输入。

4. 字符串输出

功能调用号 AH=9。

功能：在屏幕上显示一个字符串。

入口参数：是被输出字符串首址，接收入口参数的是寄存器 DS 和 DX，分别存入被输出字符串首址的段基值和偏移量。09H 号功能要求输出显示的字符必须以 '$' 字符作结束符，否则会引起屏幕混乱。如希望光标能自动换行，应在字符串结束前加上回车及换行的 ASCII 码 0DH 和 0AH。

例：

```
DATA    SEGMENTS
    STRING   DB   'Hello ASM！$'；定义字符串
        ⋯
DATA    ENDS
CODE    SEGMENT
        ⋯
        MOV   DX,OFFSET   STRING
        MOV   AH,9
        INT   21H
        ⋯
CODE    ENDS
```

5. 进程终止

功能调用号 AH=4CH。

功能：结束当前程序，返回 DOS。

例：

```
MOV  AH,4CH      或    MOV  AX,4C00H
INT  21H
```

4.4 汇编语言程序设计

本节通过一些具体实例说明汇编语言源程序设计的基本方法。

8086 汇编语言程序采用模块化结构，通常由一个主程序模块和多个子程序（过程）模块构成。对于简单程序，只有主程序模块，没有子程序模块。

4.4.1 程序的质量标准

高质量的程序不仅应满足设计要求，实现预定的功能，还应具备可理解性、可维护性和高效率等性能，具体有以下几项标准：

（1）程序的准确性和完整性。

（2）程序的易读性。

（3）程序的执行时间和效率。

（4）程序所占内存的大小。

4.4.2 汇编语言程序设计的基本步骤

按照软件工程理论，汇编语言程序设计和高级语言程序设计一样，可分成以下几个步骤。

（1）分析实际问题并抽象出系统的数学模型，建立模块结构并画出结构框图。

（2）确定求解各模块的数据结构及具体算法（作说明）。

（3）程序模块划分——在解决复杂实际问题时，往往需要把它分成若干功能模块，在进行功能模块划分后，必须确定各功能模块间的通信问题。

（4）绘制各功能模块流程图或结构图。

（5）分配内存单元和寄存器（汇编语言的一个重要特点）。

（6）编写汇编语言的源程序，形成源程序文件（.ASM）。

（7）静态检查，纠正错误。

（8）上机运行调试，纠正错误，直至测试通过；通过汇编生成目录代码文件（.OBJ）的同时，完成静态的语法检查。通过链接生成可执行文件（.EXE）。程序整体调试。

（9）整理资料，建立完整的文档。

在程序设计中，为了便于编写、调试和修改，使程序结构尽量清晰明了，常采用模块化的程序设计方法。每一模块都可单独编辑和编译，生成自己的源文件（.ASM 和.OBJ），然后通过链接形成一个完整的可执行文件。

任何一个复杂程序都是由简单的基本程序构成的。同高级语言类似，汇编语言程序也常用到以下几种基本结构：顺序结构、分支结构和循环结构。

4.4.3 顺序结构程序设计

顺序结构程序又称简单程序。

采用这种结构的程序，CPU 按照指令书写的顺序逐条执行，程序的执行路径没有分支和循环。

【例 4.1】编程将内存数据段字节单元 INDAT 存放的一个数 n（假设 0≤n≤9），以十进制形式在屏幕上显示出来。例如，若 INSTR 单元存放的是数 8，则在屏幕上显示：8D。

流程图见图 4-2 所示。

程序代码：

```
DATA   SEGMENT            ;数据段定义
       INDAT  DB 8
DATA   ENDS
CODE   SEGMENT            ;代码段定义
    ASSUME CS:CODE,DS:DATA
START: MOV   AX,DATA
       MOV   DS,AX         ;初始化 DS
    MOV   DL,INDAT
       OR    DL,30H
       MOV   AH  2
       INT   21H
       MOV   DL,'D'
       MOV   AH,2
       INT   21H
       MOV   AH,4CH
       INT   21H
```

```
        CODE    ENDS
                END    START
```

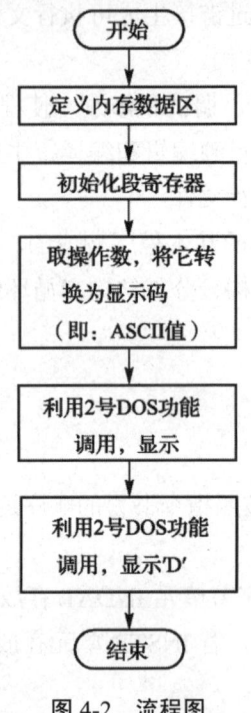

图 4-2　流程图

4.4.4　分支结构程序设计

分支结构程序利用条件转移指令或跳转表，使程序执行完某条指令后，根据指令执行后状态标志的情况选择要执行哪个程序段。

分支结构程序的指令执行顺序与指令的存储顺序不一致。

转移指令 JMP 和 JCC 可以实现分支结构。

分支结构的三种形式如图 4-3 所示。

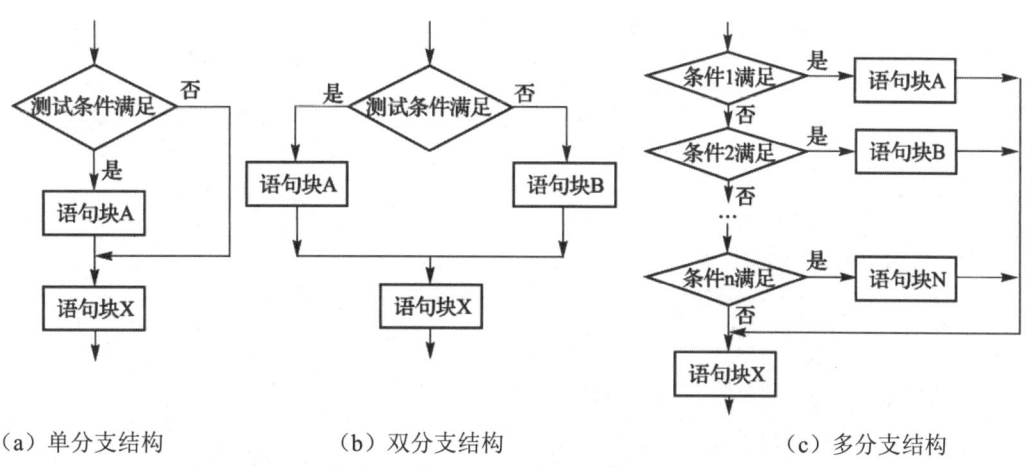

（a）单分支结构　　　　（b）双分支结构　　　　（c）多分支结构

图 4-3　分支结构的三种形式

单分支结构程序设计举例

【例 4.2】编写程序段，求 AX 中存放的带符号数的绝对值，结果存 RES 单元。

```
        ...
        CMP   AX,0
        JGE   ISPOSITIVE
        NEG   AX
ISPOSITIVE:
        MOV   RES,AX
        ...
```

本例采用的是单分支结构。特点是：条件成立时程序跳转；否则，顺序执行。

双分支结构程序设计举例

【例 4.3】编程判断 DAT 单元存放的带符号数的正负。如该数为负数，则显示"DAT is an egative number!"；否则显示"DAT is an nonegative number!"。

```
DATA   SEGMENT              ;数据段定义
   N    DB  'DAT is a negative number!','$'
   NN   DB 'DAT is a nonnegative number! $'
DATA   ENDS
CODE   SEGMENT              ;代码段定义
       ASSUME CS:CODE,DS:DATA
START:
       MOV   AX,DATA
       MOV   DS,AX          ;设置 DS
       MOV   AX, −3
```

```
            CMP   AX,0
            JGE   ISNN
            LEA   DX,N
            MOV   AH,9
            INT   21H
            JMP   FINISH
    ISNN:   LEA   DX,NN
            MOV   AH,9
            INT   21H
    FINISH: MOV   AH,4CH
            INT   21H
            CODE  ENDS
            END   START
```

此例采用的是双分支结构。采用这种结构时，特别要注意第一个分支后要利用 JMP 指令（程序第 16 行）使程序跳转到第二个分支的后面。

多分支结构程序设计举例：

【例 4.4】编程求分段函数 Y 的值。已知变量 X 为 16 位带符号数，分段函数的值要求保存到字单元 Y 中。函数定义如下：

$$Y = \begin{cases} 1 & （当X > 0）\\ 0 & （当X = 0）\\ -1 & （当X < 0）\end{cases}$$

分析：

```
    DATA  SEGMENT   ;数据段定义
          X   DW   -128
          Y   DW   ?
    DATA  ENDS
    CODE  SEGMENT   ;代码段定义
          ASSUME CS:CODE,DS:DATA
    START: MOV   AX,DATA
           MOV   DS,AX
       MOV   AX,X
           CMP   AX,0
           JG    ISPN
           JZ    ISZN
```

```
            MOV   Y, -1
       JMP   FINISH
ISPN:   MOV   Y,1
       JMP   FINISH
ISZN:   MOV   Y,0
FINISH: MOV   AH,4CH
       INT   21H
CODE   ENDS
       END   START
```

本例实现的是多分支结构，其流程图如图 4-4 所示。

设计多分支结构程序时，应注意：

① 要为每个分支安排出口。

② 各分支的公共部分尽量集中，以减少程序代码。

③ 无条件转移没有范围的限制，但条件转移指令只能在－128～＋127 字节范围内转移。

④ 调试程序时，要对每个分支进行调试。

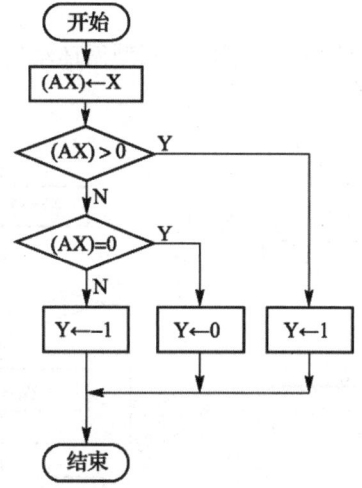

图 4-4 流程图

4.4.5 循环结构程序设计

当程序处理的问题需要多次重复执行某些相同的操作时，在程序中可使用循环结构来实现，即用同一组指令，每次替换不同的数据，反复执行这一组指令。

使用循环结构，可以缩短程序代码，提高编程效率。循环结构程序由以下三个部分组成。

1. 初始化部分

初始化部分是循环的准备部分,在这部分应完成地址指针、循环计数、结束条件等初值的设置。

2. 循环体

循环体包括以下三个部分。

(1) 循环工作部分:是循环程序的主体。完成程序的基本操作,循环多少次,这部分语句就执行多少次。

(2) 循环修改部分:修改循环工作部分的变量地址等,保证每次循环参加执行的数据能发生有规律的变化。

(3) 循环控制部分:控制循环执行的次数,检测和修改循环控制计数器,控制循环的运行和结束。

3. 循环结束部分

在循环结束部分,完成循环结束后的处理,如数据分析、结果的存放等。设计循环结构程序时,要注意以下问题:

(1) 选用计数循环还是条件循环,采用直到型循环结构还是当型循环结构,这两种循环结构图如图 4-5 所示。

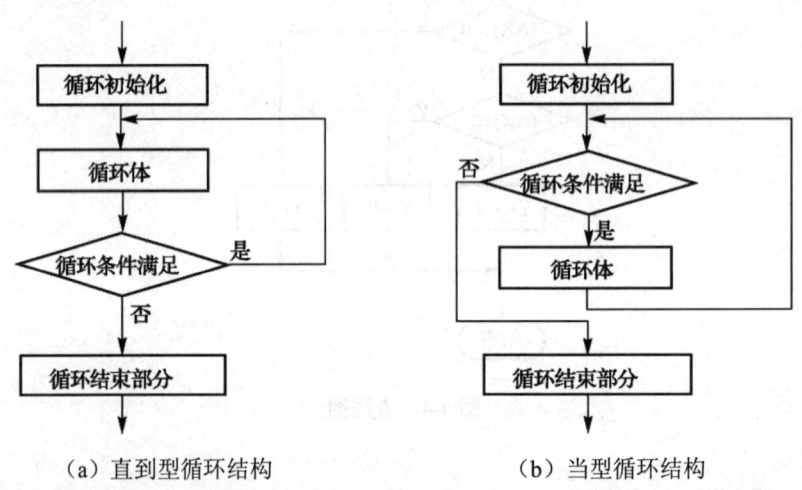

(a) 直到型循环结构　　　　(b) 当型循环结构

图 4-5　两种循环结构

(2) 可以用循环次数、计数器、标志位、变量值等多种方式来作为循环的控制条件,进行选择时,要综合考虑循环执行的条件和循环退出的条件。

(3) 注意不要把初始化部分放到循环体中,循环体中要有能改变循环条件的语句。

循环结构程序设计举例:

【例4.5】编程显示以"！"结尾的字符串。如："Welcome to MASM!"。

分析：

流程图如图4-6所示。

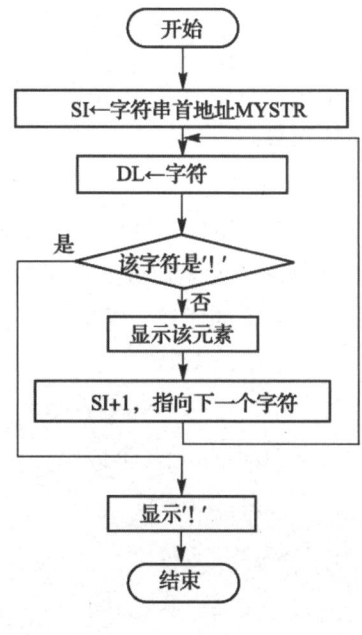

图4-6 流程图

```
DATA    SEGMENT
MYSTR   DB   'Welcome to MASM!'
DATA    ENDS
CODE    SEGMENT
ASSUME CS:CODE,DS:DATA
START: MOV    AX,DATA
       MOV    DS,AX
       LEA    SI,MYSTR
NEXTCHAR: MOV    DL,[SI]
          CMP    DL,'!'
          JZ     FINISH
          MOV    AH,2
          INT    21H
          INC    SI
          JMP    NEXTCHAR
FINISH: MOV    AH,2
```

```
            INT    21H
            MOV    AH,4CH
            INT    21H
CODE        ENDS
            END    START
```

由于只知道循环结束的条件是该字符串以"！"结束，不知道字符串的长度，所以，采用了条件控制的方法来控制循环的次数。

【例 4.6】 求数组元素的最大值和最小值。

假设数组 ARRAY 由有符号字量元素组成，其首个字存储单元是数组元素个数。

求最大、最小值的基本方法就是逐个元素比较。由于数组元素个数已知，所以可以采用计数控制循环，每次循环完成一个元素的比较。循环体中包含两个分支程序结构。

```
; 数据段
ARRAY   DW 10,500,-80,100,600,496,-237,-888,666,543,-369
; 假设一个数组，其中头个数据 10 表示元素个数
MAXAY   DW  ?              ; 存放最大值
MINAY   DW  ?              ; 存放最小值
; 代码段
LEA  SI,ARRAY
MOV  CX,[SI]               ; 取得元素个数
DEC  CX                    ; 减 1 后是循环次数
ADD  SI,2
MOV  AX,[SI]               ; 取出第一个元素给 AX,AX 用于暂存最大值
MOV  BX,AX                 ; 取出第一个元素给 BX,BX 用于暂存最小值
MAXCK: ADD  SI,2
CMP  [SI],AX               ; 与下一个数据比较
JLE  MINCK
MOV  AX,[SI]               ; AX 取得更大的数据
JMP  NEXT
MINCK: CMP  [SI],BX
JGE  NEXT
MOV  BX,[SI]               ; BX 取得更小的数据
NEXT: LOOP  MAXCK          ; 计数循环
MOV  MAXAY,AX              ; 保存最大值
MOV  MINAY,BX              ; 保存最小值
```

4.4.6 子程序设计

在许多应用程序中,常常需要多次用到同一段程序。这时,为了避免重复编写程序,节省内存空间,可以把该程序段独立出来,以供其他程序调用,这段程序称为"子程序"或"过程"。

子程序是可供其他程序调用的具体特定功能的程序段。调用子程序的程序体,称为"主程序"或"调用程序"。

1. 采用子程序进行程序设计的注意点

(1) 现场保护和恢复。所谓"现场保护"是指子程序运行时,对可能被破坏的主程序用到的寄存器、堆栈、标志位、内存数据值进行的保护。保护可以在主程序中实现,也可以在子程序中实现。

所谓"现场恢复"指子程序结束运行返回主程序时,对被保护的寄存器、堆栈、标志位、内存数据值的恢复。常利用堆栈和空闲的存储区实现现场保护和现场恢复。

(2) 子程序嵌套。一个程序可以调用某个子程序,该子程序又可以调用其他子程序,这就形成了子程序嵌套。子程序嵌套调用的层次不受限制,其嵌套层数称为"嵌套深度"。

由于子程序中使用堆栈来保护断点,堆栈操作的"后进先出"特性能自动保证各个层次子程序断点的正确入栈和返回。

在嵌套子程序设计中,应注意寄存器的保护和恢复,避免各层子程序之间寄存器发生冲突。特别是在子程序中使用 PUSH、POP 指令时,要格外小心,以免造成子程序无法正确返回。

(3) 参数传递。主程序在调用子程序时,经常需要向子程序传递一些参数或控制信息,子程序执行完成后,也常常需要把运行的结果返回给调用程序,这种调用程序和子程序之间的信息传递,称为"参数传递"。

参数传递的主要方法有:寄存器传递、内存变量传递和堆栈传递。

传递的内容如果是数据本身,称为"值传递";如果是数据所在单元的地址,称为"地址传递"。

(4) 编写子程序调用方法说明。为了方便地使用子程序,应编写子程序调用说明。子程序调用方法说明包括:

① 子程序功能。
② 入口参数。
③ 出口参数。
④ 使用的寄存器或存储器及调用实例。

2. 子程序设计举例

【例 4.7】利用寄存器传递参数。编写子程序，实现以二进制形式显示 BX 的值（假设为无符号数）。

```
; ------------------------
; 子程序名：DISP_BINARY
; 功能：以二进制形式显示 BX 的值（假设为无符号数）
; 入口参数：BX
; 出口参数：无
; ------------------------
    DISP_BINARY  PROC
         PUSH   CX
         PUSH   DX
         PUSH   AX
         PUSHF                      ;保护现场
MOV  CX,16
NEXTCHAR:  ROL  BX,1
           MOV  DL,BL
           AND  DL,1
           OR   DL,30H
           MOV  AH,2
           INT  21H
           LOOP NEXTCHAR
FINISH:    MOV  DL,'B'
           MOV  AH,2
           INT  21H
           POPF                     ;恢复现场
           POP  AX
           POP  DX
           POP  CX
           RET
    DISP_BINARY  ENDP
```

本例利用寄存器 BX 传递参数。

作为出口参数的寄存器是不能保护的，否则就失去了传递参数的作用；作为入口参数的寄存器可以保护也可以不保护。由于寄存器的数量有限，这种方法只适用于少量数据的传递。当有大量数据要传递时，需要用到指定单元或堆栈的方法传递参数。

【例4.8】利用指定存储单元进行参数传递，编程利用子程序实现数据块的复制。

```
SSEG    SEGMENT
        DW    64  DUP(?)
TOS     LABEL WORD
SSEG    ENDS
DATA    SEGMENT
   BUF1 DB   1,2,3,4,5,6,7,8,9,100
   BUF2 DB   10  DUP(?)
   SRCADDR    DW      ?
   DSTADDR    DW      ?
   LEN        DW      ?
DATA    ENDS
CODE    SEGMENT
ASSUME CS:CODE,DS:DATA,SS:SSEG,ES:DATA
START:  MOV  AX,DATA
        MOV  DS,AX
        MOV  ES,AX
        MOV  AX,SSEG
        MOV  SS,AX
        MOV  SP,OFFSET TOS
        LEA  AX,BUF1
        MOV  SRCADDR,AX    ;置源数据区首地址
        LEA  AX,BUF2
        MOV  DSTADDR,AX    ;置目的数据区首地址
        MOV  LEN,10        ;置数据块长度
    CALL MOVEMYDAT         ;调用子程序 MOVEMYDAT
        MOV  AH,4CH
        INT  21H
;------------------------------------
;子程序名：MOVEMYDAT
;功能：数据块复制
;入口参数：源数据区首地址存 SRCADDR
;入口参数：目的数据区首地址存 DSTADDR，数据块长度存 LEN
```

```
;出口参数: 无
;----------------------------------
MOVEMYDAT  PROC
       MOV  SI,SRCADDR
       MOV  DI,DSTADDR
       MOV  CX,LEN
       STD
       ADD  SI,CX
       DEC  SI
       ADD  DI,CX
       DEC  DI
BEGIN: REP  MOVSB
       RET
MOVEMYDAT  ENDP
CODE     ENDS
  END    START
```

本例利用指定存储单元进行参数传递。这种方法实现的子程序通用性较差。

【例 4.9】利用堆栈进行参数传递。

编程利用子程序求 2 个含有 10 个元素的无符号字节数组 AD1 和 AD2 对应元素之和,计算结果存入 SUM 字节数组(不考虑运算结果溢出的情况)。

```
SSEG    SEGMENT   STACK 'STACK'
           DW 64   DUP(?)
TOS     LABEL  WORD
SSEG    ENDS
DATA    SEGMENT
    AD1   DB    1,2,3,4,5,6,7,8,9,100
    AD2   DB    2,3,4,5,6,7,8,9,10
    SUM   DW    10   DUP(?)
    LEN   EQU   10
DATA    ENDS
CODE    SEGMENT
ASSUME CS:CODE,DS:DATA,SS:SSEG,ES:DATA
START:  MOV  AX,DATA
        MOV  DS,AX
        MOV  ES,AX
```

```
                MOV     AX,SSEG
                MOV     SS,AX
                MOV     SP,OFFSET TOS
;----------------------------------
;子程序名：ADD_B
;功能：求字节和
;入口参数：堆栈
;出口参数：无
;----------------------------------
ADD_B   PROC
                MOV     BP,SP
                MOV     AX,[BP+2]
                ADD     AX,[BP+4]
                RET     4
ADD_B   ENDP
CODE    ENDS
        END     START
```

本例用堆栈传递参数。在主程序中，每次调用子程序前向堆栈压入两个参数供子程序计算用。

4.4.7 常见程序设计举例

本节介绍一些常见的汇编语言程序设计的实例。

【例4.10】试编程，把用 ASCII 形式表示的十六进制数转换为二进制数。设 4 个 ASCII 码存放在 DS 段以 MASC 为起始偏移地址的 4 个内存单元中，转换结果存放在同段 MBIN 字单元。

分析：

① 从键盘上输入的数都以 ASCII 码的形式存放在内存中，故本转换程序很有实用价值。

② 对十六进制数而言，0~9 的 ASCII 码分别为 30H~39H，只需减去 30H 即得转换结果。而 A~F 的 ASCII 码分别为 41H~46H，则需减去 37H 才能得转换结果。一个 ASCII 码转换成一个十六进制数，4 个 ASCII 码转换结果放在一个字单元中。

③ 若取数不在 0~FH 范围内，则出错（出错处理程序略）。

程序如下：

```
DATA    SEGMENT
MASC    DB  '2', '6', 'A', '1';给出要转换的 ASCII 码
```

```
        MBIN    DB  2 DUP（?）
        DATA    ENDS
        CODE    SEGMENT
        ASSUME CS:CODE,DS:DATA
        BEGIN MOV    AX,DATA
        MOV     DS,AX
            MOV     CL,4            ;CL 置右循环次数
            MOV     CH,CL           ;设循环次数位 4 次
            LEA SI,MASC；ASCII 码存放单元起始偏移地址送 SI
            CLD
            XOR     AX,AX           ;AX 清零（也可省略）
            XOR     DX,DX           ;DX 存放转换结果，先清零
        NEXT1: LODSB                ;装一个 ASCII 码到 AL
            AND     AL,7FH          ;得到 7 位的 ASCII 码（本指令可省）
            CMP     AL,'0'          ;判 AL 内容是否小于 30H
            JL      ERROR           ;若小于 30H, 转 ERROR（未编）
            CMP     AL,'9'          ;若大于 30H, 则判是否大于 39H
            JG      NEXT2           ;若大于 39H, 转 NEXT2
            SUB AL,30H              ;若为 0～9 的 ASCII 码，则减去 30H，转为十六
                                    ;进制数
            JMP SHORT NEXT3         ;转结果处理
        NEXT2: CMP    AL, 'A'       ;若大于 39H, 判是否小于 41H
            JL      ERROR           ;若小于 41H,转 ERROR
            CMP     AL, 'F'         ;若大于 41H, 判是否大于 46H
            JG      ERROR           ;若大于 46H, 也转 ERROR
            SUB AL,37H              ;若为 A～F 的 ASCII 码，则减去 37H，转为十六
                                    ;进制数
        NEXT3: OR  DL,AL            ;将一个 ASCII 码的转换结果送 DL
            ROR     DX,CL           ;逐次循环右移 4 位，使整个转换结果在 DX 中依
                                    ;次存放（似应用 ROL  DX,CL 指令更妥）
            DEC CH                  ;循环次数减 1
            JNZ NEXT1               ;未转换完，则继续
            MOV     WORD PTR MBIN,DX ;如已转换完，将转换结果存 MBIN 字单元
            MOV     AH,4CH          ;返回 DOS
            INT 21H
```

```
CODE    ENDS
    END    BEGIN
```

【例4.11】编写两个多字节二进制数求和程序

分析：

由于8088/8086 CPU内部寄存器均为16位，故多字节求和只能分段进行（采用循环程序），一次只能完成一个字节或一个字的相加，且在高位字节（或字）相加时，还必须加上低位字节（或字）相加后的进位位，因此编程时必须用ADC指令。但考虑到第一次相加时，应采用ADD指令，故在循环初始化时，应先将CF标志清零。

程序如下：

```
DATA    SEGMENT
BUFF1   DB   4FH,0B6H,7CH,34H,56H,1FH      ;预置被加数
BUFF2   DB   13H,24H,57H,68H,0FDH,9AH      ;预置加数
SUM     DB   6 DUP（?）                    ;设置和单元
COUN    DB   3
DATA    ENDS
;
CODE    SEGMENT
ASSUME CS:CODE,DS:DATA
START:  MOV    AX,DATA
        MOV    DS,AX
        MOV    SI,OFFSET BUFF1     ;SI指向被加数
        MOV    DI,OFFSET BUFF2     ;DI指向加数
        MOV    BX,OFFSET SUM       ;BX指向和单元
        MOV    CL,COUN             ;设循环3次
        MOV    CH,0
        CLC                        ;请CF标志（CF=0）
GOON:   MOV    AX,[SI]             ;取被加数的一个字
        ADC    AX,[DI]             ;加上加数相应的一个字
        INC SI                     ;下4条指令，修改地址指针（该4
        INC SI                     ;条指令不能用书上的ADD SI,2
        INC DI                     ;及ADD DI,2取代，因为上两条指
        INC DI                     ;令会破坏CF标志）
        MOV    [BX],AX             ;将部分和暂存
        INC BX                     ;下两条指令，修改地址指针
        INC BX
```

```
        LOOP    GOON            ;未加完，则继续
        MOV     AH,4CH          ;返回 DOS
        INT 21H
        CODE    ENDS
        END     START
```

【例 4.13】试编程，把一个二进制数转换成 BCD 码。

程序如下：

```
DATA    SEGMENT
MBIN    DW 4FB6H        ;置待转换数据（也可任选）
MBCD    DB  5 DUP（?）  ;设置转换结果单元
DATA    ENDS
;
CODE    SEGMENT
ASSUME CS:CODE,DS:DATA
START:  MOV     AX,DATA
        MOV     DS,AX
        MOV     AX,MBIN
        LEA BX,MBCD
        XOR     DX,DX
        MOV     CX,0AH          ;送除数 10 到 CX
        DIV CX                  ;第一次除以 10
        MOV     [BX],DL         ;存放最低位数
        MOV     DL,0            ;DL 恢复为 0
        DIV CX  ;第二次除以 10（第一次除以 10，商在；AX 中，即作为第二次除的被除数）
        INC BX
        MOV     [BX],DL         ;存放次低位数
        MOV     DL,0
        DIV CX                  ;第三次除以 10
        INC BX                  ;存第三位数
        MOV     [BX],DL
        MOV     DL,0            ;第四次除以 10
        INC BX
        MOV     [BX],DL         ;存放次高位数
        INC BX
```

```
MOV     [BX],AL       ;存放最高位数
MOV     AH,4CH        ;返回 DOS
INT 21H
CODE    ENDS
END     START
```

4.5 汇编语言程序的上机过程

4.5.1 上机环境

要运行调试汇编语言程序,至少需要以下程序文件:
- **编辑程序**:EDIT.COM 或其他文本编辑工具软件,用于编辑源程序。
- **汇编程序**:MASM.EXE,用于汇编源程序,得到目标程序。
- **连接程序**:LINK.EXE,用于连接目标程序,得到可执行程序。
- **调试程序**:DEBUG.EXE,用于调试可执行程序。

4.5.2 上机过程

汇编语言程序上机操作包括编辑、汇编、连接和调试几个阶段。

1. 编辑源程序

用文本编辑软件创建、编辑汇编源程序。常用编辑工具有:EDIT.COM、记事本、Word 等。无论采用何种编辑工具,生成的文件必须是纯文本文件,所有字符为半角,且文件扩展名为.asm(文件名不分大小写,由 1~8 个字符组成)。

2. 汇编

用汇编工具对上述源程序文件(.asm)进行汇编,产生目标文件(.obj)等文件。

汇编程序的主要功能是:检查源程序的语法,给出错误信息;产生目标程序文件;展开宏指令。

汇编过程如下:

在 DOS 状态下,输入命令:MASM MYFILE.ASM(回车),即启动了汇编程序。

此命令执行后,会出现下面的 3 行信息,依次按回车键(即选择默认值)即可建立 3 个输出文件,其扩展名分别为:.OBJ(目标文件)、.LST(列表文件)和.CRF(交叉引用文件)。

Object   Filename   [MYFILE.OBJ]:
Source   Listing   [Nul.LST]:
Cross   Reference   [Nul.CRF]:

如果汇编过程中发现有语法错误，则屏幕上会显示出错语言的位置和出错的类型。此时，需要进行修改，然后再进行汇编。照此执行，直至汇编无错误，得到目标文件为止。

3. 连接

汇编产生的目标文件（.obj）并不是可执行的程序，还要用连接程序把它转换为可执行的 EXE 文件。连接过程如下：

在 DOS 状态下，输入命令：LINK MYFILE.OBJ（回车），即可完成连接。

与汇编过程类似，如果连接过程中出错，那么程序会在屏幕上显示提示信息。此时，需要对源程序进行查错、修改，然后再进行汇编、连接，直至连接无错误，得到可执行文件为止。

4. 程序运行

在 DOS 提示符下输入可执行程序的文件名即可运行程序。若程序能够运行但不能得到预期结果，则就需要检查源程序，改错后再汇编、连接、运行。

5. 程序调试

在程序运行阶段，有时不容易发现问题，尤其是碰到复杂的程序更是如此，这时就需要使用调试工具进行动态查错。常用的动态调试工具为 DEBUG。

4.5.3 运行调试

DEBUG 是为汇编语言设计的一种调试工具，它通过单步、设置断点等方式为汇编语言程序员提供了非常有效的调试手段，它可以直接调试.COM 文件和.EXE 文件。

DEBUG 状态下的所有数据都采用十六进制形式显示，无后缀 H。

DEBUG 的运行：

在 DOS 状态下，输入下列命令之一，就可以进入 DEBUG 调试状态。

➥ 命令一：DEBUG ✓ (回车)
➥ 格式二：DEBUG   可执行文件名 ✓(回车)

进入 DEBUG 调试状态后，将显示提示符"－"，此时，可输入所需的 DEBUG 命令。

1. 运行调试-DEBUG 的主要命令

（1）显示内存单元内容的命令 D

格式为：-D [地址]   或   -D [范围]

说明：上面格式中的"-"符号是 DEBUG 的提示符，下同。

例如，显示指定范围（DS:100～DS:1FF）内存单元内容的命令是：

-D 100 1FF

这里没有指定段地址，D 命令自动显示 DS 段的内容。

（2）修改内存单元内容的命令 E

格式一：用给定内容代替指定范围的单元内容

-E 地址　内容表

例如，-E DS:100 F3 58 59 5A 8D

格式二：逐个单元相继地修改

-E 地址

例如：

-E DS:100↵

18E4:0100　　89.78 ↵

此命令是将 0100 单元内容 89 改为 78。78 是程序员从键盘输入的。程序员在修改完一个单元后，可按空格键继续修改下一单元内容，直至按回车键结束该命令。

（3）检查和修改寄存器内容的命令 R

格式一：显示 CPU 内部所有寄存器内容和标志寄存器中的各标志位状态

-R

格式二：显示和修改某个指定寄存器内容

-R 寄存器名

例如：-R AX

格式三：显示和修改标志寄存器内容

-RF

（4）运行命令 G

格式为：-G [=地址 1][地址 2[地址 3…]]

其中，地址 1 指定了运行的起始地址，后面的均为断点地址。当指令执行到断点时，就停止执行并显示当前所有寄存器及标志位的内容和下一条要执行的指令。

（5）跟踪命令 T

格式一：逐条指令跟踪

-T[=地址]

该命令从指定地址起执行一条指令后停下来，显示所有寄存器及标志位的内容。若未指定地址，则从当前的 CS:IP 开始执行。

格式二：多条指令跟踪

-T[=地址][值]

该命令从指定地址起执行 n 条指令后停下来，n 由[值]确定。

（6）汇编命令 A

格式为：-A [地址]

该命令允许输入汇编语言语句，并能把它们汇编成机器代码，相继地存放在从指定地址开始的存储区中。必须注意：输入的数字均默认为十六进制数。

（7）反汇编命令 U

格式一：从指定地址开始，反汇编 32 字节

-U [地址]

格式二：对指定范围内的存储单元进行反汇编

-U [范围]

（8）执行命令 P

格式为：-P [=地址]　　[指令数]

该命令控制 CPU 执行指定地址处的指令。若指定了指令数，则 CPU 执行从指定地址开始的若干条指令。若未指定地址和指令数，则 CPU 执行由（CS:IP）指定地址处的一条指令。

P 命令与 T 命令的差别在于 P 命令把子程序调用（CALL）、重复字符串指令（REP）或软件中断（INT）当成一条指令来执行，简化了跟踪过程。

（9）退出 DEBUG 命令 Q

格式为：-Q

该命令退出 DEBUG 程序，返回 DOS。

2. 运行调试-DEBUG 使用说明

（1）在 DEBUG 中的提示符"-"下才能输入命令，在按回车键后，该命令才开始执行。

（2）命令是单个字母，命令和参数的大小写可混合输入。

（3）命令和参数、参数和参数之间要用空格、逗号或制表符等分隔。

（4）可以用"段值：偏移量"的形式来表示地址，也可以用段寄存器来代表"段值"。例如，1000:0, DS:10, CS:30 等。

（5）范围：用来表示地址范围，从哪个地址开始，到哪个地址结束。它有两种表示方式。

地址　地址——前者表示起始地址，要用"段值：偏移量"来表达，后者表示终止地址，只用"偏移量"来表示。

地址　长度——前者表示起始地址，要用"段值：偏移量"来表达，后者表示该区域的大小，用字母"L"开头的数值来表示。

例如：

100:50　100

100:50　L100

（6）当命令出现语法错误时，将在出错位置显示"^ Error"。

（7）可用组合键 Ctrl＋C 或 Ctrl＋Break 来终止当前命令的执行，还可用组合键 Ctrl＋S 来暂停屏幕显示（当连续不断地显示信息时）。

本章小结

本章通过对计算机语言发展的介绍，详细讲述了汇编语言的特点、汇编语言语句的组成和汇编语言语句，并在程序设计中，介绍使用汇编语言编写顺序结构、分支结构、循环结构程序以及子程序的原理与方法。本章是整个上机操作的基础，也是学习微机原理课程必须要掌握的知识点。通过本章学习，重点关注以下几点：

1. 汇编程序基础框架：框架中程序的入口点、结束程序的指令。
2. 指令中使用的伪操作：BYTE PTR 伪操作；WORD PTR 伪操作；SEG 伪操作；OFFSET 伪操作。
3. 过程定义和过程调用：PROC 伪操作；ENDP 伪操作；CALL 指令调用过程；RET 指令。
4. DOS 功能调用。
5. 汇编语言程序设计步骤及分类，包括顺序结构程序设计、分支结构程序设计和循环结构程序设计。

本章习题

1. 下列叙述正确的是（　　）。
    A．对两个无符号数进行比较采用 CMP 指令，对两个有符号数比较用 CMPS 指令
    B．对两个无符号数进行比较采用 CMPS 指令，对两个有符号数比较用 CMP 指令
    C．对无符号数条件转移采用 JAE/JNB 指令，对有符号数条件转移用 JGE/JNL 指令
    D．对无符号数条件转移采用 JGE/JNL 指令，对有符号数条件转移用 JAE/JNB 指令
2. 某存储单元的物理地址是 12345H，可以作为它的段地址有（　　）。
    A．2345H　　　　B．12345H　　　　C．12340H　　　　D．1234H
3. 在执行下列指令时，需要使用段寄存器 DS 的指令是（　　）。
    A．STOSW　　　B．ADD AL，CL　　C．NEG BX　　　D．INC DA[BX]
4. 使用 DOS 系统功能调用时，使用的软中断指令是（　　）。
    A．INT 21　　　B．INT 10H　　　C．INT 16H　　　D．INT 21H

5. 编写分支程序，在进行条件判断前，可用指令构成条件，其中不能形成条件的指令有（   ）。

   A．CMP   B．SUB   C．AND   D．MOV

6. 测试 BL 寄存器内容是否与数据 4FH 相等，若相等则转 NEXT 处执行，可实现的方法是（   ）。

   A．TEST BL，4FH   B．XOR BL，4FH
      JZ NEXT   JZ NEXT
   C．AND BL，4FH   D．OR BL，4FH
      JZ NEXT   JZ NEXT

7. 下列描述中，执行循环的次数最多的情况是（   ）。

   A．MOV CX，0   B．MOV CX，1
      LOP：LOOP LOP   LOP：LOOP LOP
   C．MOV CX，0FFFFH   D．MOV CX，256
      LOP：LOOP LOP   LOP：LOOP LOP

8. 实现将 DX：AX 中存放的 32 位数扩大四倍，正确的程序段是（   ）。

   A．SHL AX，2   B．RCL AX，2
      ROL DX，2   SHL DX，2
   C．MOV CX，2   D．SHL AX，1
      LOP：SHL AX，1   SHL AX，1
      RCL DX，1   RCL DX，1
      LOOP LOP   RCL DX，1

9. 在下列指令中，（   ）指令的执行会影响条件码中的 CF 位。

   A．JMP NEXT   B．JC NEXT
   C．INC BX   D．SHL AX，1

10. 下列指令执行时出错的是（   ）。

    A．ADD BUF1，BUF2   B．JMP DWORD PTR DAT [BX]
    C．MOV AX，[BX+DI] NUM   D．TEST AL，08H

11. 在下列指令的表示中，不正确的是（   ）。

    A．MOV AL，[BX+SI]   B．JMP SHORT DON1
    C．DEC [BX]   D．MUL CL

12. 在进行二重循环程序设计时，下列描述正确的是（   ）。

    A．外循环初值应置外循环之外；内循环初值应置内循环之外，外循环之内
    B．外循环初值应置外循环之内；内循环初值应置内循环之内
    C．内、外循环初值都应置外循环之外

D．内、外循环初值都应置内循环之外，外循环之内

13. MOV BL，64H

    MOV CL，03H

    XOR AX，AX

    AGAIN：ADD AL，BL

    ADC AH，0

    DEC CL

    JNZ AGAIN

    问：（1）该程序段完成的功能是：＿＿＿＿＿＿＿＿

    （2）AX=＿＿＿＿＿＿＿＿。

14. MOV DL，AL

    NOT DL

    TEST DL，04H

    JE NEXT

    ⋮

    NEXT：…

    若上述程序段执行时产生分支，说明 AL 中的数第几位一定为 1？程序段执行后 CF 是多少？

15. 下面程序的功能是什么？

    MOV AX,X

    CMP AX,Y

    JGE LAB

    XCHG AX,Y

    LAB:MOV X,AX

16. 设 AX，BX 中的数一个为正数，一个为负数，下面程序段完成将正数送到 PLW 单元中存放，请将程序中所缺指令语句补上。

    TEST AX，8000H

    ＿＿＿＿＿＿＿＿＿＿＿＿＿＿＿＿＿＿＿

    MOV PLW，BX

    JMP DONE

    K1：＿＿＿＿＿＿＿＿＿＿＿＿＿＿＿＿＿＿

    DONE：

17. 下面程序段是判断寄存器 AH 和 AL 中第 3 位是相同，如相同，AH 置 0，否则 AH 置全 1。试把空白处填上适当指令。

    ＿＿＿＿＿＿＿＿＿＿＿＿＿＿＿＿＿＿＿

```
        AND AH, 08H
        _____
        MOV AH, 0FFH
        JMP NEXT
ZERO:   MOV AH, 0
NEXT:   ……
```

18. 以 BUF 为首址的字节单元中，存放了 COUNT 个无符号数，下面程序段是找出其中最大数并送入 MAX 单元中。

```
        BUF DB 5, 6, 7, 58H, 62, 45H, 127, ……
        COUNT EQU $-BUF
        MAX DB ?
            ⋮
        MON BX, OFFSET BUF
        MOV CX, COUNT-1
        MOV AL, [BX]
LOP1:   INC BX
        _____
        JAE NEXT
        MOV AL, [BX]
NEXT:   DEC CX
        _____
        MOV MAX, AL
```

19. 编程序段计算 SUM=∑ai=a1＋a2＋…＋a20，已知 a1……a20 依次存放在以 BUF 为首址，i=1 的数据区，每个数据占两个字节，和数 SUM 也为两个字节。（要求用循环结构编写，循环控制采用计数控制。此题无须书写源程序格式，只需把试题要求的有关指令序列书写出来即可。

20. 试编写一个汇编语言程序，要求对键盘输入的小写字母用大写字母显示出来。

21. 试编制一源程序，统计 DA1 字单元中含 0 的个数，如统计的个数为奇数，则将进位位置 1，否则进位位清 0。

22. 编定程序段，用 DOS 的 1 号功能调用通过键盘输入一字符，并判断输入的字符。如字符是"Y"，则转向 YES 程序段；如字符是"N"，则转向 NO 程序段；如是其他字符，则转向 DOS 功能调用，重新输入字符。（无须写出源程序格式，只需写出与试题要求有关的指令序列，YES 和 NO 分别是两程序段入口处的标号）

```
KEY:    MOV AH, 1
        INT 21H
```

```
CMP AL，'Y'
JE YES
CMP AL，'N'
JE NO
JMP KEY
```

第 5 章

存储器

本章导读

本章主要介绍了半导体存储器几种不同的分类方法，半导体存储器的性能指标和基本结构，ROM 和 RAM 的芯片结构、工作原理及典型产品。讲述了半导体存储器扩展技术，存储器芯片与微处理器的连接方法和存储容量扩充的方法等。

学习目标

> 了解半导体存储器的分类、主要性能指标及各类存储器的特点
> 了解不同种类存储芯片的工作原理、引脚功能及典型产品的使用
> 掌握各种类型存储器芯片与微处理器的连接方法、存储器容量扩充的方法等，并能够在实践中灵活运用

5.1 半导体存储器基本知识

存储器由具有记忆功能的物理器件构成一个个存储单元,每个存储元保存一位二进制信息,通常一个存储单元由 8 位存储元构成,存放 8 位二进制信息（1 byte）,许多单元组合在一起便构成了存储器。

计算机之所以能自动、连续地工作,是因为采用了程序存储原理。要实现这一原理,在计算机中就必须设置存储器。存储器不仅用来存放程序,还用来存放各种数据信息。是计算机各种信息的存储和交流中心。存储器可与 CPU、输入输出设备交换信息,起存储、缓冲、传递信息的作用。

随着 CPU 速度的不断提高和软件规模的不断扩大,人们当然希望存储器能同时满足速度快、容量大、价格低的要求。但实际上,这一点很难办到。解决这一问题的较好方法是设计一个快慢搭配,具有层次结构的存储系统。新型微机存储系统的层次结构如图 5-1 所示,它呈金字塔形,越往上,存储器的速度越快,CPU 的访问频度越高。与此同时,单位存储容量的价格也越高,系统的拥有量越小。位于金字塔底端的存储设备,其容量最大,单位存储容量的价格最低,但速度可能也是较慢或最慢的。

存储器中存储单元的总量称为存储容量。存储容量越大,计算机存放的信息就越多,处理信息的能力也就越强。8088/8086 CPU 可访问的内存容量为 1 MB。

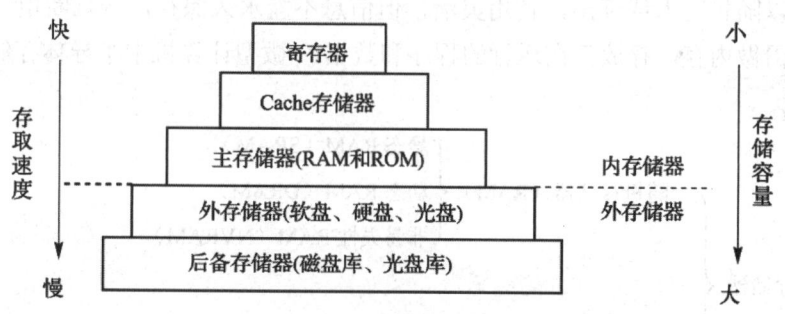

图 5-1 存储器的层次结构

内存（内部存储器）是计算机的五大组成部分之一,用来存放程序和数据,CPU 可直接访问内存并与之交换信息,其容量相对较小,存取速度较快。而外存则相反,CPU 必须通过专门配置的设备（如磁盘驱动器）才能对它进行读写,它的存取速度较慢,但其容量一般相对较大。

5.1.1 半导体存储器的分类

内存储器一般由一定容量的速度较快的半导体存储器组成,CPU 可直接对内存执行读/写操作。内存储器按存储信息的特性（工作方式不同）可分为随机存取存储器 RAM（random access memory）和只读存储器 ROM（read only memory）两类。

1. 按制造工艺分类

半导体存储器可以分为双极型和金属氧化物半导体型两类。

（1）双极型（bipolar）由 TTL 晶体管逻辑电路构成。该类存储器件的工作速度快，与 CPU 处在同一量级，但集成度低，功耗大，价格偏高，在微机系统中常用做高速缓冲存储器 cache。

（2）金属氧化物半导体型，简称 MOS 型。该类存储器有多种制造工艺，如 NMOS、HMOS、CMOS、CHMOS 等，可用来制造多种半导体存储器件，如静态 RAM、动态 RAM、EPROM 等。该类存储器的集成度高，功耗低，价格便宜，但速度较双极型器件慢。微机的内存主要由 MOS 型半导体构成。

2. 按存取方式分类

半导体存储器可分为只读存储器（ROM）和随机存取存储器（RAM）两大类。ROM 是一种非易失性存储器，其特点是信息一旦写入，就固定不变，断电后，信息也不会丢失。在使用过程中，只能读出，一般不能修改，常用于保存无须修改就可长期使用的程序和数据，如主板上的基本输入/输出系统程序 BIOS、打印机中的汉字库、外部设备的驱动程序等，也可作为 I/O 数据缓冲存储器、堆栈等。RAM 是一种易失性存储器，其特点是在使用过程中，信息可以随机写入或读出，使用灵活，但信息不能永久保存，一旦断电，信息就会自动丢失，常用做内存，存放正在运行的程序和数据。微型计算机中半导体存储器的分类如图 5-2 所示。

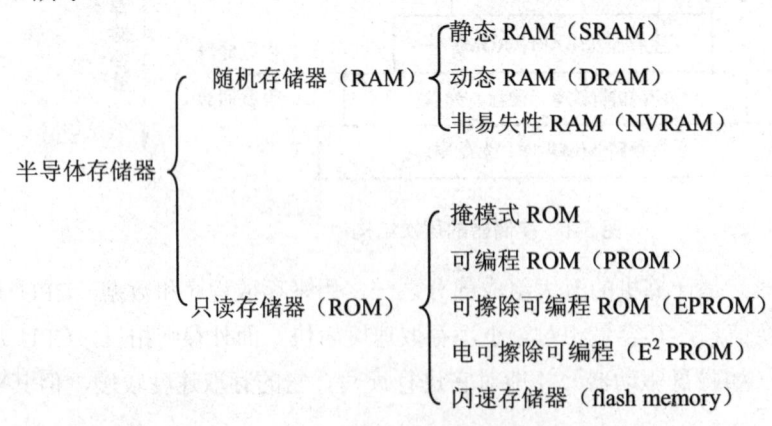

图 5-2 微型计算机中半导体存储器的分类

（1）RAM 的类型

① SRAM：SRAM（static RAM）是一种静态随机存储器。它的存储电路由 MOS 管触发器构成，用触发器的导通和截止状态来表示信息"0"或"1"。其特点是速度快，工作稳定，且不需要刷新电路，使用方便灵活，但由于它所用晶体管较多，致使集成度低，功耗

较大，成本也高。在微机系统中，SRAM 常用做小容量的高速缓冲存储器。

② DRAM：DRAM（dynamic RAM）是一种动态随机存储器。它的存储电路是利用 MOS 管的栅极分布电容的充放电来保存信息，充电后表示"1"，放电后表示"0"。其特点是集成度高，功耗低，价格便宜，但由于电容存在漏电现象，电容电荷会因为漏电而逐渐丢失，因此必须定时对 DRAM 进行充电（称为刷新）。在微机系统中，DRAM 常被用做内存（即内存条）。

③ NVRAM：NVRAM（non volatile RAM）是一种非易失性随机存储器。它的存储电路由 SRAM 和 E^2PROM 共同构成，在正常运行时和 SRAM 的功能相同，既可以随时写入，又可以随时读出。但在掉电或电源发生故障的瞬间，它可以立即把 SRAM 中的信息保存到 E^2PROM 中，使信息得到自动保护。NVRAM 多用于掉电保护和保存存储系统中的重要信息。

（2）ROM 的类型

根据不同的编程写入方式，ROM 分为以下几种。

① 掩膜 ROM：掩膜 ROM 存储的信息是由生产厂家根据用户的要求，在生产过程中采用掩膜工艺（即光刻图形技术）一次性直接写入的。掩膜 ROM 一旦制成后，其内容不能再改写，因此它只适合于存储永久性保存的程序和数据。

② PROM：PROM（programmable ROM）为一次编程 ROM。它的编程逻辑器件靠存储单元中熔丝的断开与接通来表示存储的信息：当熔丝被烧断时，表示信息"0"；当熔丝接通时，表示信息"1"。由于存储单元的熔丝一旦被烧断就不能恢复，因此 PROM 存储的信息只能写入一次，不能擦除和改写。

③ EPROM：EPROM（erasable programmable ROM）是一种紫外线可擦除可编程 ROM。写入信息是在专用编程器上实现的，具有能多次改写的功能。EPROM 芯片的上方有一个石英玻璃窗口，当需要改写时，将它放在紫外线灯光下照射约 15～20 分钟便可擦除信息，使所有的擦除单元恢复到初始状态"1"，又可以编程写入新的内容。由于 EPROM 在紫外线照射下信息易丢失，故在使用时应在玻璃窗口处用不透明的纸封严，以免信息丢失。

④ EEPROM：EEPROM 也称 E^2PROM（electrically erasable programmable ROM）是一种电可擦除可编程 ROM。它是一种在线（或称在系统，即不用拔下来）可擦除可编程只读存储器。它能像 RAM 那样随机地进行改写，又能像 ROM 那样在断电的情况下所保存的信息不丢失，即 E^2PROM 兼有 RAM 和 ROM 的双重功能特点。又因为它的改写不需要使用专用编程设备，只需在指定的引脚加上合适的电压（如+5 V）即可进行在线擦除和改写，使用起来更加方便。

⑤ 闪速存储器（flash memory）：简称 Flash 或闪存。它与 EEPROM 类似，也是一种电擦写型 ROM。与 EEPROM 的主要区别是：EEPROM 是按字节擦写，速度慢；而闪存是按块擦写，速度快，一般在 65～170 ns 之间。Flash 芯片从结构上分为串行传输和并行传输两大类：串行 Flash 能节约空间和成本，但存储容量小，速度慢；而并行 Flash 存储容量大，

速度快。Flash 是近年来发展非常快的一种新型半导体存储器。由于它具有在线电擦写、低功耗、大容量、擦写速度快的特点，同时，还具有与 DRAM 相同的低价位，低成本的优势，因此受到广大用户的青睐。目前，Flash 在微机系统、嵌入式系统和智能仪器仪表等领域得到了广泛的应用。

5.1.2 半导体存储器的基本结构

半导体存储器由地址寄存器、译码驱动电路、存储体、读/写驱动电路、数据寄存器、控制逻辑等 6 部分组成，如图 5-3 所示。

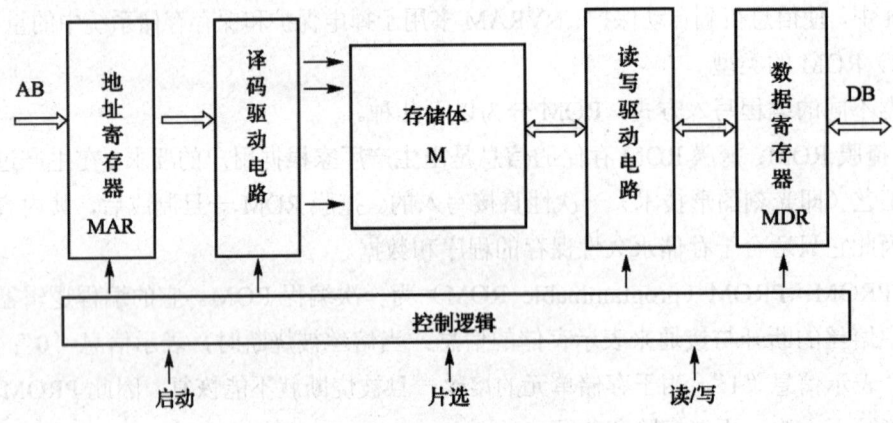

图 5-3 半导体存储器的基本结构

1. 存储体

基本存储电路是组成存储器的基础和核心，它用于存放 1 位二进制信息 1 或 0。若干记忆单元（或称基本存储电路）组成一个存储单元，一个存储单元一般存储一个字节二进制信息，存储体是存储单元的集合体。

2. 译码驱动电路

为了区分存储体中的具体存储单元，必须对它们逐一进行编号，此编号为对应存储单元的地址。为了对某指定存储单元寻址，计算机中采用地址译码来实现，包含译码器和驱动器两部分。译码器的功能是实现多选一，即对于某一个输入的地址码，输出线上有唯一一个高电平（或低电平）与之对应，当 CPU 启动一次存储器读操作时，先将地址码由 CPU 通过地址线送入地址寄存器 MAR，然后使控制线中的读信号线 READ 线有效，MAR 中地址码经过译码后选中该地址对应的存储单元，并通过读/写驱动电路，将选中单元的数据送往数据寄存器 MDR，然后通过数据总线读入 CPU。

3. 地址寄存器 MAR

地址寄存器存放 CPU 访问存储单元的地址，经译码驱动后指向相应的存储单元。通常微型计算机中，访问地址由地址寄存器提供。

4. 读/写驱动电路

读/写驱动电路包括读出放大器、写入电路和读/写控制电路，用以完成对被选中单元中数据的读出或写入操作。存储器的读/写操作是在 CPU 的控制下进行的，只有当接收到来自 CPU 的读/写命令后，才能实现正确的读/写操作。

5. 数据寄存器 MDR

数据寄存器用于暂时存放从存储单元读出的数据，或从 CPU 或 I/O 端口送出的要写入存储器的数据。暂存的目的是为了协调 CPU 和存储器之间在速度上的差异，故又称之为存储器数据缓冲器。

6. 控制逻辑

控制逻辑接收来自 CPU 的启动、片选、读/写及清除命令，经控制电路综合和处理后，产生一组时序信号来控制存储器的读/写操作。

5.1.3 半导体存储器的主要技术指标

存储器是微机系统的重要部件之一，计算机在运行过程中，大部分的总线周期都是对存储器进行读/写操作，因此存储器性能的好坏在很大程度上直接影响计算机的性能。衡量半导体存储器性能的指标很多，但从功能和接口电路的角度来看，最重要的有以下几项：

1. 存储容量

存储容量就是以字或字节为单位来表示存储器存储单元的总数。存储芯片的容量以"存储单元个数×每存储单元位数"来表示。如 SRAM 芯片 6264 容量为 8 K×8。DRAM 芯片 NMC41257 容量为 256K×1。生产厂家提供了各种不同容量的芯片，用户在购买计算机时可根据需要选用。当计算机内存确定后，选用大容量的芯片较好，这样可少用芯片，使电路连接简单，并降低功耗。

2. 读写速度

半导体存储器的速度一般用存取时间（又称存储器访问时间 access time，是指从启动一次存储器操作到完成该操作所经历的时间 T_A）和存储周期 access cycle（指连续启动两次独立的存储器操作，例如连续两次读操作所需间隔的最小时间 Tc）两个指标来衡量，$T_C \geq T_A$。

3. 可靠性

通常指存储器对温度、电磁场等环境变化的抵抗能力和工作寿命。内存中发生的任何错误都会影响计算机正常工作。存储器的可靠性与构成它的芯片有关。目前半导体存储器的平均故障间隔时间（MTBF）（mean time between failures）一般为 $5\times 10^6 \sim 1\times 10^8$ 小时左右。

4. 功耗

存储器的功耗是指它在正常工作时所消耗的电功率。该功率由"维持功率"和"操作功率"两部分组成。半导体存储器的功耗与其存取速度有关，速度越快功耗越大。使用低功耗的芯片可减少微机对电源容量的要求，还可提高存储系统的可靠性。

5.2 只读存储器 ROM

只读存储器 ROM 是一种非易失性半导体存储器件，常用来保存固定的程序和数据。ROM 芯片与 RAM 芯片的内部结构类似，主要由地址寄存器、地址译码器、存储单元矩阵、输出缓冲器及芯片选择逻辑等部件组成。本节主要介绍几种典型的 EPROM、EEPROM 和 Flash 存储器芯片的特性、引脚信号和操作方式。

5.2.1 EPROM 芯片

EPROM 芯片有多种型号，市场上常见的 Intel 公司的产品有：2716（2 K×8 B），2732（4 K×8 B），2764（8 K×8 B），27128（16 K×8 b），27256（32 K×8 B），27512（64 K×8 B）等。下面以 Intel 2764 为例，介绍 EPROM 芯片的基本特点和工作方式。

1. 2764 的特性及引脚信号

Intel 2764 的容量为 8 KB，是 28 引脚双列直插式芯片，最大读出时间为 250 ns，单一 +5 V 电源供电，其引脚信号如图 5-4 所示。

- $A_{12} \sim A_0$（address inputs）：地址线，可寻址 8KB 的存储空间，输入，与系统地址总线相连。
- $D_7 \sim D_0$（data bus）：数据线，8 位，双向，编程时做数据输入线，读出时做数据输出线，与系统数据总线相连。
- $\overline{OE}$（output enable）：读出允许信号，输入，低电平有效，$\overline{RD}$ 与系统读信号相连。
- $\overline{CE}$（chip enable）：片选信号，输入，低电平有效，与地址译码器输出相连。
- V_{PP}（programming voltage）：编程电压输入端，+12.5 V。
- $\overline{PGM}$（program）：编程脉冲输入，是宽度为 45 ms 的低电平脉冲信号。

→ **VCC**：+5V 电源。
→ **GND**：信号地。

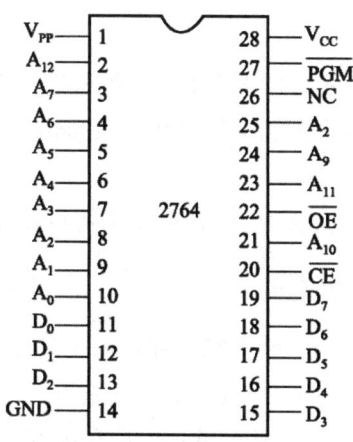

图 5-4　2764 引脚排列

2. 2764 的操作方式

2764 有读出、保持、编程、编程校验和编程禁止 5 种操作方式，如表 5-1 所示。

表 5-1　2764 操作方式

操作方式	$\overline{CE}$	$\overline{OE}$	VPP	$\overline{PGM}$	D7~D0
读出	0	0	+5V	1	数据输出
保持	1	×	+5V	×	高阻
编程	0	1	+12.5V	0	数据输入
编程校验	0	0	+12.5V	1	数据输出
编程禁止	1	×	+12.5V	×	高阻

① 读出：将芯片内指定单元的内容输出。此时 $\overline{CE}$ 和 $\overline{OE}$ 为低电平，VPP 接 +5 V，$\overline{PGM}$ 接高电平，数据线处于输出状态。

② 保持：$\overline{CE}$ 为高电平，数据线呈现高阻状态，禁止数据传送。

③ 编程：将信息写入芯片内。此时，VPP 接 +12.5 V 的编程电压，$\overline{OE}$ 为高电平，$\overline{CE}$ 为低电平，$\overline{PGM}$ 输入宽度为 45 ms 的低电平编程脉冲信号，将数据线上的数据写入指定的存储单元。

④ 编程校验：在编程过程中，对写入的信息可以进行校验操作。即在一个字节编程完成后，$\overline{PGM}$ 为高电平，$\overline{CE}$ 和 $\overline{OE}$ 为低电平，将同一单元的内容由数据线输出，可检验写入的内容是否正确。

⑤ 编程禁止：当 $\overline{CE}$ 为高电平时，禁止编程，数据线呈现高阻状态。

5.2.2 E²PROM 芯片

常见的 E²PROM 芯片有 Intel 公司生产的高压编程芯片 2816 和 2817，以及低压编程芯片 2816A，2817A，2864A，1Mb 的 28010 和 4Mb 的 28040 等。这些芯片的读出时间为 120～250 ns，字节擦写时间在 10 ms 左右。

下面以 2817A 为例，介绍 E²PROM 芯片的基本特点和工作方式。

1. 2817A 的特性及引脚信号

Intel 2817A 的容量为 2 KB，是 28 引脚双列直插式芯片，最大读出时间为 250 ns，单一 +5 V 电源供电，最大工作电流为 150 mA，维持电流为 55 mA。由于 2817A 片内有编程所需的高压脉冲产生电路，因而不需要外加编程电压和编程脉冲即可工作。其引脚信号如图 5-5 所示。

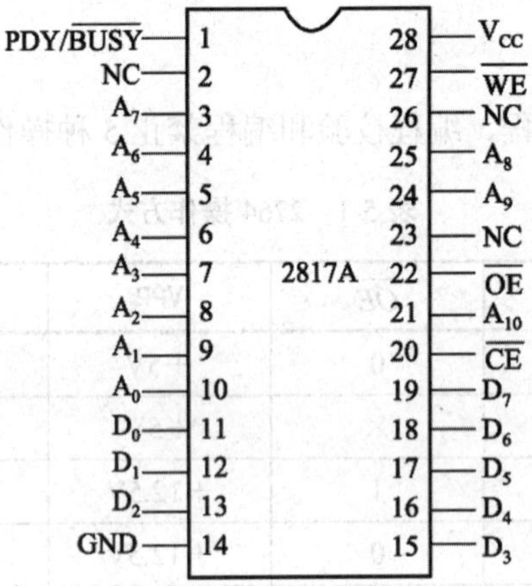

图 5-5 2817A 引脚图

$A_{10} \sim A_0$（address inputs）地址线，可寻址 2 KB 的存储空间，输入，与系统地址总线相连。

$D_7 \sim D_0$（data bus）数据线，8 位，双向，与系统数据总线相连。

$\overline{OE}$（output enable）读出允许信号，输入，低电平有效。

$\overline{WE}$（write enable）写允许信号，输入，低电平有效。

$\overline{CE}$（chip enable）片选信号，输入，低电平有效。

RDY/$\overline{BUSY}$（ready/busy）：忙闲状态指示，输出。

2. 2817A 的操作方式

2817A 有读出、保持、编程三种操作方式，由 $\overline{CE}$，$\overline{OE}$，$\overline{WE}$，RDY/$\overline{BUSY}$ 信号的共同作用决定。2817A 操作方式如表 5-2 所示。

表 5-2　2817A 操作方式

操作方式	$\overline{CE}$	$\overline{OE}$	$\overline{WE}$	RDY/$\overline{BUSY}$	D7~D0
读出	0	0	1	高阻	数据输出
保持	1	×	×	高阻	高阻
编程	0	1	0	0	数据输入

（1）读出：将芯片内指定单元的内容输出。此时 $\overline{CE}$ 和 $\overline{OE}$ 为低电平，$\overline{WE}$ 为高电平，RDY/$\overline{BUSY}$ 为高阻状态，数据线处于输出状态。

（2）保持：$\overline{CE}$ 为高电平，数据线呈现高阻状态，禁止数据传送。

（3）编程：当 $\overline{CE}$，$\overline{WE}$ 和 RDY/$\overline{BUSY}$ 为低电平，$\overline{OE}$ 为高电平时，将信息写入芯片内指定的存储单元中，在对一个字节编程操作完成后，RDY/$\overline{BUSY}$ 引脚变成高电平。

5.2.3　Flash 芯片

1. Flash 的存储结构

Flash 有整体擦除（bulk erase）、自举块（boot block）和快擦写文件（flash file）三种存储结构。

整体擦除结构是将整个存储阵列组织成一个单一的块，在进行擦除操作时，将清除所有存储单元的内容。

自举块结构是将整个存储器划分为几个大小不同的块，其中一部分做自举块和参数块，用来存储系统自举代码和参数表；其余部分为主块，用来存储应用程序和数据。在系统编程时，每个块都可以进行独立的擦写。其特点是存储密度高、速度快，主要应用于嵌入式微处理器中。

快擦写文件结构是将整个存储器划分成大小相等的若干块，也是以块为单位进行擦写，它与自举块结构的闪存相比，存储密度更高，可用于存储大容量信息，如闪存盘。

早期的闪存多采用整体擦除结构，而现在的闪存则采用自举块或快擦写文件结构，以块为单位进行擦写，增加了读/写的灵活性，提高了读/写速度。

2. Flash 芯片

市场上 Flash 产品种类很多，如美国 ATMEL 公司生产的 29 系列芯片有 AT29C256

（256 KB）、AT29C512（512 KB）、AT29C010（1 MB）、AT29C020（2 MB）、AT29C040（4 MB）和 AT29C080（8 MB）等。下面以 AT29C010A 为例，介绍闪存的特点、结构及工作方式。

（1）AT29C010A 的结构与特点

AT29C010A 是一种并行、高性能、＋5 V 在线擦写、单一＋5 V 电源供电的闪存芯片，片内有 1 Mbit 的存储空间，分成 1 024 个分区，每一个分区为 128 个字节，以分区为单位进行编程。AT29C010A 的快速读取时间为 70 ns，快速的分区编程周期为 10 ms，低功率消耗为 50 mA 有效电流，100 mA CMOS 维持电流。AT29C010A 的内部结构如图 5-6 所示，AT29C010A 的引脚如图 5-7 所示。片内有两个 8KB 的可锁定的自举模块，用来存储系统的自举代码和参数表，主块用来存放应用程序和数据，地址和数据信号都具有锁存功能。

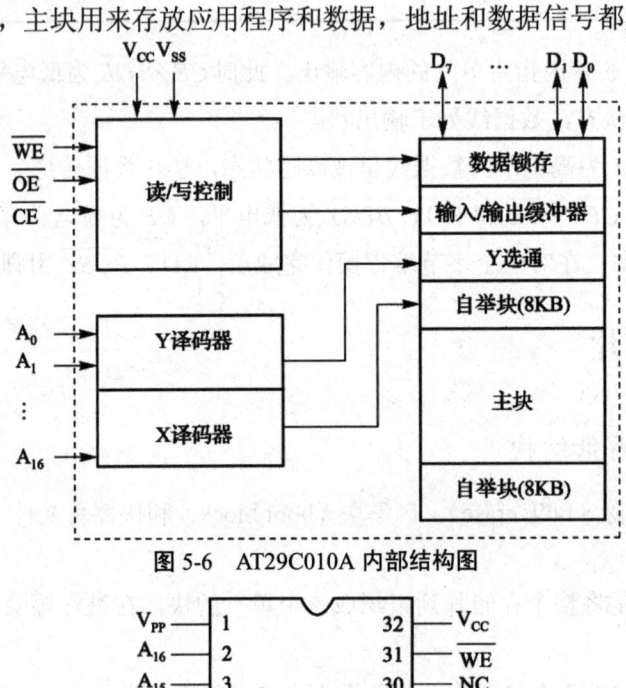

图 5-6　AT29C010A 内部结构图

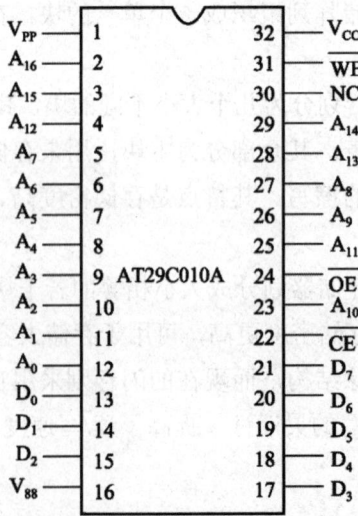

图 5-7　AT29C010A 的引脚

- $A_{16} \sim A_0$（address inputs）：地址线，可寻址 1Mbit 的存储空间，由高位地址线 $A_{16} \sim A_7$ 提供 1 024 个分区的地址，由低位地址线 $A_6 \sim A_0$ 提供每个分区内 128 个字节单元的地址。
- $D_7 \sim D_0$（data bus）：数据线，双向，三态。
- $\overline{OE}$（output enable）：读出允许信号，输入，低电平有效。
- $\overline{WE}$（write enable）：写允许信号，输入，低电平有效。
- $\overline{CE}$（chip enable）：片选信号，输入，低电平有效。
- VPP：+5V 编程电压。
- VCC：+5V 工作电压。
- VSS：信号地。

（2）AT29C010A 的工作方式

AT29C010A 的读操作与 EEPROM 相同，是按字节读出。但在写入（编程）时与 E^2PROM 不同，是按分区编程，每个分区的容量为 128 个字节，如果某一分区中的一个数据需要改写，那么这一分区中的所有数据必须重新装入，其操作方式如表 5-3 所示。

表 5-3 AT29C010A 操作方式

操作方式	$\overline{CE}$	$\overline{OE}$	$\overline{WE}$	$D_7 \sim D_0$
读出	0	0	1	数据输出
保持	1	1	×	高阻
编程	0	1	0	数据输入

① 读出：当 $\overline{CE}$ 和 $\overline{OE}$ 为低电平，$\overline{WE}$ 为高电平时，所寻址的存储单元中的数据由 $D_7 \sim D_0$ 引脚输出，若 $\overline{CE}$ 和 $\overline{OE}$ 为高电平，则 $D_7 \sim D_0$ 为高阻态。

② 编程：数据的写入是通过 $\overline{WE}$ 和 $\overline{CE}$ 为低电平，$\overline{OE}$ 为高电平时实现的，并通过 $\overline{WE}$ 的上升沿将写入的数据锁存。编程周期开始，AT29C010A 会自动擦除分区的内容，然后对锁存的数据在定时器的作用下进行编程，一旦编程周期结束，就可以开始一个新的读或编程操作。

5.3 随机存取存储器 RAM

常用的随机存取存储器有静态随机存取存储器 SRAM 和动态随机存取存储器 DRAM 两种，SRAM 主要用在高速缓冲存储器或小容量的存储系统中，而 DRAM 主要用做内存。本节介绍典型 RAM 存储器芯片的特性、引脚信号和操作方式。

5.3.1 静态随机存储器 SRAM

SRAM 的每个存储单元由 6 个 MOS 管构成,故静态存储电路又称为六管静态存储电路。电路原理如图 5-8 所示,其中图 5-8(a)为六管 NMOS 存储单元,图 5-8(b)为六管 CMOS 存储单元。

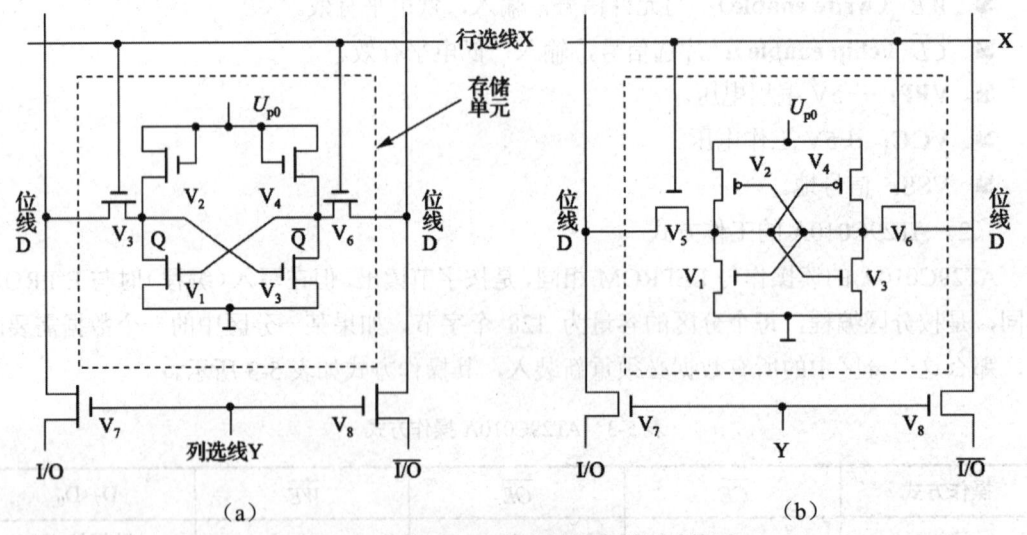

图 5-8 六管 SRAM 静态随机存储器结构图

图 5-8(a)中,V_1 和 V_3 交叉耦合构成 RS 触发器,用来存储信息。V_2 和 V_4 分别是 V_1 和 V_3 的负载管,V_5、V_6 与 V_7、V_8 用作开关管,它们分别进行 X 行地址线选择和 Y 行地址线控制。

当行选线 X=1 时,V_5、V_6 导通,触发器 Q、$\overline{Q}$ 分别与位线 D、$\overline{D}$ 接通,当行选线 X=0 时,V_5、V_6 截止,触发器与位线断开。

当列选线 Y=1 时,V_7、V_8 导通,位线 D、$\overline{D}$ 分别与 I/O、$\overline{I/O}$ 线接通,当列选线 Y=0 时,V_7、V_8 截止,位线与 I/O 线断开。

读出操作时,行选线 X 和列选线 Y 同时为"1",则存储信息 Q、$\overline{Q}$ 被读到 I/O、$\overline{I/O}$ 线上。

写入信息时,X、Y 线也必须都为"1",同时要将写入的信息加到 I/O 线上,经反相后 $\overline{I/O}$ 线上有其相反的信息,经 V_7、V_8 和 V_5、V_6 加到触发器的 Q、$\overline{Q}$ 端,也就是 V_1 和 V_3 的栅极,从而使触发器被触发,即信息被写入。

当写入信号和地址选择信号消失后,V_5—V_8 截止,只要不掉电,靠 RS 触发器的正反馈就能保持写入的信息,而不用刷新。

由于 CMOS 电路的低耗电性,目前大容量的静态 RAM 几乎都采用了 CMOS 存储单元,其单元电路如同 5-8(b)所示。CMOS 存储单元电路的结构形式与工作原理与 NMOS 相似。不同之处是,两个负载管 V_2 和 V_4 改用了 P 沟通增强型 MOS 管(栅极上有小圆圈),而 V_1

和 V_3 采用 N 沟通 MOS 管。

由 Intel 公司生产的典型 SRAM 芯片有 6116（2 KB），6264（8 KB），62256（32 KB）等，它们的引脚信号功能及操作方式基本相同，下面以 6264 为例加以介绍。

1. Intel 6264 芯片

（1）Intel 6264 的特性及引脚信号

Intel 6264 的容量为 8 KB，是 28 引脚双列直插式芯片，采用 CMOS 工艺制造，引脚信号如图 5-9 所示。8 K×8 位的 SRAM，0.8 μmCMOS 工艺制造，单一的+5 V 电源供电，高速度、低功耗、全静态，无需时钟和定时选通信号，I/O 端口是双向、三态控制，与 TTL 电平兼容。

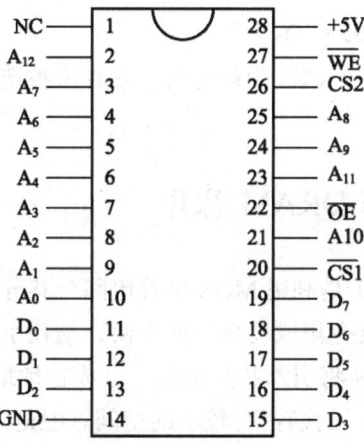

图 5-9 6264 引脚图

- **$A_{12}\sim A_0$（address inputs）**：地址线，可寻址 8KB 的存储空间。
- **$D_7\sim D_0$（data bus）**：数据线，双向，三态。
- **$\overline{OE}$（output enable）**：读出允许信号，输入低电平有效。
- **$\overline{WE}$（write enable）**：写允许信号，输入，低电平有效。
- **$\overline{CE1}$（chip enable）**：片选信号 1 输入，在读/写方式时为低电平。
- **CE2（chip enable）**：片选信号 2 输入，在读/写方式时为高电平。
- **VCC**：+5 V 工作电压。
- **GND**：信号地。

（2）Intel 6264 的操作方式

Intel 6264 的操作方式由 $\overline{WE}$、$\overline{OE}$、$\overline{CE1}$、CE2 的共同作用决定，如表 5-4 所示。

表 5-4 6264 工作方式选择

操作方式	$\overline{WE}$	$\overline{CE1}$	CE2	$\overline{OE}$	D7~D0
保持	×	1	×	×	高阻
保持	×	×	0	×	高阻
保持	1	0	1	1	高阻
读出	1	0	1	0	数据输出
写入	0	0	1	1	数据输入

① 写入：当 $\overline{CE1}$ 和 $\overline{WE}$ 为低电平，且 $\overline{OE}$ 和 CE2 为高电平时，数据输入缓冲器打开，数据由数据线 D7~D0 写入被选中的存储单元。

② 读出：当 $\overline{CE1}$ 和 $\overline{OE}$ 为低电平，且 $\overline{WE}$ 和 CE2 为高电平时，数据输出缓冲器选通，被选中单元的数据送到数据线 $D_7 \sim D_0$ 上。

③ 保持：当 $\overline{CE1}$ 为高电平，CE2 为任意时，芯片未被选中，处于保持状态，数据线呈现高阻状态。

5.3.2 动态随机存储器 DRAM 芯片

动态随机存储器（DRAM）是利用 MOS 单管电路与其分布电容构成一个基本存储电路（存储元素），因此 DRAM 具有集成度高、速率快、功耗小、价格低等特点。在微型计算机中得到广泛使用。动态 RAM 将引入芯片地址，分成行地址和列地址，内部有锁存逻辑，行地址和列地址共享外部引脚。封装占有较小的空间。但是，由于电容中的电荷易于泄漏，为保持信息不丢失，DRAM 构成存储器系统时，还需要专门的动态刷新电路。DRAM 一般用于大容量的存储器系统中，为了简化硬件结构，有的公司把刷新电路集成到 DRAM 内部，从而简化了硬件设计。DRAM 单管基本存储电路如图 5-10 所示。

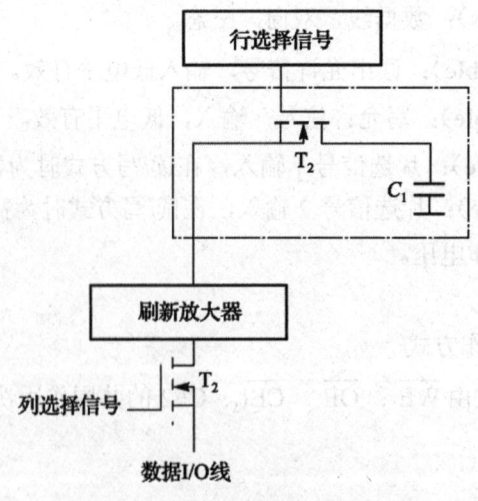

图 5-10 DRAM 单管基本存储电路

由 MOS 晶体管 T_1、T_2 和一个电容 C8 组成，写入时，行、列选择线信号为 1。行选管 T_1 导通。该存储单元被选中，若写入 1。则经数据线 I/O 送来的写入信号为高电平，经刷新放大器和 T_2 管（列选管）向 C_8 充电，C_8 上有电荷，表示写入了 1；若写入 0，则数据线 I/O 上为 0，C_8 经 T_1 管放电，C_8 上便无电荷，表示写入了 0。动态 Intel21 系列如表 5-5 所示。

表 5-5　动态 Intel21 系列

型号	容量
2164	64K×1 B
21256	256K×1 B
21464	64K×4 B

典型 DRAM 芯片有 64 K×1 B，64 K×4 B，1 M×1 B，1 M×4 B 等产品。下面以 64 K×1 B 的 Intel 2164A 芯片为例，介绍其结构及工作原理。

1. 2164A 的引脚信号

2164A 是 16 引脚双列直插式芯片，其引脚信号如图 5-11 所示，定义如下。

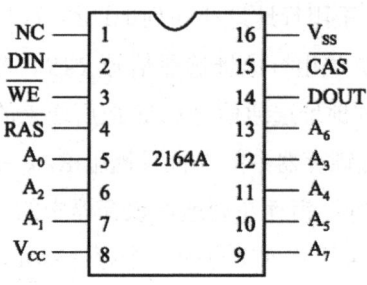

图 5-11　2164A 引脚信号

- $A_7 \sim A_0$（address inputs）：地址线。
- DIN（data inputs）：数据输入线。
- DOUT（data outputs）：数据输出线
- $\overline{RAS}$（row address strobe）：行地址选通信号，输入，低电平有效。
- $\overline{CAS}$（column address strobe）：列地址选通信号，输入，低电平有效。
- VCC：+5V 电源。
- VSS：信号地。

2. 2164A 的内部结构及工作原理

64 K×1 B（65536 个存储单元）的 DRAM 存储体由 4 个 128×128 的存储矩阵组成，每个存储矩阵由 7 条行地址线和 7 条列地址线进行选择。7 条行地址经过 128 选 1 行译码器产生 128 条行选择线，7 条列地址经过 128 选 1 列译码器产生 128 条列选择线，分别选择 128 行和 128 列。2164A 内部结构如图 5-12 所示。

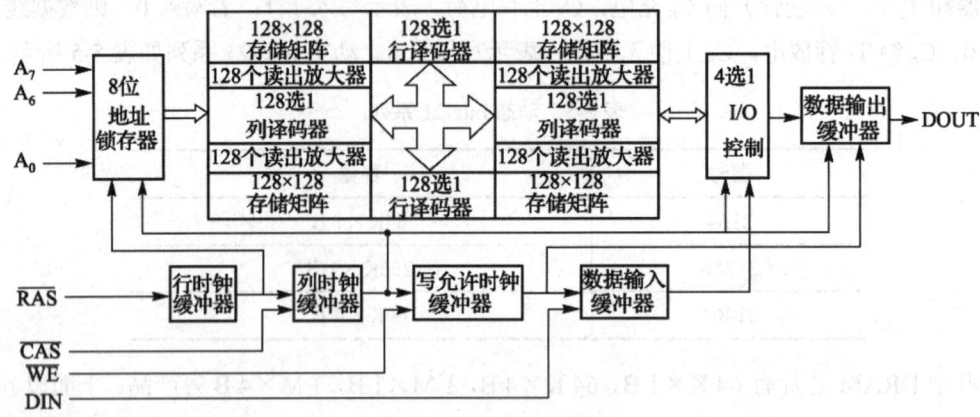

图 5-12　2164A 内部结构

由于 2164A 每个存储单元只有 1 位，若要构成 64 KB（64 K×8 B）的 DRAM 存储器，需要 8 片 2164A。要实现 64 KB 的 DRAM 寻址，需要 16 条地址线，而芯片本身只有 $A_7 \sim A_0$ 8 条地址线，因此，该芯片采用行地址线和列地址线分时工作的方式。其工作原理是利用内部地址锁存器和多路开关，先由行地址选通信号 $\overline{RAS}$，把 8 位地址信号 $A_7 \sim A_0$ 送到行地址锁存器锁存，随后出现的列地址选通信号 $\overline{CAS}$ 把后送来的 8 位地址信号 $A_7 \sim A_0$ 送到列地址锁存器锁存。锁存在行地址锁存器中的 7 位行地址 $RA_6 \sim RA_0$ 同时加到 4 个存储器矩阵上，在每个存储矩阵中选中一行；锁存在列地址锁存器中的 7 位列地址 $CA_6 \sim CA_0$ 选中 4 个存储器矩阵中的一列，选中 4 行 4 列交点的 4 个存储单元，再经过由 RA_7 和 CA_7 控制的"4 选 1" I/O 门控电路，选中其中的一个单元进行读/写。

2164A 数据的读出和写入是分开的，由 $\overline{WE}$ 信号控制。当 $\overline{WE}$ 为高电平时，读出数据；当 $\overline{WE}$ 信号为低电平时，写入数据。芯片进行刷新的时候，只加上行选通信号 $\overline{RAS}$，不加列选通信号 $\overline{CAS}$。可以把地址加到行译码器上，使指定的 4 行存储单元只被刷新，而不被读/写，一般 2 ms 可全部刷新一次。实现 DRAM 定时刷新的方法和电路有多种，可以由 CPU 通过控制逻辑实现，也可以采用 DMA 控制器实现，还可以采用专用 DRAM 控制器实现，这里不再赘述。

5.3.3　内存条

尽管 DRAM 芯片的单片容量大，但相对于 32 位 PC 的主存储器空间而言并不算大，必须使用多个芯片组装成存储器模块才能满足 PC 内存的要求，这种模块称为内存条。内存条经历过 8 位、32 位到 64 位的发展过程。

PC 主存储器通常不直接焊接在主板上，而是在主板上设置安装内存条模块的插槽。内存条是一块焊接了多片存储器并带接口引脚的小型印刷电路板，将其插入主板上的存储器插槽中即可。这样就使得 PC 主板具有配置不同容量与不同品质存储器模块的灵活性。

1. SIMM 内存和 DIMM 内存

早期的内存条只有 8 位数据宽度，带 30 个单边引脚，称为单列直插式存储器模块 SIMM（single in-line memory modules）。80486 主板上必须插入 4 条才能构成 32 位宽的数据总线。

从 80486 主板开始使用带有 72 个引脚的 SIMM 内存条，这种 SIMM 有 32 位数据宽度，单条存储容量有 4 MB（1 M×32 B）、8 MB（2 M×32 B）、16 MB（4 M×32 B）、32 MB（8 M×32 B）、64 MB（16 M×32 B）等，由访问时间大约 60~70 ns 的 DRAM 芯片或扩展数据输出 EDO（extended data out）芯片组装而成，80486 主板上使用单条即可启动。

DIMM（dual in-line memory modules）是双列直插式 168 引脚内存条，它的数据宽度为 64 位。这种内存条的单条存储容量有 16 MB（2 M×64 B）、32 MB（4 M×64 B）、64 MB（8 M×64 B）、128 MB（16 M×64 B）、256 MB（32 M×64 B）、512 MB（64 M×64 B）等。它使用 3 V 电源，访问时间一般小于 10 ns，由同步动态随机存储器 SDRAM 组成。其主要特点是把 CPU 与 DRAM 的操作通过一个相同的时钟锁在一起，使 DRAM 在工作时与 CPU 的外部时钟同步，即以 CPU 的外部总线时钟速率传输数据，从而解决了 CPU 与 DRAM 之间速度不匹配的问题。DIMM 的工作频率有 66 MHz、100 MHz、133 MHz、150 MHz 等。

为了使系统更加稳定可靠，在实际应用中选择内存条访问速度时还应留有余地。例如，当工作频率为 100 MHz 时，访问时间为 10 ns，那么应该选用标称值少于 10 ns 的存储器。l33 MHz 时，理论上的访问时间为 7.5 ns，实际中则应选用 7 ns 以下的芯片。

2. DDR SDRAM 内存

双速率同步动态随机存储器 DDR SDRAM（double data rate SDRAM）是 VIA 与 ADM 两家公司联合推出的新型高速存储器芯片。其基本原理是利用总线时钟的上升沿与下降沿在同一个时钟周期内实现两次 8 位数据传送，从而达到每个时钟周期传送两个字节的目的。当外部总线时钟频率为 100 MHz/133 MHz 时，实际操作的时钟速率可达 200 MHz/266 MHz，因而称为 PC200/PC266。也就是说，用这种芯片制作的 64 位内存条的理论传输速率可达 8 B×200 MHz=1600 MBs，或者 8 B×266.7 MHz=2133 MBs，因而又称为 PC1600/PC2100。

5.4 存储器与系统的连接

CPU 对存储器进行读/写操作时，首先由地址总线给出地址信号，然后对存储器发出读操作或写操作的控制信号，最后在数据总线上进行信息交换。存储器与系统之间通过 AB、

DB 及有关的控制信号线相连接，设计系统的存储器体系时需要将这三类信号线正确连接。

5.4.1 存储器扩展

存储器与 CPU 连接时应注意的问题：① CPU 总线的带负载能力，在简单系统中，CPU 可直接与存储器相连，而在较大系统中，数据线和地址、控制线要分别加双向总线驱动器（如 74LS245）和单向驱动器（如 74LS244）与存储器相连。② CPU 时序与存储器存取速度的配合。③ 地址分配和存储器组织。

在实际应用中，由于单片存储芯片的容量总是有限的，很难满足实际存储容量的要求，因此需要将若干个存储芯片连接在一起，构成大容量的存储器。存储器的扩展通常有位扩展、字扩展，以及字和位同时扩展三种方式。

1. 位扩展（位并联法）

位扩展是指增加存储字长。位扩展可利用芯片地址并联的方式实现，即将各芯片的数据线分别接到数据总线的各位，而各芯片的地址线、读/写信号线和片选信号线对应地并联在一起。

位扩展指用多个存储器器件对字长进行扩充。一个地址同时控制多个存储器芯片。

【例 5.1】 用两片 1 K×4 B 的 SRAM 芯片 2114，组成 1 K×8 B 的存储器。

Intel 2114 NMOS SRAM 芯片是 18 引脚双列直插式芯片，单一 +5 V 电源供电，所有的输入端和输出端都与 TTL 电平兼容。它的引脚信号如图 5-13 所示，它的操作方式如表 5-6 所示。

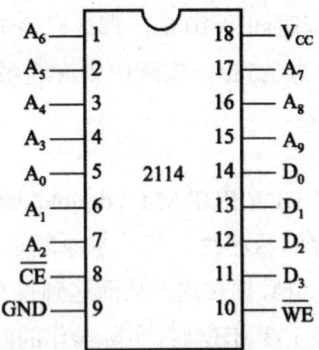

图 5-13 2114 引脚图

表 5-6 2114 操作方式

操作方式	$\overline{CE}$	$\overline{WE}$	D3～D0
读出	0	1	数据输出
未选中	1	X	高阻
写入	0	0	数据输入

存储器位扩展设计如图 5-14 所示。图中两片 2114 的地址线和各控制线分别并联在一起，

而其中 1#芯片的数据线接数据总线的低 4 位，2#芯片的数据线接数据总线的高 4 位。硬件连接之后便可确定存储单元的地址，即 $A_9 \sim A_0$ 的编码状态 000H～3FFH 就是 1 KB 存储单元的地址。地址分配情况如表 5-7 所示。

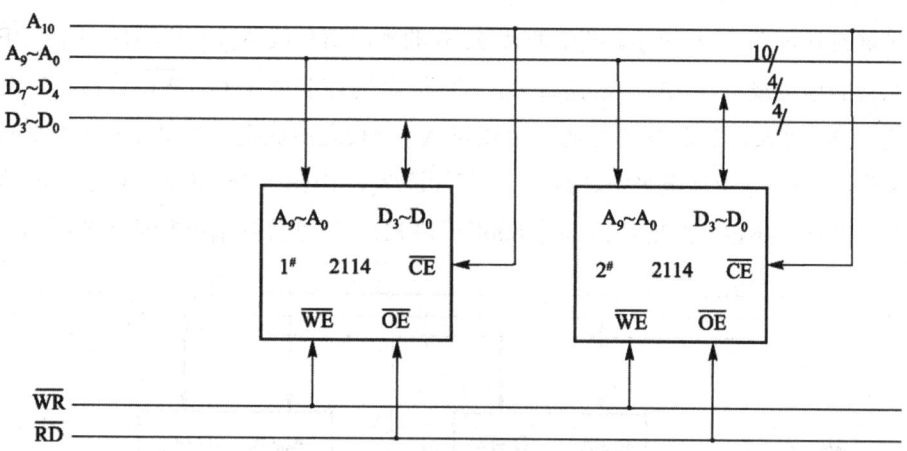

图 5-14 存储器位扩展设计

表 5-7 存储器位扩展地址分配情况表

A_{10}	$A_9 \sim A_0$	地址范围
0	0000000000	000H
…	…	…
0	1111111111	3FFH

用 2K×1 B 的芯片组成 2 KB 的存储器如图 5-15 所示。

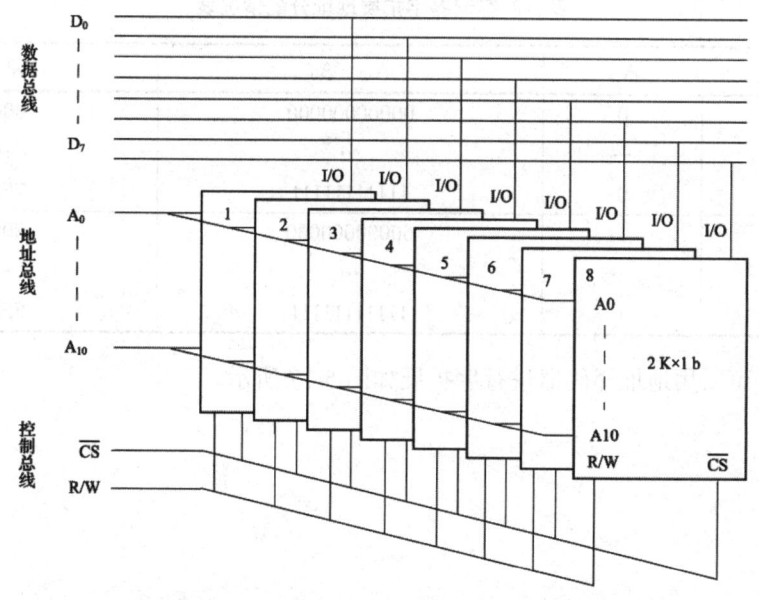

图 5-15 用 2K×1 B 的芯片组成 2 KB 的存储器

2. 字扩展(地址串联法)

字扩展是指增加存储器字的数量,字扩展可利用芯片地址串联的方式实现。

【例 5.2】用两片 2 K×8 B 的 RAM 芯片 6116 组成 4 K×8 B 的存储器。

字扩展设计如图 5-16 所示。图中两片 6116 的片内信号线 $A_{10} \sim A_0$、$D_7 \sim D_0$、$\overline{OE}$、$\overline{WE}$ 分别与系统的地址线 $A_{10} \sim A_0$、数据线 $D_7 \sim D_0$ 和读/写控制线 $\overline{RD}$、$\overline{WR}$ 连接。1#芯片的片选信号线与 A_{11} 连接,2#芯片的片选信号线与 A_{11} 反相之后连接。当 A_{11} 为低电平时,选择 1#芯片读/写;当 A_{11} 为高电平时,选择 2#芯片读/写。由图 5-16 可见,1#芯片的地址范围是 000H~7FFH,2#芯片的地址范围是 800H~FFFH。地址分配情况如表 5-8 所示。

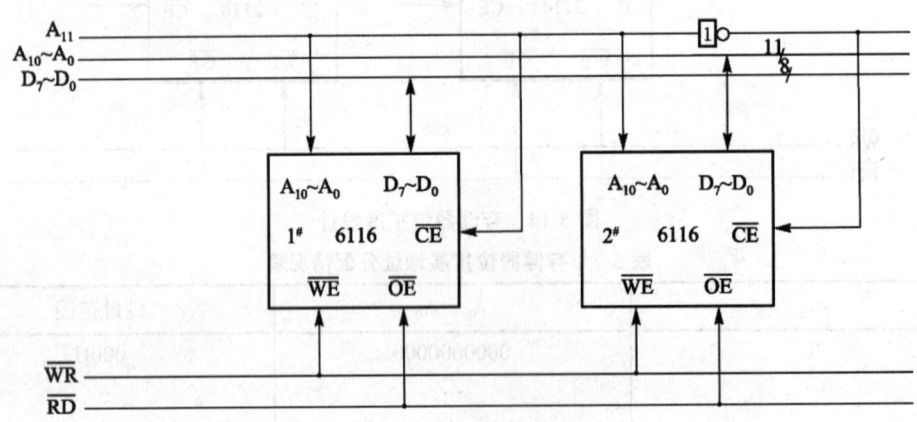

图 5-16 存储器字扩展设计

表 5-8 存储器字扩展地址分配情况表

芯片号	A_{11}	$A_{10} \sim A_0$	地址范围
1#	0	00000000000	000H
	…	…	…
	0	11111111111	7FFH
2#	1	00000000000	800H
	…	…	…
	1	11111111111	FFFH

芯片多时可采用地址译码器进行字扩展如图 5-17 所示。

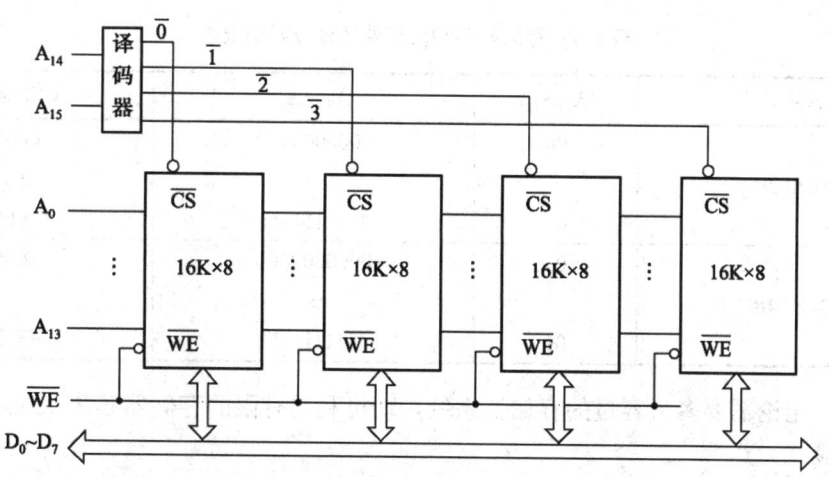

图 5-17 采用地址译码器进行字扩展

3. 字和位扩展

字和位扩展是字扩展和位扩展的组合。

【例 5.3】 用四片 $1K \times 4B$ 的 RAM 芯片 2114，组成 $2K \times 8B$ 的存储器。

字和位扩展设计如图 5-18 所示。图 5-18 中，1#和 2#芯片为一组，3#和 4#芯片为一组，片内 $A_9 \sim A_0$、$\overline{OE}$ 和 $\overline{WE}$ 与系统地址线 $A_9 \sim A_0$、读/写控制线 $\overline{RD}$ 和 $\overline{WR}$ 对应连接。1#和 3#芯片的数据线 $D_3 \sim D_0$ 作为低 4 位，与系统数据线 $D_3 \sim D_0$ 连接；2#和 4#芯片的数据线作为高 4 位，与系统数据线 $D_7 \sim D_4$ 连接；1#和 2#芯片的 $\overline{CE}$ 连在一起，与 2-4 线译码器输出端 $\overline{Y_0}$ 连接；3#和 4#芯片的 $\overline{CE}$ 连在一起，与 2-4 线译码器输出端 $\overline{Y_1}$ 连接；系统的高位地址线 A_{11} 和 A_{10} 作为 2-4 线译码器的输入。当 $A_{11}A_{10}=00$ 时，选择 1#和 2#芯片读/写；当 $A_{11}A_{10}=01$ 时，选择 3#和 4#芯片读/写。地址分配情况如表 5-9 所示。

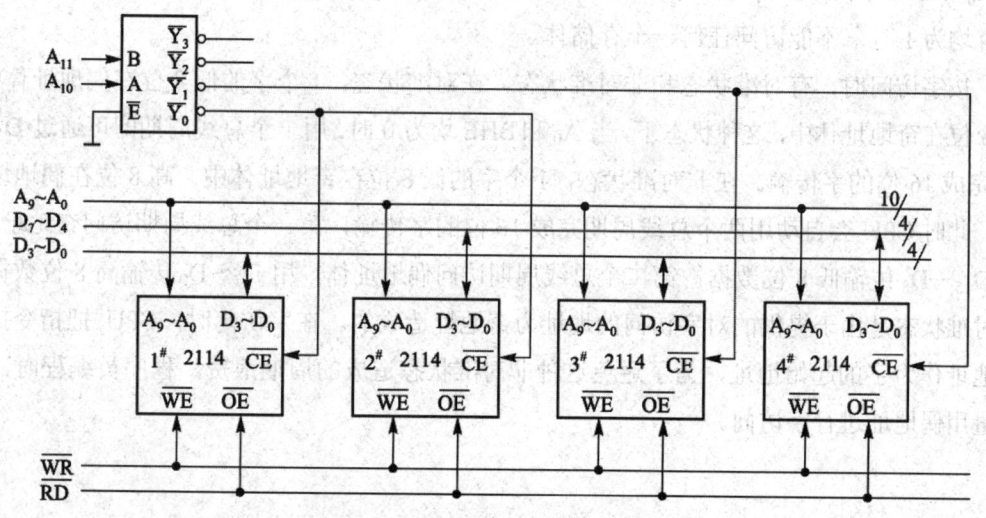

图 5-18 存储器字和位扩展设计

表 5-9 存储器字和位扩展地址分配情况表

芯片号	$A_{11}A_{10}$	$A_9 \sim A_0$	地址范围
	00	0000000000	000H
1#和2#	…	…	…
	00	1111111111	3FFH
	01	0000000000	400H
3#和4#	…	…	…
	01	1111111111	7FFH

可见，无论需要多大容量的存储器系统，均可利用有限的存储器芯片，通过字和位的扩展来构成。

多存储体结构：对于 16 位以上的微型计算机系统，一般将整个地址空间分成若干个以字节为宽度的存储库。例如 8086 的地址总线宽度是 20 位，最大可寻址 1 MB 主存储器空间，起始地址为 00000H，末尾地址为 FFFFFH。由两个 512KB 的存储体组成，一个为奇地址存储体，因为其数据线与数据总线的高 8 位相连，所以也称为高字节存储体；另一个为偶地址存储体，因为其数据线与数据总线的低 8 位相连，所以也叫低字节存储体。两个存储体均和地址线 $A_{19} \sim A_1$ 相连，如图 5-19 所示。

16 位 CPU 对存储器访问时，分为按字节访问和按字访问两种方式。按字节访问时，可只访问奇地址存储体，也可只访问偶地址存储体。

$\overline{BHE}$ 作为存储体选择信号连接奇地址存储体，A0 则作为另一个存储体选择信号连接偶地址存储体，因为每个偶地址的 A_0 为 0。当 $A_0=0$ 且 $\overline{BHE}=1$ 时，按字节访问偶地址体，数据在 D_7—D_0 传输，当 $A_0=1$ 且 $\overline{BHE}=0$ 时，按字节访问奇地址存储体，数据在 D_{15}—D_8 传输；当 A_0 和 $\overline{BHE}$ 两者均为 0 时，按字访问两个存储体，数据在 D_{15}—D_0 上传输；当 A_0 和 $\overline{BHE}$ 两者均为 1 时，不能访问任何一个存储体。

按字访问时，有对准状态和非对准状态。在对准状态，1 个字的低 8 位在偶地址体中，高 8 位在奇地址体中，这种状态下，当 A_0 和 $\overline{BHE}$ 均为 0 时，用 1 个总线周期即可通过 $D_{15} \sim D_0$ 完成 16 位的字传输。在非对准状态，1 个字的低 8 位在奇地址体中，高 8 位在偶地址体中，此时 CPU 会自动用两个总线周期完成 16 位的字传输，第一个总线周期访问奇地址体，用 D_{15}—D_8 传输低 8 位数据，第二个总线周期访问偶地址体，用 $D_7 \sim D_0$ 传输高 8 位数据。非对准状态是由于提供的对字访问的地址为奇地址造成的。在字访问时，CPU 把指令提供的地址作为字的起始地址，为了避免这种非对准状态造成的周期浪费，程序员编程时，应尽量用偶地址进行字访问。

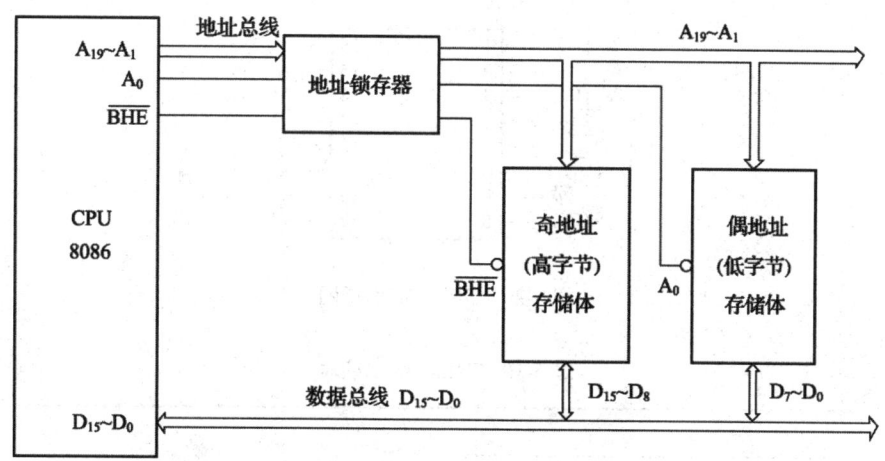

图 5-19 8086 存储体结构

5.4.2 存储器地址译码

1. 存储器与微处理器的接口电路设计

存储器同微处理器相连接时，通常按以下思路考虑电路的设计。

（1）数据线的连接。存储器的数据线同微处理器的数据总线相连，如果总线的数据宽度大于芯片的数据宽度，则要考虑使用多片并联。

（2）地址线的连接。存储器的地址线同微处理器的地址总线相连，例如 $8 \times 8\,KB$ 的存储器有 $A_{12} \sim A_0$ 共 13 条地址线，将两者同名的地址引脚对应相连，实现片内 8 KB 单元的寻址。总线上多余的高位地址线都要参与译码，译码器可以选用 74LS138 等地址译码器、各类门电路或者两者的结合。当地址线较多时译码电路就会变得很复杂，此时最好选用 PLD 器件制作可编程译码器。

地址译码电路是指将地址码转换成相应的控制信号的电路。其作用是将特定的编码输入（地址信号的状态组合）转换成唯一的有效输出。常用于对各种器件的片选端进行控制，选中多个器件中的一个器件进行操作。

存储单元的地址由片内地址信号线和片选信号线的状态共同决定。

常用的片选信号产生方法有三种：线选法、部分译码法和全译码法。

在微机系统中，常采用集成电路芯片 74LS138 作为地址译码器，其引脚信号如图 5-20 所示，功能如表 5-10 所示。

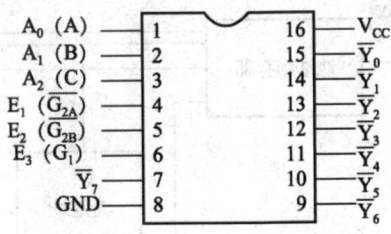

图 5-20　74LS138 引脚图

表 5-10　74LS138 功能表

输入						输出							
使能			选择										
G_1	$\overline{G_{1n}}$	$\overline{G_{2n}}$	C	B	A	$\overline{Y_7}$	$\overline{Y_6}$	$\overline{Y_5}$	$\overline{Y_4}$	$\overline{Y_3}$	$\overline{Y_2}$	$\overline{Y_1}$	$\overline{Y_0}$
0	x	x	x	x	x	1	1	1	1	1	1	1	1
x	1	x	x	x	x	1	1	1	1	1	1	1	1
x	x	1	x	x	x	1	1	1	1	1	1	1	1
1	0	0	0	0	0	1	1	1	1	1	1	1	0
1	0	0	0	0	1	1	1	1	1	1	1	0	1
1	0	0	0	1	0	1	1	1	1	1	0	1	1
1	0	0	0	1	1	1	1	1	1	0	1	1	1
1	0	0	1	0	0	1	1	1	0	1	1	1	1
1	0	0	1	0	1	1	1	0	1	1	1	1	1
1	0	0	1	1	0	1	0	1	1	1	1	1	1
1	0	0	1	1	1	0	1	1	1	1	1	1	1

（3）控制线的连接。同名的控制命令线一般都互连，否则应进行逻辑转换或组合处理后再连接。对于 32 位或 64 位宽的外部数据总线，存储器接口的附加控制信号较多，电路趋于复杂化，幸而任何一台 32 位的 PC 都不需要用户考虑这个接口，当感觉内存不够大时，只需增加内存条数量或更换大容量的内存条即可。

当遇到存储器扩展需要设计存储器接口电路时，关键问题之一是地址译码电路的设计。在通常情况下，考虑地址译码电路时应该顾及总线上的全部地址线，如果忽略高端的地址线而不顾，那么实际效果就等于没有这些地址线，结果是 CPU 的有效存储器空间被压缩。当然，如果系统只需要一个较小的存储器空间，那么丢弃高位地址线反而是一个经济实用的设计方案。

2. 存储器片选信号的产生方法

一个存储体通常由多个存储器芯片组成，CPU 要实现对存储单元的访问，首先要选择存储器芯片，然后再从选中的芯片中依照地址码选择相应的存储单元读/写数据。通常，芯片内部存储单元的地址由 CPU 输出的 n（n 由片内存储容量 2^n 决定）条低位地址线完成选择，而芯片选择信号则是通过 CPU 的高位地址线得到。由此可见，存储单元的地址由片内地址信号线和片选信号线的状态共同决定。下面介绍三种片选信号的产生方法。

（1）线选法。线选法是指用存储器芯片片内寻址线以外的系统高位地址线，作为存储器芯片的片选控制信号。当采用线选法时，作为片选信号的地址线分别连至各芯片（或芯片组）的片选端 $\overline{CE}$，当某个芯片的 $\overline{CE}$ 为低电平时，则该芯片被选中。例如，在例 5.1 中的位扩展和例 5.2 中的字扩展设计中，就是采用了线选法。需要注意的是，用于片选的地址线每次寻址时只能有一位有效，不允许同时有多位有效，这样才能保证每次只选中一个芯片或芯片组。

线选法的优点是选择芯片不需要外加逻辑电路，线路简单；缺点是把地址空间分成了相互隔离的区域，不能充分利用系统的存储空间。所以，这种方法适用于扩展容量较小的系统。另有直接选中法即使芯片的片选端接地（芯片片选端一般为低电平有效），始终处于有效状态，这也是最简单的方法。适合于单个存储芯片的场合。

（2）部分译码法。部分译码法是指用存储器芯片片内寻址以外的系统高位地址的一部分地址线，经过译码电路产生片选信号。例如，在例 5.3 的字和位扩展设计中，假设系统地址线为 $A_{15} \sim A_0$，可扩展最大存储容量为 64 KB，地址范围为 0000H~FFFFH。在本例中只扩展了由 4 个 1×4 KB 的存储器芯片组成 2×8 KB 的存储器，1KB 容量的片内地址线 $A_9 \sim A_0$ 与系统低位地址线 $A_9 \sim A_0$ 对应连接，选择剩余的高位系统地址线中的 A_{11} 和 A_{10} 作为 2-4 线译码器的输入，译码器输出 $\overline{Y_0}$ 接至第一组芯片的片选输入端 $\overline{CE}$，$\overline{Y_1}$ 接至第二组芯片的片选输入端 $\overline{CE}$。在确定芯片地址时，未连接的高位地址线 $A_{15} \sim A_{12}$ 中每一条地址线的状态原则上可以任意选择"0"或"1"，不会影响芯片内部的地址编码。

由于未连接的地址线 $A_{15} \sim A_{12}$ 的状态既可以设为"0"也可以设为"1"，因而使得每组芯片的地址不唯一，可以确定出多组地址，存在地址重叠现象。通常把 $A_{15} \sim A_{12}$ 设为"全0"所确定的一组地址称为基本地址。因此，例 5.3 中图 5-18 所示第一组芯片的基本地址为 0000H~03FFH，第二芯片的基本地址为 0400H~07FFH。

（3）全译码法。全译码法是使存储器芯片片内寻址以外的系统的全部高位地址线都参与地址译码，经译码电路全译码后输出，作为各存储器芯片的片选信号，以实现对存储器芯片的读/写操作。

全译码法的优点是可以使每片（或组）芯片的地址范围不仅是唯一确定的，而且也是连续的，不会产生地址重叠现象，但对译码电路要求较高。

三种译码法的选择依据：在系统中如果不要求提供 CPU 可直接寻址的全部存储单元，则可采用线选法或部分译码法，否则采用全译码法。

5.4.3 存储器的扩展设计举例

进行存储器扩展设计时，通常按下列步骤进行。

（1）根据系统实际装机存储容量，确定存储器在整个存储空间中的位置。

（2）选择合适的存储器芯片，列出地址分配表。

（3）按照地址分配表选用译码器件，画出相应的地址位图，依次确定片选和片内单元的地址线，进而画出片选译码电路。

（4）画出存储器与 CPU 系统总线的连接图。

【例 5.4】为某 8 位机（地址总线为 16 位）设计一个 32 KB 容量的存储器。要求采用 2732 芯片构成 8KB EPROM 区，地址从 0000H 开始；采用 6264 芯片构成 24 KB RAM 区，地址从 2000H 开始。片选信号采用全译码法。

解：第一步，确定实现 24KB RAM 存储体所需要的 RAM 芯片的数量。

因为每片 6264 提供 $2^{13} \times 8$ 位的存储容量，所以实现 24 KB 存储容量所需要的 RAM 芯片数量是

$$\text{RAM 数量} = \frac{24 \times 8}{8 \times 8} = 3 \text{（片）}$$

第二步，确定实现 8KB ROM 存储体所需要的 EPROM 芯片数量。

由于每片 2732 提供 $2^{12} \times 8$ 位的存储容量，所以实现 8KB 存储容量所需要的 EPROM 芯片数量是

$$\text{EPROM 数量} = \frac{8 \times 8}{4 \times 8} = 2 \text{（片）}$$

第三步，存储器芯片片选择信号的产生及电路设计。

采用 74LS138 译码器全译码的方法产生片选信号。存储器地址分配情况如图 5-21 所示。

芯片	片选译码 $A_{15} \sim A_{13}$	片内译码 A_{12}	片内译码 $A_{11} \sim A_0$	地址范围
1#	000	0	00…0	0000H~0FFFH
2#	000	1	11…1	1000H~1FFFH
3#	001		00…0	2000H~3FFFH
4#	010		…	4000H~5FFFH
5#	011		11…1	6000H~7FFFH

图 5-21 存储器地址分配情况

由图 5-21 地址分配情况可知，$A_{12} \sim A_0$ 作为片内地址线，$A_{15} \sim A_{13}$ 作为 3-8 译码器 74LS138 的输入，产生的译码输出 000～011 作为芯片的片选信号。存储器扩展电路如图 5-25 所示。两片 2732 的片内地址 $A_{11} \sim A_0$ 与系统地址线 $A_{11} \sim A_0$ 连接，译码器输出端 $\overline{Y_0}$ 和 A_{12} 经"或门"输出与 1#2732 的 $\overline{CE}$ 连接，A_{12} 反相后和译码器输出端 $\overline{Y_0}$ 经"或门"输出与 2#2732 的 $\overline{CE}$ 连接。三片 6264 的片内地址 $A_{12} \sim A_0$ 与系统地址线 $A_{12} \sim A_0$ 连接，它们的片选 $\overline{CE}$ 分别连接译码器的输出端 $\overline{Y_1}$，$\overline{Y_2}$，$\overline{Y_3}$，系统地址线 $A_{15} \sim A_{13}$ 连接译码器 74LS138 的输入端 A、B、C。

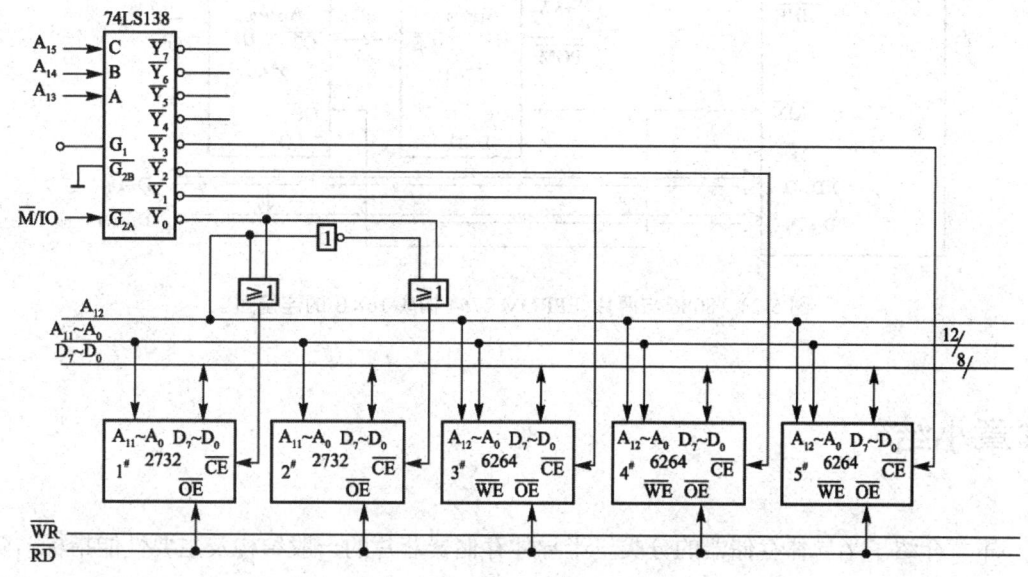

图 5-22 存储器扩展电路

【例 5.5】 8086CPU 与 EPROM 连接。

8086 使用 EPROM2764 构成 16 KB 的存储器，接线图如图 5-23 所示。

EPROM 2764 是 8 KB 的存储芯片，要提供 16 KB 的程序存储器则需要两片。将第一片 U1 存放字的低 8 位，规划成偶存储体；第二片 U2 存放字的高 8 位，规划成奇存储体。为寻址 8 K 字单元，CPU 地址线的 $A_{13} \sim A_1$ 连接两片的片内地址线 $A_{12} \sim A_0$；8086 的其余的高位地址线与 $M/\overline{IO}$ 控制信号结合，用来译码产生片选信号 $\overline{Y_7}$，连接到两片的 $\overline{CS}$ 片选端，$\overline{RD}$ 接到 $\overline{OE}$ 端。由于 CPU 8086 执行程序时是按字取指令或某些固定常数码，两片同时读出，每一组操作都是 16 位，U1 提供低 8 位数据（偶存储体），U2 提供高 8 位数据（奇存储体），因此在连接图中 A_0 与 $\overline{BHE}$ 都没有参与译码。

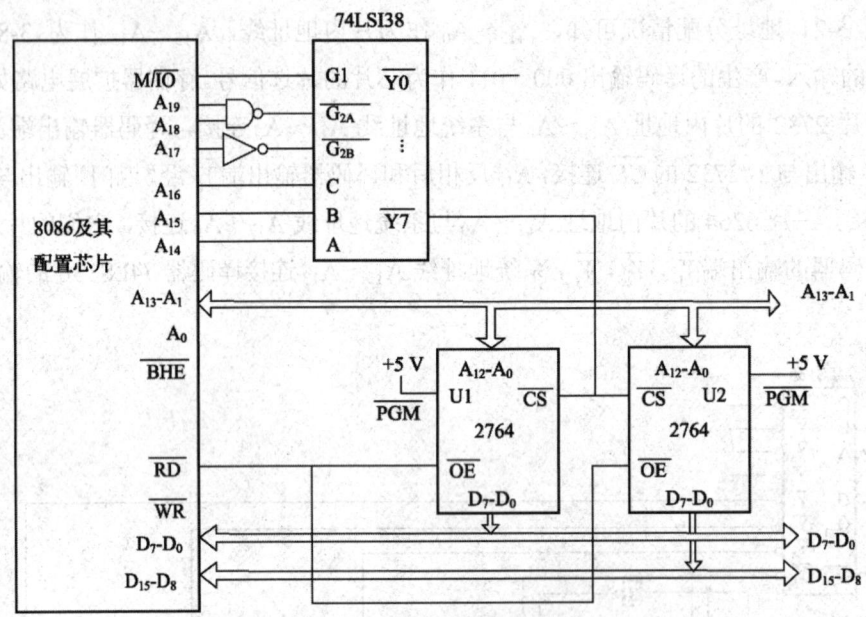

图 5-23 8086 与两片 EPROM 2764 构成 16KB 的连接图

本章小结

本章介绍了半导体存储器的分类、半导体存储器芯片的一般结构及主要性能指标；随机存储器，包括静态随机存储器和动态随机存储器的基本存储单元及典型芯片；只读存储器，包括掩模 ROM、PROM、EPROM、E^2PROM 和 Flash memory 等各种不同类型 ROM 的基本原理及典型芯片；存储器与微处理器的接口技术，存储器位扩展、字扩展和字位扩展三种扩展技术，存储器的地址译码方法及 8086 存储器系统设计。

本章习题

1. 在选择存储器件时，首要考虑的因素是哪些？此外，还要考虑哪些因素？
2. RAM 和 ROM 各有何特点？静态 RAM 和动态 RAM 各有什么特点？
3. 现有 1024×1 位静态 RAM 芯片，欲组成 64K×8B 存储容量的存储器。试求需要多少 RAM 芯片？多少芯片组？多少根片内地址选择线？多少根芯片选择线？
4. 用下列 RAM 组成存储器，各需要多少个 RAM 芯片？地址需要多少位作为片内地址选择端？多少位地址作为芯片选择端？

（1）512×1 位 RAM 组成 16 KB 存储器。

（2）1024×1 位 RAM 组成 64 KB 存储器。

（3）2K×4 位 RAM 组成 64 KB 存储器。

（4）8K×8 位 RAM 组成 64 KB 存储器。

5. 若存储空间首地址为 1000 H，写出存储器容量分别为 1 K×8 B、2 K×8 B、4 K×8 B、8 K×8B 位时所对应的末地址。

6. 用 1 K×8B 的存储芯片组成 2 K×16 B 的存储器，其他地址线的高位与 74LS138 译码器相连接，以产生存储芯片的片选信号。试画出存储器与 CPU 之间的地址线、数据线的连接图，并注明每片存储芯片存储空间范围。

7. 试用 SRAM 6116 芯片（2 K×8B）组成 8 K×8 B 的 RAM，设起始地址为 80000H，用 74LS138 译码，要求画出它与 8086CPU 的连接图。

8. 试用 EPROM 2732 芯片（4 K×8B）组成 16 KB 的只读存储器，地址空间为 A80000H—ABFFFH。用 6264（8 K×8 B）RAM 芯片组成 32 KB 随机存储器，地址空间为 00000H—07FFFH。用 74LS138 译码，画出 CPU 与芯片连接原理图。

9. Intel8086 的微机系统内存由 4K 字（8 KB）的 ROM 和 4 K 字的 RAM 组成，RAM 用 2048×8 位的 6116 存储器芯片构成，地址空间为 FC000H—FDFFFH。ROM 用 2048×8 B 的 EPROM2716 构成，地址空间为 FE000H—FFFFFH。请在图 5-36 的基础上画出存储器与 CPU 对应的连接线图，包括地址线、数据线及指明的控制线，并且写出每一个芯片的地址范围。

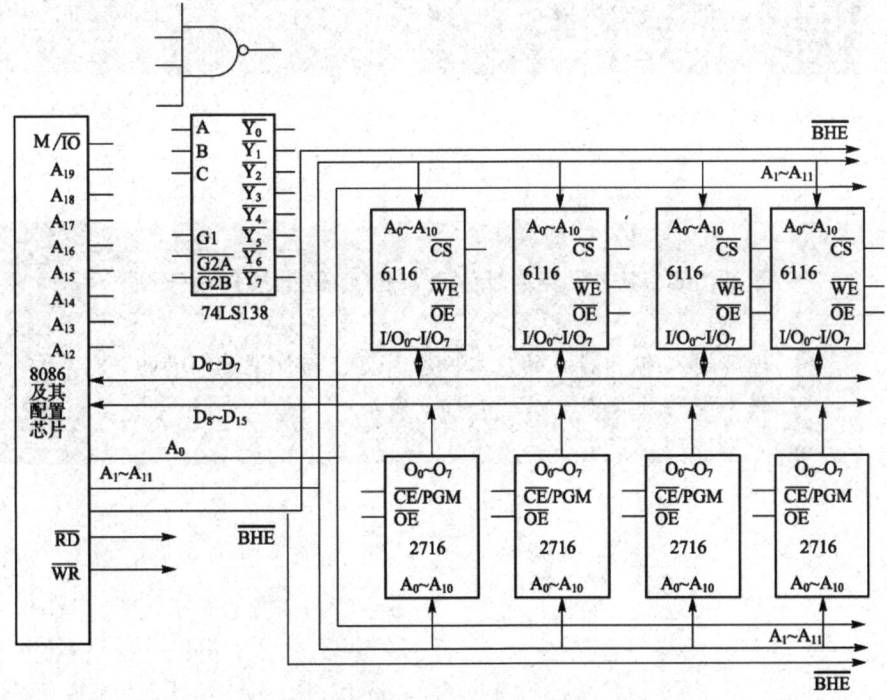

图 5-36　CPU 与内存芯片连接图

第6章

输入输出接口

本章导读

本章主要内容包括I/O接口的基本知识；常用I/O接口芯片介绍；CPU与外设之间的数据传送方式；每种传送方式的特点与实例。

学习目标

➢ 了解 I/O 端口及其编址方式、输入/输出接口的一般结构
➢ 理解输入/输出接口的基本概念、CPU 与外设之间的四种类型的数据传送方式

6.1 I/O 接口概述

输入和输出设备是计算机系统的重要组成部分,完成输入/输出(简称 I/O)操作的部件称为输入/输出接口。各种外部设备通过输入输出接口与系统相连,并在接口电路的支持下实现数据传输和操作控制。如图 6-1 所示,是 I/O 接口在计算机系统中的位置。

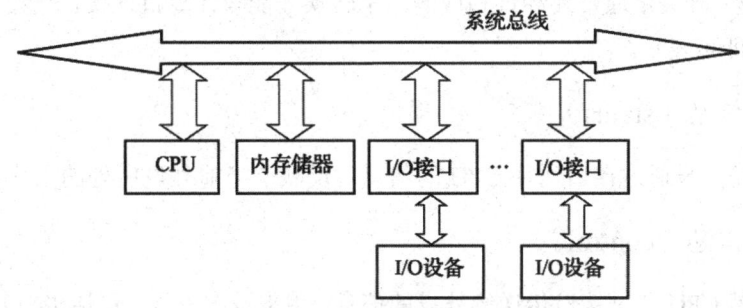

图 6-1 计算机系统中接口的位置

微机与外设是通过总线互连的。输出输入接口(I/O 接口)是将外设连接到总线上的一组逻辑电路的总称,也称之为外设接口。I/O 接口电路介于主机与外部设备之间,在计算机系统中,CPU 要频繁地与外设交换信息,包括数据的输入输出,外设状态信息的读取及 CPU 控制命令的传送等,这些都是通过接口来实现的。

外设种类繁多(有机械式、电动式、电子式等),工作原理各异,涉及的信息类型也不相同(包括数字量、模拟量和开关量等)。因此,CPU 与外设交换信息要解决以下一些问题。

(1) 速度匹配问题。CPU 速度很高,外设速度有高有低。

(2) 信号电平和驱动能力问题。CPU 的信号是 TTL 电平,功率较小,而外设需要的电平范围要宽得多,要求的驱动功率也较大。

(3) 信号形式匹配问题。CPU 只能处理数字信号,而外设的信号形式多种多样,有数字量、开关量、模拟量(如电压、电流),甚至还有非电量。

(4) 信息的格式问题。如外设有的采用并行数据,有的采用串行数据。

(5) 时序匹配问题。CPU 各种操作都在统一的时钟信号作用下完成,各种操作有自己的总线周期,而各种外设也有自己的定时和控制逻辑,大都与 CPU 时序不一致。因此各种外设不能和 CPU 系统总线直接相连。

上述各种问题都由 CPU 和外设间的接口电路解决。

6.1.1 CPU 与 I/O 设备之间的接口信息

CPU 与 I/O 设备要传送的信息一般包括数据信息、状态信息和控制信息三大类。

1. 数据信息（data）

- **数字量**：通常是二进制的数据或是以 ASCII 表示的数据及字符。
- **模拟量**：微机控制系统中的大多数输入信息是现场的连续变化的物理量，计算机不能直接接收和处理这些模拟量，必须经过模/数转换，才能输入计算机，而计算机输出的数字量也必须经过数/模转换后才能去控制执行机构。
- **开关量**：开关量通常要经过相应的电平转换才能与计算机连接，开关量只用一位二进制数即可表示。

2. 状态信息（status）

状态信息是外设通过接口送往 CPU 的信息，反映了当前外设所处的工作状态。

3. 控制信息（control）

控制信息是 CPU 通过接口传送给外设的信息，用来设置外设（包括接口）的工作方式、控制外设的工作等。

6.1.2 I/O 接口的主要功能

I/O 接口电路主要具有以下功能。

1. 地址译码和设备选择

所有外设都通过 I/O 接口挂接在系统总线上，在同一时刻，总线只允许一个外设与 CPU 交换信息，只有通过地址译码被选中的接口与总线相通，也即只有挂接在该接口上的外设才被选中，而其余 I/O 接口呈高阻状态，使挂接在上面的外设与总线隔离。

2. 信息的输入输出

CPU 可通过向接口写入命令，控制 I/O 接口的工作，随时监测与管理 I/O 接口和外设的工作状态，并与外设交换信息。必要时，外设还可通过 I/O 口向 CPU 发出中断请求。

3. 命令、数据、状态的缓冲锁存

CPU 与外设的速度差异很大，为确保信息可靠传送，要使接口电路具有信息缓冲能力。接口既可缓存 CPU 给外设的信息，也可缓存外设送给 CPU 的信息，以实现 CPU 与外设间信息交换的同步。

4. 信息转换

I/O 接口还有实现信息格式变换、电平转换、码制转换、传送管理以及联络控制等功能。

6.1.3 I/O 接口的结构

CPU 和 I/O 接口进行通信是通过接口内部的一组寄存器实现的。这些寄存器称为 I/O 端口（I/O port）。I/O 端口有数据端口、状态端口和命令端口三类。根据需要，一个端口可能仅包括其中的一类或两类端口，当然也可包含全部三类端口（如打印机）。CPU 通过数据端口输入输出数据，从状态端口读入外设当前状态，通过命令端口向外设发控制命令。

I/O 接口的典型结构如图 6-2 所示。

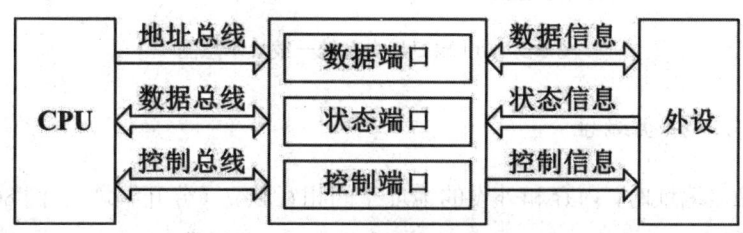

图 6-2 I/O 接口的典型结构

- **数据端口**：用于数据信息 I/O 的端口。CPU 通过数据接收端口输入数据，有的能保存外设发往 CPU 的数据；CPU 通过数据输出端口输出数据，一般能将 CPU 发往外设的数据锁存。
- **状态端口**：CPU 通过状态端口了解外设或接口部件本身的状态。
- **控制端口**：CPU 通过控制端口发出控制命令，以控制接口部件或外设的动作。

6.1.4 输入输出的寻址方式

8088/8086 CPU 最多能管理 64K 个端口（使用地址线 $A_0 \sim A_{15}$）。显然每个端口也必须分配一个地址（称为 I/O 地址）。因为一个外设对应一个或多个端口，因此也将端口地址称为外设地址。端口编址有两种方式。一种是与内存统一编址，另一种是独立编址，下面分别作介绍。

1. I/O 端口与内存统一编址

与内存统一编址即把每一个 I/O 端口当作一个存储单元看待，每一个外设端口占有存储器的一个地址。I/O 端口与内存在同一地址空间编址，也称为存储器映射编址方式，通常在整个地址空间划分出一块连续的地址分配给 I/O 端口，凡被端口占用的地址，存储器不再使用。其示意图如图 6-3 所示。

统一编址的优点是凡访问内存的指令都可用于外设，CPU 对外设的操作可使用全部的存储器操作指令，故指令多，使用方便。

统一编址的缺点是外设占用了一部分内存空间，减少了内存的地址范围，影响内存容量。另外在程序的指令中不易区分是对内存进行操作还是对外设进行操作。从外部设备输入一个数据，作为一次存储器读的操作；而向外部设备输出一个数据，则作为一次存储器写的操作。

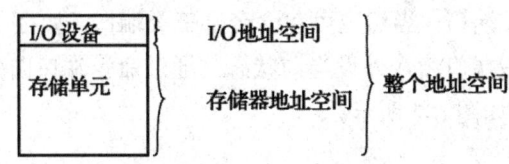

图 6-3　I/O 端口与内存统一编址示意图

2. I/O 端口独立编址

I/O 端口独立编址时，内存和外设的地址空间相互独立（分开编址）。例 8086/8088 系统的内存地址范围为 00000H～FFFFFH，而外设端口的地址范围为 0000F～FFFFH。CPU 在寻找内存和外设时，使用不同的控制信号来区分对内存和外设的操作。当 IO/$\overline{M}$ 信号为 0 和 1 时，分别实现对内存和外设进行操作。指令系统中也有专门的 I/O 指令用于对 I/O 端口进行读写操作，但这些指令的功能较弱，必须通过 CPU 的累加器才能进行输入输出。用地址来区分不同的外设。

I/O 端口独立编址方式在 Intel 公司的 x86 系列 CPU 中被广泛采用，8086/8088 就采用独立编址的方式，其示意图如图 6-4 所示。

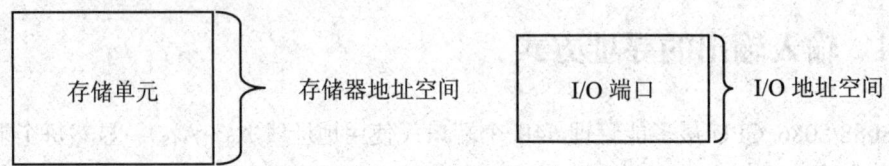

图 6-4　I/O 端口与内存独立编址示意图

注意：实际上是以端口（port）作为地址单元，因为一个外设不仅有数据寄存器还有状态寄存器和控制命令寄存器，它们各需要一个端口才能加以区分，故一个外设往往需要数个端口地址。

独立编址的优点是：I/O 端口不占用存储器地址，故不会减少用户的存储器地址空间；采用单独的 I/O 指令，使程序中 I/O 操作和其他操作层次清晰，便于理解。

独立编址的缺点是：单独 I/O 指令的功能有限，只能对端口数据进行输入/输出操作，不能直接进行移位、比较等其他操作；采用专用的 I/O 操作时序及 I/O 控制信号线，增加了微处理器本身控制逻辑的复杂性。

6.1.5　I/O 端口地址的译码

在执行 I/O 指令时，CPU 首先把所要访问端口的地址放在地址总线上（选中该端口），然后才能对其进行读写操作。将总线上的地址信号转换成某个端口的"使能"（enable）信号，这个过程即为端口地址的译码。微处理器对外部设备进行访问时，对接口的寻址类似于存储器的寻址方式，必须进行两种选择：一是选中所操作的接口芯片，称为片选；二是选中该芯片中的某个寄存器（端口），称为字选。在输入输出技术中，端口地址也是通过地址信号的译码来确定的，只是有几点需要注意：

（1）8088 寻址的内存空间为 1 MB，所以 20 根地址线均要使用。往往高位地址线用于确定芯片的范围，而低位地址线用于片内寻址。而 8088 寻址的 I/O 端口仅为 64 K 个，所以只使用低 16 位地址信号线。对于单一端口的外设，16 位地址线一般全部参与译码，直接选择该外设端口。对具有多个端口的外设，则类同内存，高位地址线参与译码（决定外设基地址），而低位地址线用于确定访问哪一个端口。

（2）当 CPU 工作在最大模式时，对存储器的读写控制信号分别为 $\overline{\text{MEMR}}$ 和 $\overline{\text{MEMW}}$，而对外设端口的读写控制信号分别为 $\overline{\text{IOR}}$ 和 $\overline{\text{IOW}}$。

（3）当 CPU 工作在最小模式时，地址总线上呈现的信号是内存地址还是 I/O 端口地址，取决于 8088 CPU IO/$\overline{\text{M}}$ 引脚的状态。

如同内存地址译码一样，I/O 地址译码的方式也是多种多样的，可用门电路或专门的译码器进行译码，不再赘述。

6.1.6　I/O 数据的传送方式

微机与外设（或其他微机）间通信一般有两种方式，一种为并行方式，另一种为串行方式。

1. 并行传送方式

并行传送方式是在同一时刻传送一个单位的数据，例如：同时发送或接收 8 位或 16 位数据。这种传送方式接口数据通道宽，传送速度快，效率高，但硬件设备造价高，且由于电缆线多，信号线间存在传输时间差异及线间干扰等因素，限制了传输距离，只适合高速度、短距离的场合，如大多数打印机与主机间都以并行方式传输数据（但现也有很多串行打印机）。

2. 串行传送方式

串行传送就是将数据一位一位地传送。这种方式传送速度较慢，但设备简单，需要的传输线少，成本较低，常用于远距离通信。许多异步通信设备均使用这种方式。

6.2 常用 I/O 接口芯片

接口分为输入接口和输出接口两种。

当外设输入数据时，由于外设处理数据的时间一般要比 CPU 长得多，数据在外部总线上保持的时间相对较长，要求输入接口必须有对数据的控制能力，即在外设将数据准备好，CPU 可以读时才将数据送到系统数据总线。通常以一个三态门缓冲器作为输入接口，当其控制端得到有效信号时，三态门导通，外设提供的数据才能输入。当其控制端信号无效时，三态门呈高阻状态，外设与总线脱离，数据总线又可用于其他信息的传送。

当数据输出时，由于外设速度较慢，CPU 输出数据一定要能够保持一段时间，因此要求输出接口具有数据的锁存能力。输出数据经过接口锁存，直至被外设取走。因此输出接口一般由锁存器组成。

在本节中将介绍一些常用的通用接口芯片，并举例说明其使用方法。

6.2.1 锁存器 74LS373

74LS373 是由 8 个 D 触发器组成的具有三态输出和驱动的锁存器。使能端 G 有效时，将输入端（D 端）数据输入锁存器，当输出允许端 $\overline{OE}$ 有效时，将锁存器中的锁存的数据送到输出端 Q；当 $\overline{OE}=1$ 时，输出为高阻态。其内部结构和引脚如图 6-5 所示。

常用的锁存器还有 74LS273，Intel8282 等。

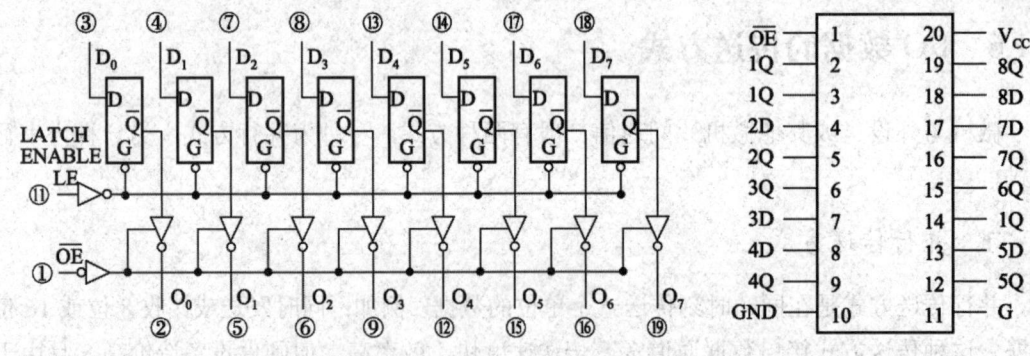

图 6-5 74LS373 内部结构和引脚图

6.2.2 缓冲器 74LS244

缓冲器 74LS244 是一个典型的三态门芯片，其引脚图如图 6-6 所示。由图可知，该芯片由 8 个三态门构成（单向驱动）。芯片有两个控制端 $\overline{1G}$ 和 $\overline{2G}$，各控制 4 个三态门（分两组四个输入 $1A_1$—$1A_4$ 和 $2A_1$—$2A_4$ 与两组四个输出 $1Y_1$—$1Y_4$ 与 $2Y_1$—$2Y_4$）。当控制端有效

（低电平）时，相应的 4 个三态门导通，否则呈高阻状态（断开）。实际使用中，往往将两个控制端并联，使 8 个三态门同时导通或同时断开，以使 8 位数据同时实现输入。

用三态门作输入，要求输入信号的状态能够保持，因为三态门本身没有对信号的锁存能力。常用缓冲器还有 74LS240、74LS241 等。

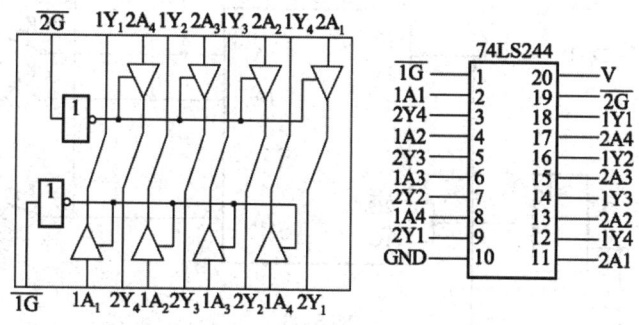

图 6-6　74LS244 内部结构和引脚图

6.3　CPU 与外设之间的数据传送方式

CPU 与外设之间的数据传送方式一般有：程序控制方式、中断方式、直接存储器存取方式和通道控制方式四种。

6.3.1　程序控制方式

采用程序控制方式时，状态和数据的传输由 CPU 执行一系列指令完成。这种方式的数据传送速度较低，传送时要经过 CPU 内部的寄存器，同时数据的输入/输出响应也较慢。

程序控制方式又可分为无条件传送方式和程序查询方式。

1. 无条件传送方式

CPU 不需要了解外设状态，直接与外设传输数据，适用于按钮开关、发光二极管等简单外设与 CPU 的数据传送过程。CPU 在与这种外设进行数据交换时，数据交换与指令的执行是同步的，因此这种方式也被称为同步传送方式。

当 CPU 从外设读数据时，CPU 执行一条 IN 指令，将低 16 位信号组成的端口地址送地址总线，经译码后，选中相应的端口，后在 $\overline{IOR}$=0 期间将数据读入 CPU，输出过程也类似，只是必须在有 $\overline{IOW}$ 效时将数据写入外设。

这种传输方式的特点是硬件电路和程序设计都比较简单，一般用于能够确信外设已经准备就绪的场合。

【例 6.1】硬件如图 6-7 所示,已知地址为 200H 时,$\overline{Y}$ 为低电平。编程不断扫描开关 K_i。当开关闭合时,点亮相应的 LED_i。

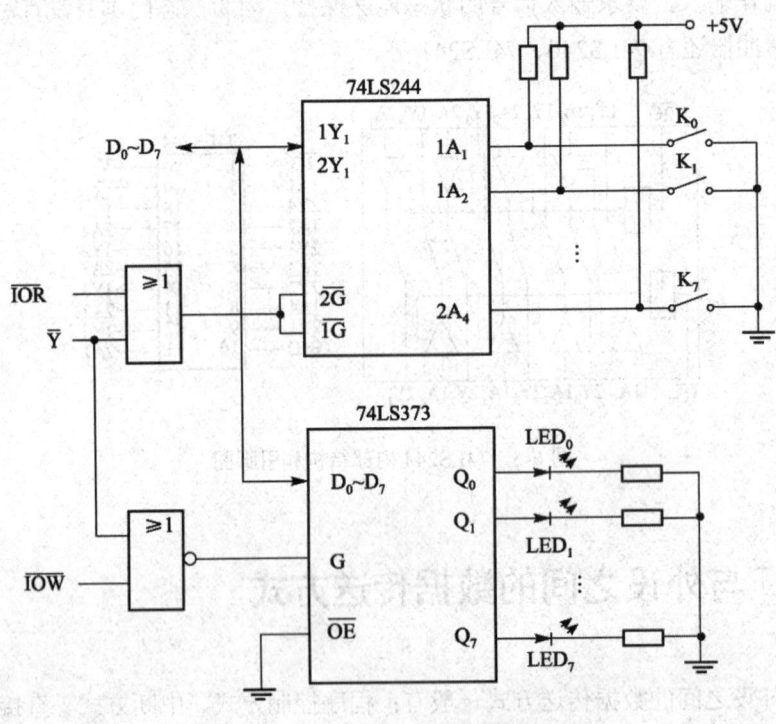

图 6-7 开关控制 LED 灯硬件图

```
CODE    SEGMENT
ASSUME    CS:CODE
MAIN    PROC    FAR
START:  PUSH DS
        MOV AX,0
        PUSH AX
AGAIN:  MOV DX,200H
        IN AL,DX        ;读取开关状态
        NOT AL          ;取反
        OUT DX,AL       ;输出控制 LED
        JMP AGAIN
        RET             ;返回 DOS
MAIN    ENDP
CODE    ENDS
        END    START
```

对于其他类似的简单外设，如继电器、步进电机等，也可采用无条件传送方式。

2. 程序查询方式

也称为条件传输方式，常用于慢速设备与 CPU 交换数据。CPU 与外设传输数据之前，先检查外设状态，如果外设处于"准备好"状态（输入设备）或"空闲"状态（输出设备），才可以传输数据，否则 CPU 就等待。为此，接口电路中除了数据端口外，还必须有状态端口。

程序查询方式的一般过程如下。

（1）CPU 从接口中读取状态字。

（2）CPU 检测状态字的相应位，是否满足"就绪"条件，如不满足，则转（1）。

（3）如状态位表明外设已处于"就绪"条件，则传输数据。

例：从终端往缓冲器输入 1 行字符，当遇到回车符（0DH）或超过 81 个字符时，输入结束，并自动加上一个换行符（0AH）。如果在输入的 81 个字符中没有回车符，则在终端上输出信息"BUFFER OVERFLOW"。设终端接口的数据输入端口地址为 32 H，数据输出端口地址为 34 H，状态端口地址为 36H。状态寄存器的 $D_1=1$，表示输入缓冲器已准备好数据，CPU 可读取数据，状态寄存器的 $D_0=1$，表示输出缓冲器已空，CPU 可往终端输出数据，终端接口电路具有根据相应操作对状态寄存器自动置 1 和清 0 功能。具体程序如下：

```
DATA SEGMENT
    MESS DB 'BUFFER OVERFLOW',0DH,0AH
    BUFFER DB 82 DUP(?)
DATA ENDS
CODE SEGMENT
    ASSUME CS:CODE,DS:DATA
START:MOV AX,DATA
    MOV DS,AX
    LEI SI,BUFFER
    MOV CX,81
INPUT:IN AL,36H         ;读状态端口
    TEST AL,02H         ;测输入状态 D₁ 位
    JZ INPUT            ;未"准备好"转
    IN AL,32H
    MOV [SI],AL         ;读取输入字符
    INC SI
    CMP AL,0DH          ;输入字符未回车否？
    LOOPNE INPUT        ;不是回车且接收字符个数未超过 81，转 INPUT
    JNE OVERFLOW        ;不是回车且接收字符个数超过 81，转 OVERFLOW
```

```
            MOV AL,0AH              ;是回车切接收字符个数≤81,存换行符
            MOV [SI],AL
            JMP EXIT                ;转程序结束处理
 OVERFLOW:  MOV CX,17               ;初始化输出字符个数
            LEA SI,MESS             ;初始化显示字符串首地址
 OUTPUT:IN AL,36H                   ;读状态端口
            TEST AL,01H             ;测输出状态 D0 位
            JZ OUTPUT               ;输出缓冲器未空,转 OUTPUT
            MOV AL,[SI]             ;取出输出字符
            INC SI
            OUT 34H,AL              ;输出字符
            LOOP OUTPUT
 EXIT:MOV AH,4CH                    ;返回 DOS
         INT 21H
 CODE ENDS
 END START
```

由上面的例子可以看出,查询传送方式比无条件传送方式要可靠,因此使用的场合也比较多,但是查询方式也存在一些不足。比如:在进行数据传送时,CPU 要不断读取状态字和检测状态字,若外设没有准备好,则 CPU 必须等待,这样就占用了 CPU 大量的工作时间。另外,如果一个系统有多个外设时,CPU 会对各外设逐个进行查询,而这些外设的速度往往各不相同,这样 CPU 就不能很好地满足各个外设随机对 CPU 提出的输入/输出服务要求,数据传送的实时性较差,对实时性要求较高的外设来说,可能会丢失数据。其解决办法是采用中断方式。

6.3.2 中断方式

不让 CPU 主动去查询外设的状态,而是在外设需要进行数据传送时,向 CPU 发出中断请求,CPU 在接到中断请求后,并在条件允许的前提下,则暂停(即中断)正在执行的程序而转去对外设服务,在服务结束后又回到原来被中断的地方继续执行原程序,从而提高了 CPU 的效率。需要指出的是在响应中断前,必须将返回地址和程序运行状态保护好(即断点保护和现场保护),以保证正确返回及继续执行主程序。这样,CPU 在没接到外设通知前只管做自己的事情,只有接到通知时才执行与外设的数据传输工作,从而大大提高 CPU 的利用率。有关中断的概念、工作原理及中断源的分类等问题详见第 8 章。

6.3.3 直接存储器存取（DMA）方式

上述三种数据传送方式均需通过 CPU 执行程序来实现，故统称为程序控制输入输出方式（programmed input and output，PIO）。

采用中断方式传送数据，虽大大提高了 CPU 的利用率，但每进行一次数据传送都要进行断点保护和现场保护，再考虑中断服务程序的执行，通常传送一个字节需几十到几百μs，约每秒移几十 K 字节，这对于一些高速外设及在批量数据交换时（如磁盘与内存的数据交换）仍不能满足要求。在高速数据传送的场合，希望外设不通过 CPU 而直接与存储器进行信息交换，这就是直接存储器存取（DMA）方式，即通过特殊的硬件电路来控制存储器与外设直接进行数据传送，在此方式下，CPU 交出总线控制权，由 DMA 控制器来控制（如 IO/$\overline{M}$、$\overline{RD}$、$\overline{WR}$ 等），进行数据传送，典型的 DMA 控制器为 Intel 公司的 8237，传输速度可达 1.5 MB/s。

DMA 方式就是在系统中建立一种机制，将外设与内存间建立起直接的通道，CPU 不再直接参加外设与内存间的数据传输，而是在系统需要进行 DMA 传输时，将 CPU 对地址总线、数据总线及控制总线的管理权交由 DMA 控制器进行控制。当完成一次 DMA 数据传输后，再将这个控制权还给 CPU。

DMA 方式由硬件自动实现的，并不需要程序进行控制。DMAC（称为 DMA 控制器）芯片来完成相关工作，如内存地址的修改、字节长度的控制。当 CPU 放弃数据总线、地址总线及控制总线的控制权时，由 DMAC 实现外设和内存间的数据交换，同时也包括与 CPU 之间必要的连接。

1. DMA 控制器功能

DMA 控制器功能如下。

（1）收到接口发出的 DMA 请求后，DMA 控制器要向 CPU 发出总线请求信号 HOLD（高电平有效），让 CPU 放弃总线控制权。

（2）当 CPU 响应后发出响应信号 HLDA（高电平有效），此时 DMA 控制器接管总线控制权，实现对总线控制。

（3）能向地址总线发出内存地址信息，寻址相应单元并还能自动修改其地址计数器。

（4）能向存储器和外设发出读写命令。

（5）能决定传送的字节数，并判断传送是否结束。

（6）在传送结束后，能向 CPU 发出 DMA 结束信号，将总线控制权交给 CPU。

2. DMA 控制器的工作过程

DMA 的工作过程如下。

（1）当外设准备好，外设向 DMA 控制器发出 DMA 请求信号（DRQ）。

（2）DMA 控制器收到请求后，向 CPU 发出"总线请求"信号 HOLD。

（3）CPU 在完成当前总线周期后立即作出响应。一是 CPU 使数据总线、地址总线及相应的控制总线均置为高阻状态，放弃对总线的控制权；二是 CPU 向 DMA 控制器发出"总线响应"信号（HLDA）。

（4）DMA 控制器收到 HLDA 信号后，开始控制总线，并向外设发出 DMA 响应信号 DACK。

（5）DMA 控制器送出地址信号和相应的控制信号，实现外设与内存（或内存与内存）之间的直接数据传送。如在地址总线上发出存储器地址，向存储发出写信号 $\overline{\text{MEMW}}$，同时向外设发出 I/O 地址，控制信号 $\overline{\text{IOR}}$ 和 AEN（地址允许信号，利用该信号，DMA 控制器将地址送到系统地址总线上，并禁止其他系统驱动器使用系统总线），即可从外设向内存传送一个字节的数据。

（6）DMA 控制器自动修改地址和字节计数器，重复传送操作，直至规定的数据传送完毕，DMA 控制器撤销发往 CPU 的 HOLD 信号，CPU 检测到后，随即撤销 HLDA 信号，在下一个时钟周期开始重新控制总线，继续执行原来的任务。

这里着重要说明的是：

（1）在 DMA 传送前，CPU 必须指明 DMA 控制器传送是在哪两个部件之间进行，传送的内存首址及传送的字节数。

（2）在外设和内存间进行 DMA 传送时，DMA 控制器只负责送出地址及控制信号，数据传送直接在外设接口和内存间进行。不经过 DMA 控制器，而当在内存与内存间进行 DMA 传送时，先用一个 DMA 存储器读周期将数据由内存读出，放在 DMA 控制器内部的数据寄存器中，后再利用一个存储器写周期将读数据写到内存的另一个区域。

6.3.4 通道控制方式

在大、中型计算机系统中，配置的 I/O 设备很多，输入输出操作十分频繁，如果仅用 DMA 控制器，则需要 CPU 不断地对各个 DMA 控制器进行设置，影响 CPU 的正常工作。

将 DMA 控制器的功能增强，使其能够按 CPU 的意图自行设置操作方式，控制数据传送。于是，DMA 控制器发展成了通道控制器。

1. I/O 通道（I/O channel）

早期的"通道"是由一些简单的、主要用于数据输入输出的 CPU 构成，可配置简单的输入输出程序。

主 CPU 只需使用简单的通道命令启动通道，二者即可并行工作。输入输出程序可以在主存中，也可以在通道的局部存储器中。主 CPU 一旦启动通道工作，通道控制器即从主存或通道存储器中取出相应的程序，控制数据的输入输出。

2. I/O 处理器（IOP）

通道控制器发展成 I/O 处理器（I/O processor），也称为 I/O 处理机。主要由一个进行 I/O 操作的 CPU、内部寄存器、局部存储器和设备控制器组成。在一个通道处理器中可有多个通道，分别与多个设备控制器连接；而一个设备控制器可控制多台外设工作。在实际使用中，I/O 处理器与主 CPU 构成多处理器（或称多处理机）系统，相互并行工作。

3. 外围处理机（PPU）

I/O 处理器的功能不断增强，又出现了外围处理机 PPU（peripheral processor unit）。

除了完成 I/O 通道所要完成的 I/O 控制之外，还增强了路由选择、数码转换、格式处理、数据块检错/纠错等功能。它的算术逻辑处理功能增强，缓冲寄存器增多，基本上独立于主机完成所有的输入输出操作。

本章小结

本章主要介绍了 I/O 接口的功能、CPU 与外设之间传送信息的种类；I/O 端口及其两种编址方式；两种常用接口芯片，锁存器 74LS373 和缓冲器 74LS244 的功能和使用方法；CPU 与外设传送数据的四种方式：程序控制方式、中断方式、直接存储器存取方式、通道控制方式，四种方式的特点和实例说明。

本章习题

1. 接口有哪些功能？
2. 一般的 I/O 接口电路安排有哪三类寄存器？它们各自的作用是什么？
3. 接口与外设之间设置联络信号的目的是什么？
4. 用门电路设计针对 2FCH 的端口地址译码电路。
5. 用一片 74LS138 译码器设计译码电路，产生两个译码输出，一个寻址 288H-28BH，另一个寻址 28CH—293H。
6. 数据口地址为 FFE0H，状态口地址为 FFE2H，当状态标志 D_0=1 时输入数据就绪，编写查询方式进行数据传送程序，读入 100 个字节，写到 2000 H：2000 H 开始的内存中。
7. 某字符输出设备，其数据端口和状态端口的地址均为 80H。在读取状态时，当标志位 D_7 为 0 时表明该设备空闲，可以接收一个字符。请编写采用查询方式进行数据传送的程序段，要求将存放于符号地址 ADDR 处的一串字符（以$为结束标志）输出给该设备。

8．用 74LS273 和 74LS244 设计一个接口电路及其控制程序：将 8 个理想开关输入的 8 位无符号二进制数，在发光二极管上显示出来。

第 7 章
可编程接口芯片

本章导读

本章内容主要介绍几个常用的接口功能，比如：定时/计数、并口输入/输出、串行通信等功能，掌握这些常用接口编程计数。通过了解这些接口电路的原理，掌握接口电路的工作方式，通过软件对寄存器进行适当编程设置，实现某种所需功能。

学习目标

➢ 理解 8255A、8253、8251 的组成与接口信号、工作方式与控制字
➢ 掌握本章所介绍的常用可编程接口芯片的应用实例及编程方法，并能够在实践中灵活应用

现代微型计算机系统中，接口电路通常被集成在单一的芯片上，通过编程方法可以设定其工作方式，以适应不同的应用要求，这种接口芯片被称为可编程接口芯片。

上一章介绍了一些简单的接口电路芯片，这些只适用一些较为简单的外设，难以满足复杂的应用控制系统的要求。随着超大规模集成电路技术的不断发展，已有各种通用和专用的接口芯片问世。本章介绍几种常用的可编程数字量 I/O 接口芯片：可编程并行接口芯片 8255A；可编程定时器/计数器 8253；可编程串行通信接口芯片 8251A。

CPU 与外部设备之间交换信息是通过接口电路来实现的，接口成为信息交换的必经通道，起"桥梁"作用，没有接口，计算机无法与外设进行通信。

接口要完成信息缓冲、信息变换、电平转换、数据存取和传送，以及联络和控制等工作。这部分工作分别由前面几章介绍过的接口电路的两大部分，即计算机连接的总线接口和与外设连接的外设接口来实现。总线接口一般包括内部寄存器、存取逻辑和传送控制逻辑电路等，主要负责数据缓冲、传输管理等工作；而外设接口则负责与外设通信时的联络和控制以及电平和信息变换等，总线接口在第 2 章中已介绍，本章主要介绍各种外设接口。

接口电路从总的功能来分可分为输入接口和输出接口，分别完成信息的输入和输出，从传送方式上，又可分为并行接口和串行接口。另外从传送信息类型上又可分为数字量输入输出接口和模拟量输入输出接口，本章主要介绍一些典型的用于数字信息传送的 I/O 接口芯片。

接口芯片包括两部分，一部分负责和计算机系统总线连接，另一部分负责和外设连接，负责与系统总线相连的包括数据信号线、地址信号线和控制信号线。数据线除实现数据的接收和发送外，还要负责传送 CPU 发给接口的编程命令及接口送出的状态信息。控制信号主要是读/写控制信号，接口的读/写控制信号应分别与系统读写外设的信号 $\overline{IOR}$ 和 $\overline{IOW}$ 相连，地址信号一般通过译码电路连接到接口的片选端，从而确定接口所占的地址（或一个地址范围）。

7.1 可编程并行接口芯片 8255A

8255A 是 Intel 公司生产的可编程并行 I/O 接口芯片，有 3 个 8 位并行 I/O 口，共 24 位，其各端口工作方式由软件编程设定。8255A 是应用最广泛的可编程并行接口（一个字符的各数位用几条线同时进行传输）芯片，使用方便，通用性强。

7.2.1 8255A 的内部结构及引脚功能

1. 8255A 的内部结构

8255A 由数据总线缓冲器,数据端口 A、端口 B 和端口 C,A 组和 B 组控制电路和读/写控制逻辑四部分组成。8255A 内部结构如图 7-1 所示。

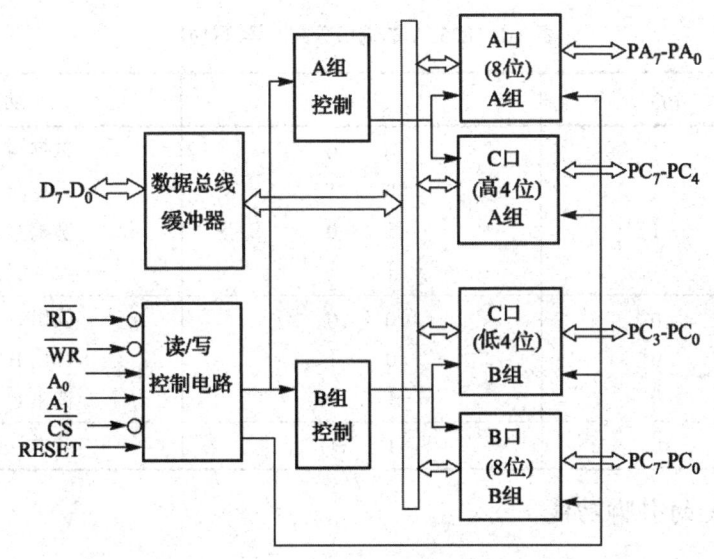

图 7-1 8255A 内部结构框图

(1) 与 CPU 的接口电路。与 CPU 的接口电路由数据总线缓冲器和读/写控制逻辑组成。

数据总线缓冲器是一个三态、双向 8 位寄存器,8 条数据线 $D_7 \sim D_0$ 与系统数据总线连接,构成 CPU 与 8255A 之间信息传送的通道,CPU 通过执行输出指令向 8255A 写入控制命令或往外设传送数据,通过执行输入指令读取外设输入的数据。

读/写控制逻辑电路用来接收 CPU 系统总线的读信号 $\overline{RD}$,写信号 $\overline{WR}$,片选择信号 $\overline{CS}$,端口选择信号 A_1,A_0 和复位信号 RESET,用于控制 8255A 内部寄存器的读/写操作和复位操作。

(2) 内部控制逻辑电路。内部控制逻辑包括 A 组控制与 B 组控制两部分。

A 组控制寄存器用来控制 A 口 $PA_7 \sim PA_0$ 和 C 口的高 4 位 PC7~PC4 的工作方式和读写操作。

B 组控制寄存器用来控制 B 口 $PB_7 \sim PB_0$ 和 C 口的低 4 位 $PC_3 \sim PC_0$ 的工作方式和读写操作。

它们接收 CPU 发送来的控制命令,并据此决定两组端口的工作方式和读写操作,对 A,B,C 3 个端口的输入/输出方式进行控制。

(3) 输入/输出接口电路。8255A 片内有 A、B、C 3 个 8 位并行端口,A 口和 B 口分别有 1 个 8 位的数据输出锁存/缓冲器和 1 个 8 位数据输入锁存器，C 口有 1 个 8 位数据输出锁存/缓冲器和 1 个 8 位数据输入缓冲器，用于存放 CPU 与外部设备交换的数据。

对于 8255A 的 3 个数据端口和 1 个控制端口，数据端口既可以写入数据又可以读出数据，控制端口只能写入命令而不能读出，读/写控制信号（$\overline{RD}$，$\overline{WR}$）和端口选择信号（$\overline{CS}$，A_1 和 A_0）的状态组合可以实现 A、B、C 3 个端口和控制端口的读/写操作。8255A 的端口分配及读/写功能如表 7-1 所示。

表 7-1 8255A 的端口分配及读/写功能

$\overline{CS}$	$\overline{WR}$	$\overline{RD}$	A_1	A_0	功能
0	0	1	0	0	数据写入 A 口
0	0	1	0	1	数据写入 B 口
0	0	1	1	0	数据写入 C 口
0	0	1	1	1	命令写入控制寄存器
0	1	0	0	0	读出 A 口数据
0	1	0	0	1	读出 B 口数据
0	1	0	1	0	读出 C 口数据
0	1	0	1	1	非法操作

2. 8255A 的引脚功能

8255A 是 40 个引脚双列直插式芯片，有三个可存取数据的端口，分别是 A 口、B 口、C 口，可以通过编程来设置其工作方式；有一个控制端口，可以通控制端口设置 8255A 数据端口的工作方式。8255A 引脚如图 7-2 所示。

（1）和外设连接的信号

① $PA_7 \sim PA_0$（port A）：A 口输入/输出信号线。

② $PB_7 \sim PB_0$（port B）：B 口输入/输出信号线。

③ $PC_7 \sim PC_0$（port C）：C 口输入/输出信号线。

（2）和 CPU 连接的信号

① $D_7 \sim D_0$（data bus）：三态、双向数据线，与 CPU 数据总线连接，用来传送数据。

② $\overline{CS}$（chip select）：片选信号线，低电平有效时，芯片被选中。

③ A_1，A_0（port address）：地址线，用来选择内部端口。

④ $\overline{RD}$（read）：读出信号线，低电平有效时，允许数据读出。

⑤ $\overline{WR}$（write）：写入信号线，低电平有效时，允许数据写入。

⑥ RESET（reset）：复位信号线，高电平有效时，将所有内部寄存器（包括控制寄存器）清 0。

⑦ VCC：+5 V 电源。GND：电源地线。

第 7 章　可编程接口芯片

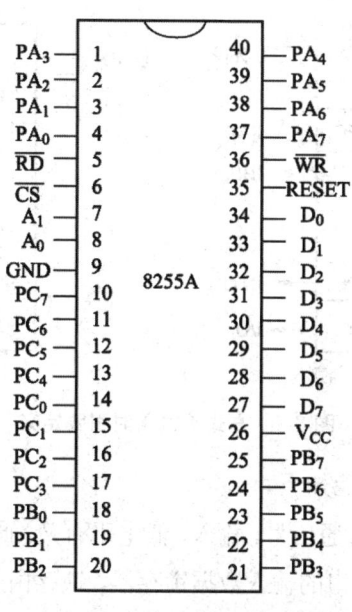

图 7-2　8255A 引脚

7.2.2　8255A 的工作方式

8255A 有三种工作方式：基本输入/输出方式（方式 0）、单向选通输入/输出方式（方式 1）和双向选通输入/输出方式（方式 2）。

A 口可工作于方式 0、方式 1、方式 2；B 口可工作于方式 0、方式 1；C 口只能工作于方式 0。

1. 方式 0——基本输入输出（basic input/output）

在方式 0 下，每一个端口都作为基本的输入或输出口，端口 C 口的高 4 位和低 4 位以及端口 A 口、端口 B 都可独立地设置为输入口或输出口。CPU 可采用无条件传输方式与 8255A 交换数据。

2. 方式 1——单向选通输入输出（strobe input/output）

三个数据端口分为 A、B 两组，分别称为 A 组控制和 B 组控制。端口 A 和端口 B 仍作为数据的输入或输出口，端口 C 作为联络控制信号，被分成两部分，一部分作为端口 A 和端口 B 的联络信号，另一部分仍可作为基本的输入输出口。方式 1 是一种带选通信号的单方向输入/输出工作方式，其特点是：与外设传送数据时，需要联络信号进行协调，允许用查询或中断方式传送数据。

（1）方式 1 的输入。方式 1 输入时引脚定义如图 7-3 所示。

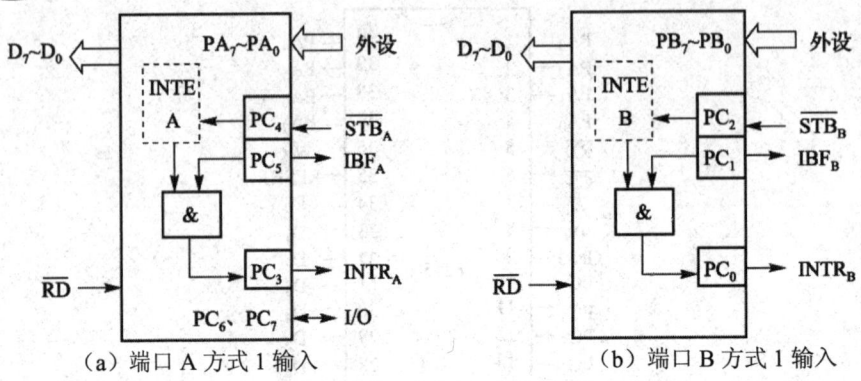

(a) 端口 A 方式 1 输入　　　　　　(b) 端口 B 方式 1 输入

图 7-3　方式 1 输入时引脚定义

方式 1 输入联络信号的功能如下。

- $\overline{STB}$（strobe input）：选通信号，输入，低电平有效。此信号由外设产生输入，当 $\overline{STB}$ 有效时，选通 A 口或 B 口的输入数据锁存器，锁存由外设输入的数据，供 CPU 读取。
- IBF（input buffer full）：输入缓冲器满信号，输出，高电平有效。当 A 口或 B 口的输入数据锁存器接收到外设输入的数据时，IBF 变为高电平，作为对外设 $\overline{STB}$ 的响应信号，CPU 读取数据后 IBF 被清除。
- INTR：中断请求信号，输出，高电平有效，用于请求以中断方式传送数据。

为了能实现用中断方式传送数据，在 8255A 内部设有一个中断允许触发器 INTE，当触发器为"1"时允许中断，为"0"时禁止中断。A 口的触发器由 PC4 置位或复位，B 口的触发器由 PC2 置位或复位。

当外设的数据准备就绪后，向 8255A 发送 $\overline{STB}$ 信号以便锁存输入的数据，$\overline{STB}$ 的宽度至少为 500 ns，在 $\overline{STB}$ 有效之后的约 300 ns，IBF 变为高电平，并一直保持到 $\overline{RD}$ 信号由低电平变为高电平，待 CPU 读取数据后约 300 ns 变为低电平，表示一次数据传送结束。INTR 是在中断允许触发器 INTE 为 1，且 IBF 为 1（8255A 接收到数据）的条件下，在 $\overline{STB}$ 后沿（由低变高）之后约 300 ns 变为高电平，用以向 CPU 发出中断请求，待 $\overline{RD}$ 变为低电平后约 400 ns，INTR 被撤销。方式 1 输入时工作时序如图 7-4 所示。

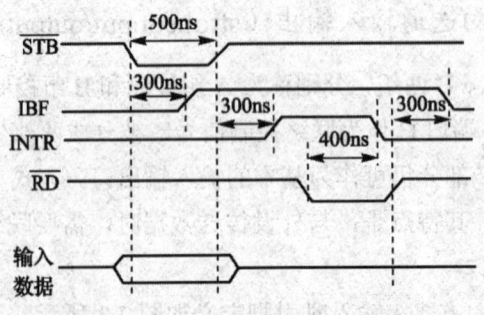

图 7-4　方式 1 输入时工作时序图

(2)方式 1 输出。方式 1 输出时引脚定义如图 7-5 所示。

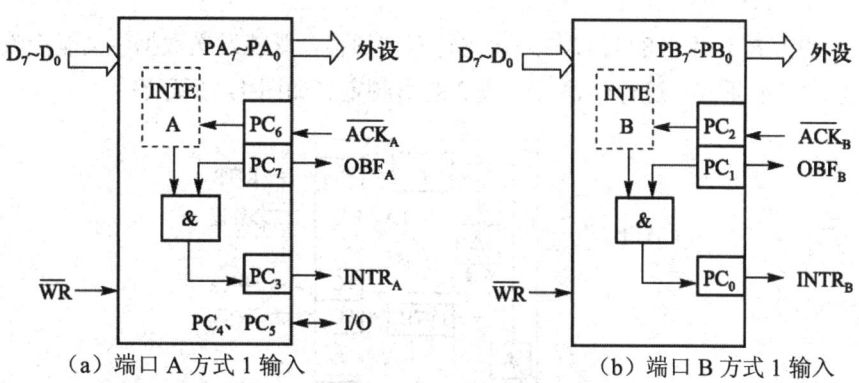

(a)端口 A 方式 1 输入　　　　　　　　(b)端口 B 方式 1 输入

图 7-5　方式 1 输出时引脚定义

方式 1 输出联络信号的功能如下。

- $\overline{OBF}$（output buffer full）：输出缓冲器满指示信号,输出,低电平有效。$\overline{OBF}$ 信号由 8255 A 发送给外设,当 CPU 将数据写入数据端口时,$\overline{OBF}$ 变为低电平,用于通知外设读取数据端口中的数据。
- $\overline{ACK}$（acknowledge input）：应答信号,输入,低电平有效。$\overline{ACK}$ 信号由外设发送给 8255A,作为对 $\overline{OBF}$ 信号的响应信号,表示输出的数据已经被外设接收,同时清除 $\overline{OBF}$ 信号。

INTR：中断请求信号,输出,高电平有效。用于请求以中断方式传送数据。

方式 1 数据输出工作时序如图 7-6 所示。当 CPU 向 8255A 写入数据时,$\overline{WR}$ 信号上升沿后约 650ns,$\overline{OBF}$ 有效,发送给外设,作为外设接收数据的选通信号。当外设接收到送来的数据后,向 8255A 回送 $\overline{ACK}$ 信号,作为对 $\overline{OBF}$ 信号的应答。$\overline{ACK}$ 信号有效之后约 350ns,$\overline{OBF}$ 变为无效,表明一次数据传送结束。INTR 信号在中断允许触发器 INTE 为 1 且 $\overline{ACK}$ 信号无效之后约 350 ns 变为高电平。

若用中断方式传送数据时,通常把 INTR 连到 8259 A 的请求输入端 IR_i。

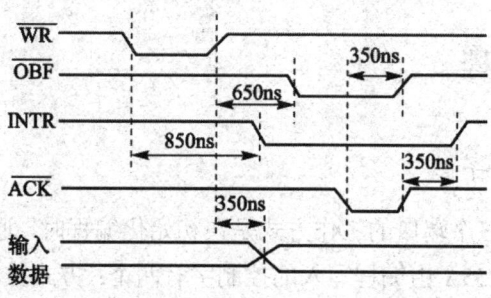

图 7-6　方式 1 输出时工作时序

3. 方式 2——双向选通输入输出（bi-directional bus）

端口 A 的方式 2 可使 8255A 与外设进行双向通信，既能发送数据，又能接收数据。可采用查询方式和中断方式进行传输。方式 2 的引脚定义如图 7-7 所示。

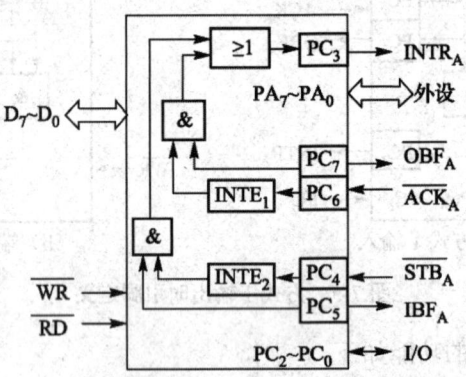

图 7-7　方式 2 的引脚定义

当端口 A 方式 2 和端口 B 方式 1 时，端口 C 各位的功能如图所示，$PC_7 \sim PC_3$ 作为端口 A 的联络信号，$PC_2 \sim PC_0$ 作为端口 B 的联络信号。

当端口 A 工作于方式 2，端口 B 工作于方式 0 时，$PC_7 \sim PC_3$ 作为端口 A 的联络信号，$PC_2 \sim PC_0$ 可工作于方式 0。

$PA_7 \sim PA_0$ 为双方向数据端口，既可以输入数据又可以输出数据。

C 口的 $PC_7 \sim PC_3$ 定义为 A 口的联络信号线，其中 PC_4 和 PC_5 作为数据输入时的联络信号线，PC_4 定义为输入选通信号 $\overline{STB}$，PC5 定义为输入缓冲器满 IBFA；PC_6 和 PC_7 作为数据输出时的联络信号线，PC_7 定义为输出缓冲器满 $\overline{OBF}$，PC_6 定义为输出应答信号 $\overline{ACK}$；PC_3 定义为中断请求信号 INTRA。

需要注意的是：输入和输出公用一个中断请求线 PC_3，但中断允许触发器有两个，即输入中断允许触发器为 INTE2，由 PC_4 写入设置，输出中断允许触发器为 INTE1，由 PC_6 写入设置，剩余的 $PC_2 \sim PC_0$ 仍可以作为基本 I/O 线，工作在方式 0。

7.2.3　8255A 的编程

1. 8255A 的控制字

8255A 的 A、B、C 三个端口的工作方式是在初始化编程时，通过向 8255A 的控制端口写入控制字来设定的。8255A 由编程写入的控制字有两个：方式控制字和置位/复位控制字。

方式控制字用于设置端口 A、B、C 的工作方式和数据传送方向；置位/复位控制字用于设置 C 口的 $PC_7 \sim PC_0$ 中某一条口线 PC_i（i=0～7）的电平。两个控制字公用一个端口地址，由控制字的最高位作为区分这两个控制字的标志位。

（1）方式选择控制字。8255A 方式选择控制字如图 7-8 所示。

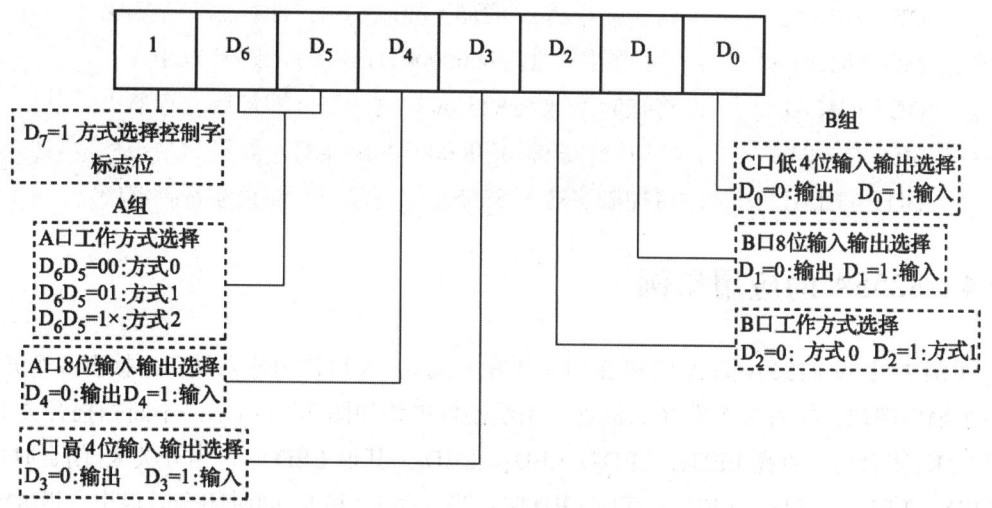

图 7-8 8255A 方式选择控制字

例如，将 8255A 的 A 口设定为工作方式 0 输入，B 口设定为工作方式 1 输出，C 口没有定义，工作方式控制字为 10010100B。

（2）端口 C 置位/复位控制字。端口 C 置位/复位控制字如图 7-9 所示。

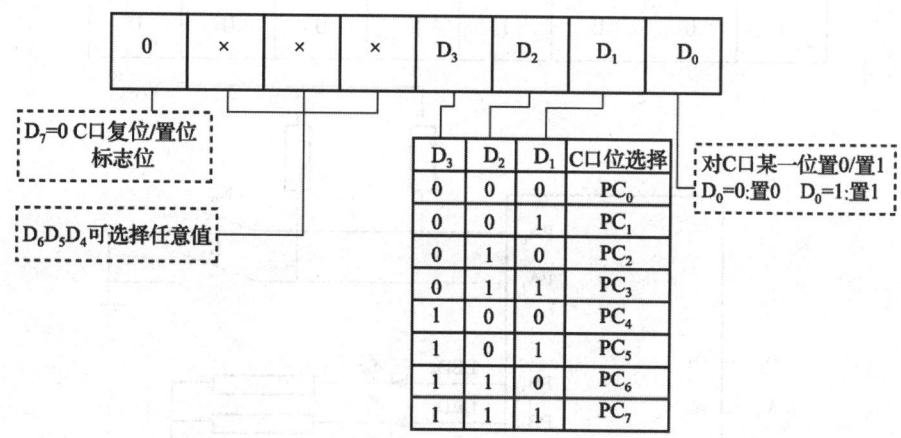

图 7-9 端口 C 置位/复位控制字

【例 7.1】在 8086 系统中，设 8255A 的 A 口输出，B 口输入，PC1 置位，PC2 复位。已知：8255A 端口地址为 60H～63H，试编程对 8255A 进行初始化。

解：根据题意，8255A 工作方式控制字如下。

| 1 | 0 | 0 | 0 | 0 | 0 | 1 | 0 |

8255A 初始化程序如下：

```
MOV AL,82H      ;方式控制字 10000010B=82H
OUT 63H,AL      ;将控制字送入 8255A 控制端口，即控制寄存器中
MOV AL,03H      ;C 口置位控制字 00000011B=03H，设置 PC1=1
OUT 63H,AL      ;将控制字送入 8255A 控制端口，即控制寄存器中
MOV AL,04H      ;C 口置位控制字 00000100B=04H，设置 PC2=0
OUT 63H,AL      ;将控制字送入 8255A 控制端口，即控制寄存器中
```

7.2.4　8255A 的应用举例

【例 7.2】设 8255A 的 A 口和 B 口工作在方式 0，A 口作为输入端口，接有 8 个开关；B 口为输出端口，接有 8 个发光二极管。系统硬件电路如图 7-10 所示，不断扫描开关 K_i，当开关 K_0 闭合时，点亮 LED_0、LED_2、LED_4、LED_6，其他 LED 暗；当开关 K_1 闭合时，点亮 LED_1、LED_3、LED_5、LED_7，其他 LED 暗；当开关 K_0 和 K_1 同时闭合时退出。设 8255A 端口 A、端口 B、端口 C 及控制端口的地址分别为 200 H～203 H。试编写程序。

解：首先确定工作方式控制字。根据题意，A 口为输入端口，B 口输出端口，均工作在方式 0 下，端口 C 没使用，设没有用到的控制字中对应位设置为 0，所以 8255A 的控制字如下：

| 1 | 0 | 0 | 1 | 0 | 0 | 0 | 0 |

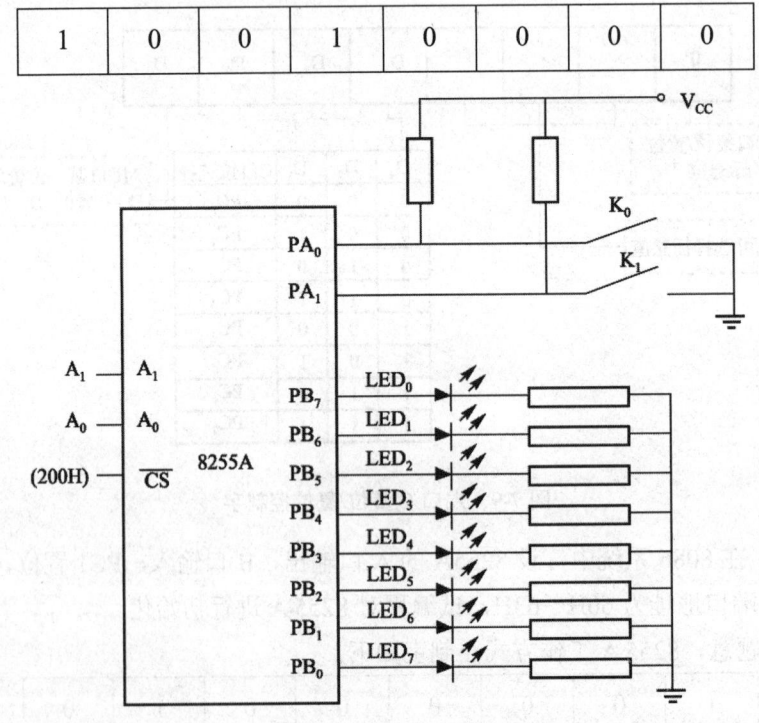

图 7-10　系统硬件电路图

```
CODE    SEGMENT
        ASSUME CS:CODE
START:  MOV AL,90H        ;8255 初始化
        MOV DX,203H
        OUT DX，AL
AGAIN:  MOV    DX,200H
        IN AL,DX
        TEST AL,03H       ;检测 K0 K1
        JZ EXIT
        TEST AL,01H       ;检测 K0
        JZ DISP_0
        TEST AL,02H       ;检测 K1
        JZ DISP_1
        JMP AGAIN
DISP_0: MOV AL,55H        ;偶位上 LED 亮，奇位上 LED 暗
        MOV DX,201H
        OUT DX,AL
        JMP AGAIN
DISP_1: MOV AL,0AAH       ;奇位上 LED 亮，偶位上 LED 暗
        MOV DX,201H
        OUT DX,AL
        JMP AGAIN
EXIT:   MOV AH,4CH
        INT 21H
CODE    ENDS
        END START
```

7.3 可编程定时器/计数器 8253

许多场合经常需要用到定时信号，如计算机系统中的日历时钟，DRAM 的定时刷新，实时控制系统中的定时采样等。

定时信号可使用软、硬件两种方法得到。

所谓软件定时的方法就是设计一个延时子程序，该子程序全部指令执行时间的总和就

是该子程序的延时时间。软件定时虽不太精确，但使用方便，在软件设计中经常用到。然而软件延时仅适用于延时时间较短，重复次数有限的情况，否则会使CPU的利用率降低。一般在对时间要求严格的实时控制系统和多任务系统中很少采用。

硬件定时是用专用的硬件定时/计数器，在简单的软件控制下生成准确的延时时间。其基本原理是通过软件确定定时/计数器的工作方式，设计计数初值，并启动计数器工作，当计数到给定值时，便自动生成定时信号。这种方法大大提高了CPU的效率，得到了广泛的应用。

定时/计数器在计数方式上分为加法计数器和减法计数器两种。加法计数器是每有一个计数脉冲就加1，当加到预定值时，生成一个定时信号。减法计数器是在送入一个初值后，每来一个计数脉冲就减1，减到0时输出一个定时信号。可编程定时计数器8253采用减法计数器。它是Intel公司专为x86系列CPU配置的外围接口芯片。本节介绍8253的外部特性、内部结构，8253与CPU的连接及其使用方法。

8253是Intel公司生产的通用可编程定时/计数器，定时时间与计数次数由用户事先设定。8253的读/写操作对系统时钟没有特殊的要求，可应用于由任何一种微处理器组成的系统中，可作为可编程的方波频率发生器、分频器、实时时钟、事件计数器和单脉冲发生器等。

7.3.1　8253的内部结构及引脚功能

1. 8253的内部结构

每片8253有三个独立的16位计数通道，每个计数通道最高计数速率可达2.6 MHz。每个计数器可编程设定三种工作方式，使用时可以根据需要选择其中的一种工作方式。每个计数通道可按二进制或十进制来计数。使用单一＋5V电源供电，输入输出电平与TTL电路兼容。

定时和计数在工作原理上是相同的，都是对一个输入脉冲进行计数。

8253的内部结构示意图如图7-13所示。它包括三个计数器通道、一个控制寄存器、数据总线缓冲器及读/写控制逻辑电路。8253引脚图如图7-14所示。

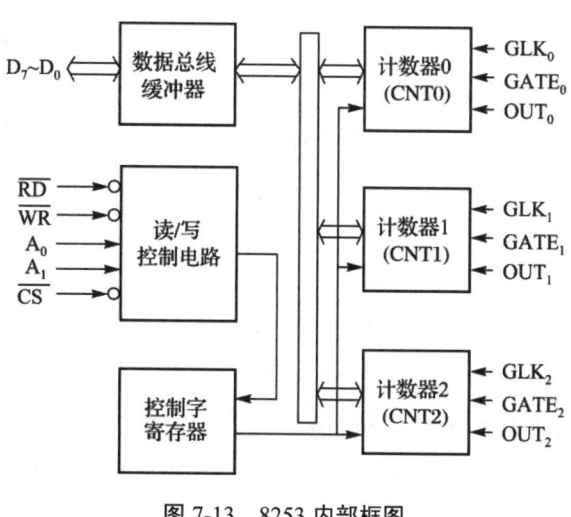

图 7-13　8253 内部框图

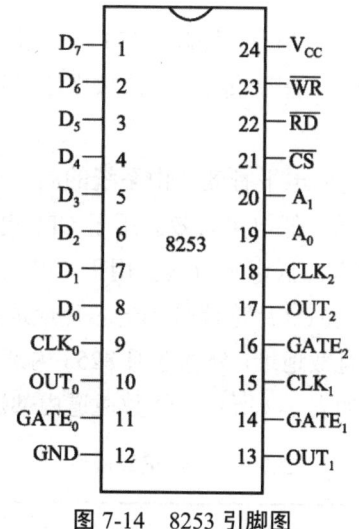

图 7-14　8253 引脚图

其各部分简介如下。

（1）计数器。计数器 0~2（计数器 CNT_0~CNT_2）是三个相同的 16 位计数器。它们可相互独立，分别按各自的方式进行工作。每个计数器包括一个 16 位的初值寄存器、一个计数执行单元和一个输出锁存器。其工作过程如下：

在设置工作方式并置入初值后，计数执行单元开始对输入脉冲 CLK 进行减 1 计数，当减到 0 时，从 OUT 端输出一个信号。上述过程可重复进行。计数器可分别按二进制或十进制进行计数。另外，在计数过程中，计数器还受门控制信号的控制。在不同的工作方式下，计数器的启动方式、门控信号的作用，以及 OUT 端的输出波形各不相同。

（2）控制寄存器。8253 的控制寄存器用来存放控制字。所谓可编程定时计数器即可通过编程向控制寄存器中写入各种控制字，来设置计数器的工作方式。控制字在 8253 初始化时用输出指令写入控制字寄存器，该寄存器只能写不能读。

（3）数据总线缓冲器。实质上是一个 8 位的双向三态门，用作 8253 和 CPU 数据总线之间连接的接口。数据总线缓冲器具有下面 3 个基本功能。

① CPU 经过数据总线缓冲器向 8253 的控制字寄存器写入控制命令字。

② CPU 经过数据总线缓冲器向 8253 的计数器写入计数初值。

③ CPU 读取某个计数器的当前值时，该值经数据总线缓冲器传送到系统的数据总线上被 CPU 读入。

（4）读写控制逻辑。在片选信号 $\overline{CS}$ 有效时，读写控制逻辑从系统总线接收控制信号，经过逻辑组合，对 8253 各个部分产生控制信号。根据地址信号 A1，A0 选择一个计数器或者控制字寄存器，通过 $\overline{RD}$ 或 $\overline{WR}$ 完成对指定端口的读操作或写操作。当 $\overline{CS}$ 无效时，数据总线缓冲器处于高阻状态，读写信号得不到确认，CPU 无法对 8253 进行读写操作。

2. 8253 引脚功能

8253 采用双列直插式封装，有 24 个引脚，8253 各引脚功能如下。

- $D_0 \sim D_7$：8 位双向数据线。用于传送数据。如写控制字和计数器的初值，以及读计数值。
- $\overline{CS}$：片选信号，输入。低电平有效。由系统的高位 I/O 地址译码产生片选信号。
- $\overline{RD}$：读控制信号，输入。低电平有效。用于 CPU 进行读操作。
- $\overline{WR}$：写控制信号，输入。低电平有效。用于 CPU 进行写操作。
- A_0、A_1：地址信号线。在 $\overline{CS}$ 片选信号确定芯片地址范围后，由 A_0 和 A_1 地址信号经片内译码后产生 4 个有效地址，分别选通 8253 内部三个独立的计数器和一个控制寄存器，具体读写操作如表 7-2 所示，计数通道内部逻辑如图 7-15 所示。

表 7-2 8253 读写操作

$\overline{CS}$	$\overline{RD}$	$\overline{WR}$	A_1A_0	执行的操作
0	1	0	00	对计数器 0 设置初值
0	1	0	01	对计数器 1 设置初值
0	1	0	10	对计数器 2 设置初值
0	1	0	11	写控制字
0	0	1	00	读计数器 0 当前计数值
0	0	1	01	读计数器 1 当前计数值
0	0	1	10	读计数器 2 当前计数值

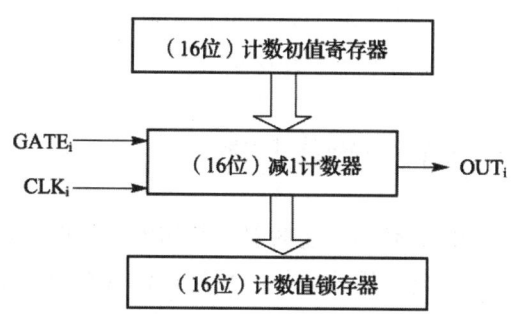

图 7-15 计数通道内部逻辑框图

- **$CLK_0 \sim CLK_2$**：每个计数器的时钟信号输入端。计数器对时钟信号进行计数。因 CLK 信号为计时基准，因此要求频率具有很高的精确度。

- **$GATE_0 \sim GATE_2$**：每个计数器的门控信号，用于控制计数器的启动和停止。一般情况下，GATE=1，允许计数；GATE=0，停止计数。但在工作方式 1 和工作方式 5 的情况下，用 GATE 的上升沿启动计数，启动后则 GATE 状态不再影响计数过程。

- **$OUT_0 \sim OUT_2$**：每个计数器的输出信号。在不同工作方式下，将产生不同波形。

3. 计数启动方法

8253 计数启动有两种方法。一种由程序指令启动，称为软件启动，另一种由外部电路信号启动，称为硬件启动。

（1）软件启动

软件启动是由 CPU 用输出指令向计数器写入初值来启动计数。需要指出的是 CPU 向 8253 计数器写入计数初值只是写到了内部的初值计数器中，计数过程尚未真正开始。写入初值后第一个 CLK 信号将初值寄存器的内容送到计数器中，而从第二个 CLK 脉冲的下降沿开始，计数器才真正开始减 1 计数。以后每来一个 CLK 脉冲，计数器都会减 1，直至减为 0，在 OUT 端输出一个信号。因此，从 CPU 执行输出指令对 8253 写入计数初值到计数结束，实际上经历了 N+1 个脉冲周期。只要在软件计数的情况下，这种误差是不可避免的。

（2）硬件启动

硬件启动时，写入计数初值后并不启动计数，而是在门控信号 GATE 由低电平变为高电平后，再经 CLK 信号在上升沿进行采样，之后在该 CLK 的下降沿才进行计数。由于 GATE 信号和 CLK 信号并不一定同步，在极端情况下，从 GATE 变高电平到 CLK 采样之间的时间间隔可能会经历一个 CLK 脉冲周期，因此如同软件启动一样，计数初值与实际经历的 CLK 脉冲数之间会有一个脉冲的误差。

在多数工作方式下，计数器每启动一次只工作一个周期（即从初值减到 0），想重复计数过程必须重新启动。这种方式称为不自动重复的计数方式。但有两种工作方式，一旦启动计数后，只要门控信号维持高电平，计数过程会自动周而复始地重复下去，此时，OUT

端可输出连续的波形。这种方式则称为自动重复计数方式。在这种情况下,到达到稳定状态后,上述因启动造成的计数误差就不复存在了。

7.3.2 8253 的工作方式与操作时序

8253 作为一个可编程的计数器/定时器,其初始化编程一是向控制寄存器写入控制字设定 8253 的工作方式;二是向使用的计数器写入计数初值。8253 的每个计数器都有 6 种工作方式:方式 0~方式 5。在不同工作方式下,计数过程的启动方式、OUT 端的输出波形、重复功能、GATE 的控制作用,及写入新的计数值对计数过程产生的影响都各不相同。以下分别作介绍。

这 6 种工作方式的不同点是:① 输出波形不同,② 启动计数器的触发方式不同,③ 计数过程中 GATE 信号对计数过程的影响不同。

1. 方式 0——计数结束产生中断

8253 完成计数功能,且计数器只计一遍。控制字写入后,输出端 OUT 变为低电平。计数初值写入后,下一个 CLK 脉冲的下降沿,计数初值寄存器内容装入减 1 计数寄存器,开始计数,输出端 OUT 维持低电平。

当计数值减到 0 时,OUT 输出端变为高电平,此信号可作为中断请求信号,并可保持到重新写入新的控制字或新的计数值为止。

计数过程中,若 GATE 信号变为低电平,暂停计数,减 1 计数寄存器值保持不变;若 GATE 信号重新变高,则计数器从暂停值开始继续计数;若重新写入新的计数初值,则在下一个 CLK 脉冲的下降沿,减 1 计数寄存器以新的计数初值重新开始计数。

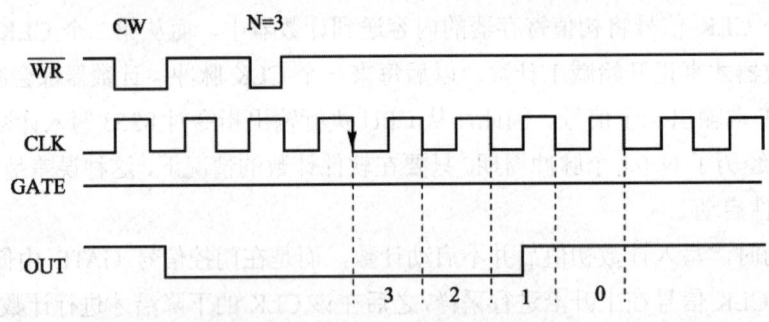

图 7-16 8253 方式 0 的时序波形图

这种工作方式有以下几点需要注意。

(1) 在整个计数过程中,GATE 端应始终保持高电平。若 GATE 变低,则暂停计数,直到 GATE 再变高后又接着计数。

(2) 在工作方式 0 情况下,每写入一次计数初值只计数一个周期。计数结束后 OUT 端将保持高电平,直到再次写入计数初值。

(3) 在计数过程中，允许随时修改计数初值，倘若原计数过程没结束，计数器也将用新的初值重新计数。但如新的计数值是 16 位的，则在写入第一个字节后停止原先的计数，待写入第二个字节后才开始以新的计数值重新计数。

2. 方式 1——硬件触发的单脉冲发生器

方式 1 是硬件触发单稳态方式，输出单个负脉冲信号，脉冲的宽度可通过编程来设定。写入控制字后，输出端 OUT 变为高电平，并保持。写入计数初值后，在 GATE 信号的上升沿之后的下一个 CLK 脉冲的下降沿，计数初值装入减 1 计数寄存器，同时 OUT 端变为低电平，开始计数。当计数值减到 0 时，输出端 OUT 变为高电平。由此在 OUT 端得到一个负脉冲，脉冲宽度为计数初值 N 乘以 CLK 的周期 T_{CLK}。

计数过程中，如果 CPU 又送来新的计数初值，不影响当前计数过程。等到计数器计数到 0，OUT 端输出高电平且出现新的一次 GATE 信号的触发时，才会将新的计数初值装入，并计数。如果在输出端 OUT 输出低电平期间，又来一个门控信号上升沿触发，则在下一个 CLK 脉冲的下降沿，将计数初值寄存器内容重新装入减 1 计数寄存器，并计数。8253 方式 1 的时序波形如图 7-17 所示。

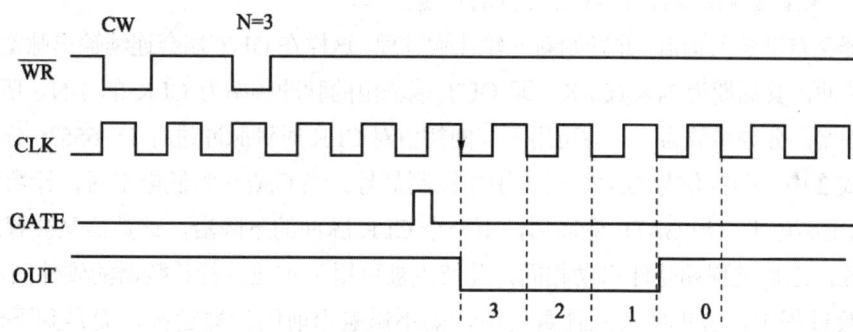

图 7-17 8253 方式 1 的时序波形

方式 1 的特点主要有以下几个。

（1）计数过程一旦启动，GATE 端即使变低也不会影响计数。

（2）可重复触发，当计数到 0 后，不用再写初值，只要使 GATE 再有一触发脉冲，即又可产生一个同样宽度的负脉冲。

（3）在计数过程中如写入新的计数值，则本次计数过程输出不受影响。本次计数结束后如再次触发，计数器才按新的计数器计数，并按新值改变脉冲宽度。

（4）如在计数未结束前，GATE 端触发脉冲提前到来，则下一个 CLK 脉冲的上升沿使计数器重新装入初值，并紧接着在该 CLK 脉冲的下降沿重新开始计数。这时输出负脉冲脉宽将加宽，宽度为重新触发前已有的宽度与新一轮计数过程的宽度之和。

3. 方式2——周期性负脉冲输出

方式2可产生连续的负脉冲信号，可用作频率发生器/分频器。负脉冲的宽度为一个时钟周期。写入控制字后，输出端OUT变为高电平。若GATE为高电平，那么写入计数初值后，在下一个CLK的下降沿计数初值寄存器内容装入减1计数寄存器，开始减1计数。经过N−1个CLK周期后（计数值减为1），当减1计数寄存器的值为1时，OUT端输出低电平，经过一个CLK时钟周期，OUT端输出高电平，并自动开始一个新的计数过程。

在计数过程中，如果减1计数寄存器未减到1时GATE信号由高变低，则停止计数。但当GATE由低变高时，则重新将计数初值寄存器内容装入减1计数寄存器，并重新开始计数。

如果GATE信号保持高电平时，在计数过程中重新写入计数初值后，要等正在计数的一轮结束并输出一个CLK周期的负脉冲后，才以新的初值进行计数。

在方式2情况下，计数器既可以软件启动，也可硬件启动，且可自动重复计数。

如在写计数值和初值时，GATE一直为高电平，则在写入初值后的下一个CLK的下降沿开始计数（软件启动）。若送初值时GATE为低电平，则要待GATE由低变高时才启动（硬件启动），一旦计数启动后，计数器可自动重复工作。

计数器又自动装入初值，并开始新一轮计数过程。这样在OUT端会连续输出脉宽为TCLK的一串负脉冲，其周期为N×TCLK，即OUT端输出的脉冲频率为CLK的1/N。所以方式2也称为分频器，分频系数为N，故可用不同的初值对CLK时钟脉冲进行1～65536分频。

在方式2中，门控信号GATE可被用作控制信号。当GATE为低电平时，计数停止，强迫OUT输出高电平，当GATE变高后，下一个CLK脉冲的下降沿，计数器又被置入初值重新开始计数，之后过程和软件启动相同，此特点被可用于实现各种计数器的硬件同步计数。

在计数过程中，若重新写入计数初值，则不影响当前的计数过程，而是到下一轮才按新的计数值进行计数。

方式2中，一个计数周期应包括OUT输出负脉冲所占的那个时钟周期。253方式2的时序波形图如图7-18所示。

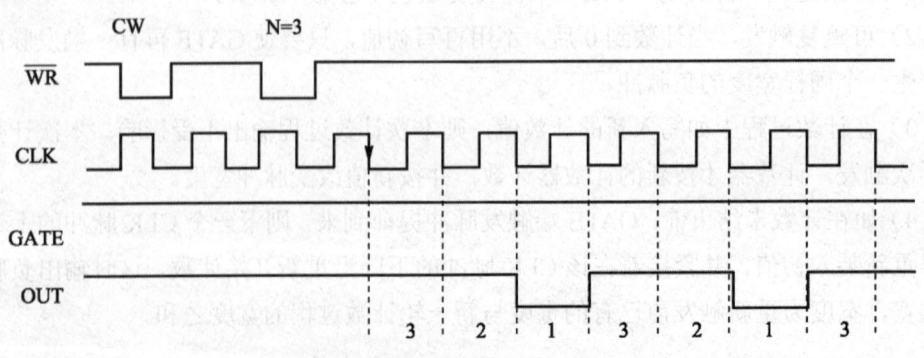

图7-18　8253方式2的时序波形图

4. 方式 3——周期性方波输出

方式 3 可产生连续的方波信号,可用作方波发生器。计数初值为偶数时,输出对称方波;计数初值为奇数时,输出不对称方波。其中 (N+1)/2 时钟周期为高电平,另 (N-1)/2 时钟周期为低电平。

控制字写入后,输出端 OUT 输出高电平。当写入计数初值后,在下一个 CLK 的下降沿,计数初值装入减 1 计数寄存器,开始计数。计数到一半时,输出端 OUT 变为低电平。此时,继续计数,到 0 时,OUT 端变为高电平。之后,自动开始一个新的计数过程。

计数过程中,若 GATE 变为低电平,则停止计数;当 GATE 由低变高时,则重新启动计数过程。如果在输出端 OUT 为低电平时,GATE 变为低电平,则减 1 计数器停止,同时,输出端 OUT 立即变为高电平。在 GATE 又变成高电平后的下一个时钟脉冲的下降沿,减 1 计数器重新得到计数初值,并计数。

计数过程中,如果写入新的计数值,不影响当前输出周期。但如果在写入新的计数值后,又受到门控上升沿的触发,则结束当前输出周期,而在下一个时钟脉冲的下降沿,减 1 计数器重新得到计数初值,并计数。8253 方式 3 的时序波形图如图 7-19 所示。

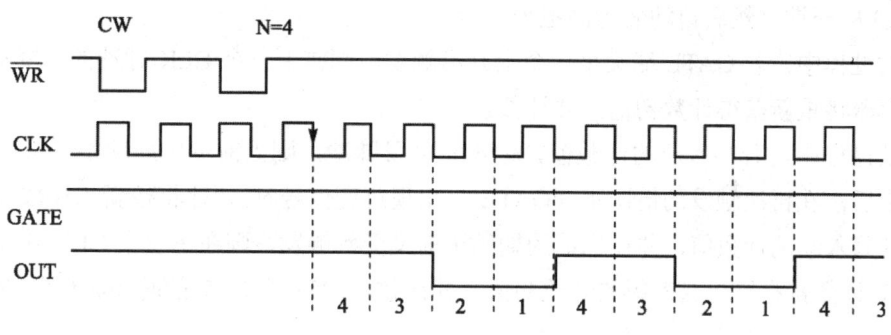

图 7-19　8253 方式 3 的时序波形图

5. 方式 4——软件触发的单次负脉冲输出

方式 4 是软件触发的选通方式。采用方式 4 可产生单个负脉冲信号,不自动重复计数方式。负脉冲宽度为一个时钟周期。

写入控制字后,输出端 OUT 变为高电平,若 GATE 为高电平,则在写入计数初值后下一个 CLK 的下降沿计数初值寄存器内容装入减 1 计数寄存器,开始减 1 计数。当减 1 计数寄存器的值为 0 时,输出端 OUT 变为低电平,经过一个 CLK 时钟周期,输出端 OUT 变为高电平。

如果在计数时,又写入新的计数值,则在下一个 CLK 的下降沿此计数初值被写入减 1 计数寄存器,并以新的计数值作减 1 计数。8253 方式 4 的时序波形图如图 7-20 所示。

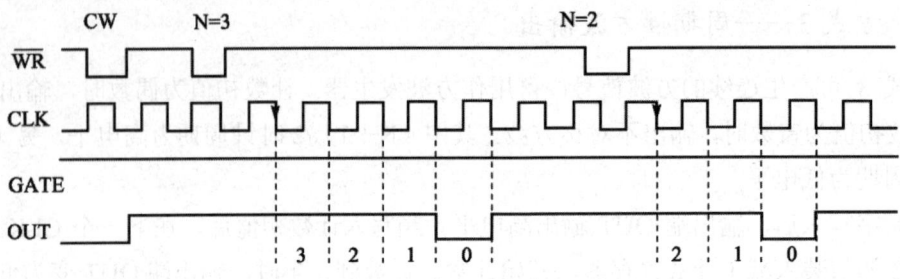

图 7-20 8253 方式 4 的时序波形图

6. 方式 5——硬件触发的单次负脉冲输出

方式 5 是硬件触发的选通方式。采用方式 5 可产生单个负脉冲信号，负脉冲宽度为一个时钟周期。

方式 5 的计数过程由 GATE 的上升沿触发。当控制字写入后，输出端 OUT 输出高电平，并保持。写入计数初值后，只有在 GATE 信号的上升沿之后的下一个 CLK 脉冲的下降沿，计数初值装入减 1 计数寄存器，开始计数。当计数到 0 时，输出端 OUT 变为低电平，并持续一个 CLK 周期，然后自动变为高电平。

计数过程中，若 GATE 端又来一个上升沿触发，则在下一个 CLK 脉冲的下降沿，减 1 计数寄存器将重新获得计数初值，并计数。

计数过程中，若写入新的计数值，但没有触发脉冲，则当前输出周期不受影响，当前周期结束后，在再次触发的情况下（GATE 又出现跳变信号时），才将按新的计数初值开始计数；若写入新的计数值，并在当前周期结束前又受到触发，则在下一个 CLK 脉冲的下降沿，减 1 计数寄存器将获得新的计数初值，并计数。8253 方式 5 的时序波形图如图 7-21 所示。

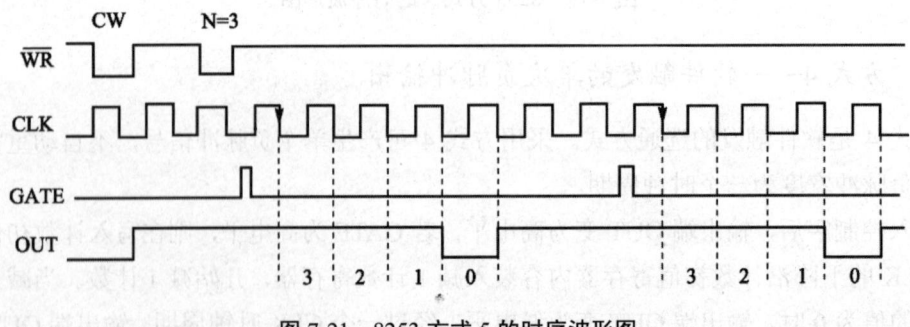

图 7-21 8253 方式 5 的时序波形图

因此这是一种完全由 GATE 端引入的触发信号控制下的计数或定时功能。如果由 CLK 输入的是一定频率的时钟脉冲，那么可完成定时功能，定时时间从 GATE 上升沿开始。到 OUT 端输出负脉冲结束。如果从 CLK 端输入的是要求计数的事件，则可完成计数功能，计数过程从 GATE 上升沿开始，到 OUT 输出负脉冲结束。GATE 可由外部电路或控制现场产生，故硬件触发方式由此而得名。

7.3.3 8253 的初始化

8253 工作前必须先初始化，每个计数通道可分别初始化。CPU 通过指令将控制字写入可编程定时计数器 8253 的控制字寄存器，从而分别确定 3 个计数器的工作方式。

1. 8253 控制字的格式

8253 控制字有固定的格式，其各位的功能如图 7-22 所示。

需要指出的是 8253 在计数过程中，CPU 可随时读出当前的计数值（并不影响计数器工作）。其方法是先对控制寄存器写入相应的控制字，此时控制字的 RL_1、RL_0 选择 00，即控制字的格式为 SC1 SC0 00 XX XX。控制字的其他各位功能在图中说明得很清楚，不再赘述。D0 位：二进制计数时写入的初值的范围为 0000H—FFFFH，其中 0000H 是最大值，代表 65536。在十进制计数时，写入的初值的范围为 0000H—9999H，其中 0000H 是最大值，代表 10000。

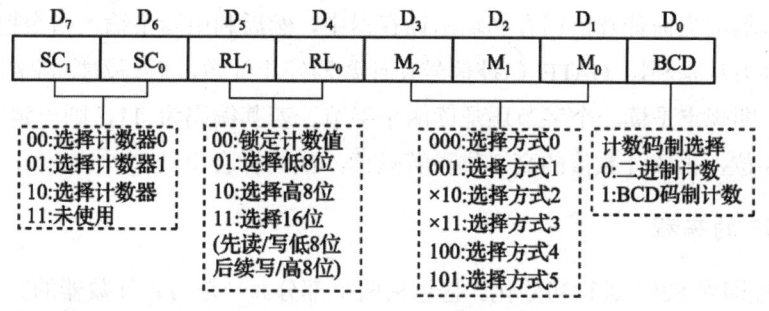

图 7-22　8253 控制字寄存器

2. 8253 初始化编程

（1）8253 初始化编程原则

8253 的控制寄存器和三个计数器分别具有独立的编程地址，由控制字的内容确定使用的是哪个计数器以及执行什么操作。8253 在初始化编程时必须遵守两条原则：

① 在对某个计数器设置初值之前，必须先写入控制字。

② 在设置计数初始值时，要符合控制字的规定，即只写低位字节，还是只写高位字节，还是高、低位字节都写（分两次写，先低字节后高字节）。

（2）8253 的编程命令

8253 的编程命令有两类：一类是写入命令，包括设置控制字、设置计数器的初始值命令和锁存命令。另一类是读出命令，用来读取计数器的当前值。

(3) 8253 的初始化编程

8253 初始化编程步骤是：先写控制字到 8253 的控制端口。再写计数器初值到相应的计数器端口。

7.3.4　8253 的应用

1. 8253 与系统的连接

8253 内部有 4 个寄存器，占用 4 个接口地址，地址范围由高位地址信号经译码器输出接到片选端 $\overline{CS}$ 来决定。A_0 和 A_1 分别接系统总线的 A_0 和 A_1，用来寻址片内三个计数器和控制寄存器。$\overline{CS}$、A_0、A_1 与 $\overline{RD}$ 和 $\overline{WR}$ 信号配合，可实现对 8253 的各种读写操作。对 8253 的读写操作要注意以下两点：

（1）在向某一计数器写初值时，应与控制字中的 RL_1、RL_0 的编码相对应。当编码为 01 或 10 时，只写一个字节的初值，另一字节 8253 默认为 0；当编码为 11 时，一定要写两个字节的初值，否则就会出错。

（2）8253 读当前计数值有两种方法。一是前已讲过的写入 RL_1、RL_0 为 00 的控制字，将选中的计数器的当前计数值锁存到输出锁存器中，然后利用两条输入指令把 16 位计数值读出。另一种方法是利用 GATE 门控信号使计数器停止计数，后写入控制字规定好 RL_1、RL_0 的状态，即规定是读一个字节还是读两个字节。若其编码为 11，则一定要读两次，先读计数值低 8 位，再读计数值的高 8 位。若只读一次同样会出错。

2. 8253 的编程

8253 编程即对 8253 进行初始化。它包括两个部分。一是写各计数器的方式控制字，二是设置计数器的初值。由于 3 个计数器的地址不同，控制字中又由专门两位来指定计数器，因此初始化顺序不受限制，初始化的方法有两种。

（1）以计数器为单位逐个进行初始化。先初始哪一个无关紧要，但对某一计数器而言，必须按"方式控制字→计数初始值低字节→计数初始值高字节"的顺序进行。

（2）先写所有计数器的方式控制字，再装入各计数器计数初值。需要注意，计数初值仍要按先低后高的顺序写入。

【例 7.3】在 8086 系统中，设 8253 的计数器 0 工作在方式 2，二进制计数，计数初值为 2000，8253 的计数器 1 工作在方式 3，BCD 码计数，计数初值为 100，8253 端口地址为 60H～63H。试编写初始化程序。

解：8253 计数器 0 的初始化程序如下。

```
MOV AL,34H      ；方式控制字 00110100B=34H
OUT 63H,AL      ；将控制字送入 8253A 控制端口 63H
```

MOV AX,2000	；初值送 AX 寄存器
OUT 60H,AL	；将初值的低 8 位输出计数通道 0 端口 60H
MOV AL,AH	；初值的高 8 位送 AL 寄存器
OUT 60H,AL	；将将初值的高 8 位输出计数通道 0 端口 60H

8253 计数器 1 的初始化程序如下。

MOV AL,57H	；方式控制字 01010111B=57H
OUT 63H,AL	；将控制字送入 8253A 控制端口 63H
MOV AL,100H	；初值 100 送 AL 寄存器,因为 BCD 码计数,要送 100H
OUT 61H,AL	；将初值的低 8 位输出计数通道 1 端口 61H

7.3.5　8253 应用举例

【例 7.4】 要求将一输入频率为 2MHz 信号，利用 8253 做一个秒信号发生器，其输出接一发光二极管，以 0.5 秒点亮,0.5 秒熄灭的方式闪烁指示。设 8253 的通道地址为 400 H～403 H。如图 7-23 所示,。

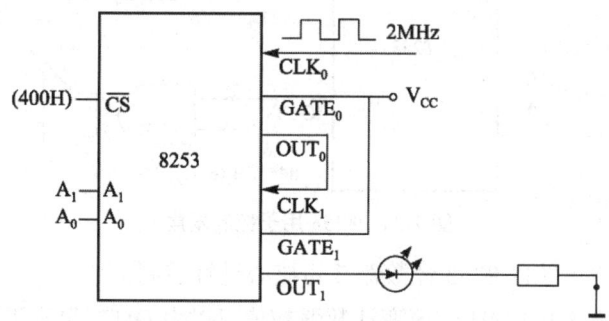

图 7-23　8253 控制 LED 亮灭

解：8253 计数器初值 N 可按下式进行计算。

$$\frac{f_{in}}{f_{out}} = \frac{2 \times 10^6}{1} = 2000000$$

8253 一个计数器最大的计数次数是 65536，而 2000000 这样的大数，一个计数器是不可能完成上述分频要求的，因此必须采用两个计数器级联的方法去解决这个问题。可以找两个数 N_1 和 N_2，使得取值 $N=N_1*N_2$。N_1 和 N_2 就分别是两个计数器初值。本例中取 N1=20000，N2=100。

MOV AL,34H	；或 36H（00110110B）
MOV DX,403H	
OUT DX,AL	；写计数器 0 方式控制字

```
MOV DX,400H
MOV AX,20000
OUT DX,AL              ;写计数器 0 计数初值低 8 位
MOV AL,AH
OUT DX,AL              ;写计数器 0 计数初值高 8 位
MOV AL,56H
MOV DX,403H
OUT DX,AL              ;写计数器 1 方式控制字
MOV DX,401H
MOV AL,100
OUT DX,AL              ;写计数器 1 计数初值低 8 位
```

【例 7.5】设计一个程序，PC 机使扬声器发出 500Hz 频率的声音，按下 ESC 键声音停止。8253 用于控制发声如图 7-24 所示。

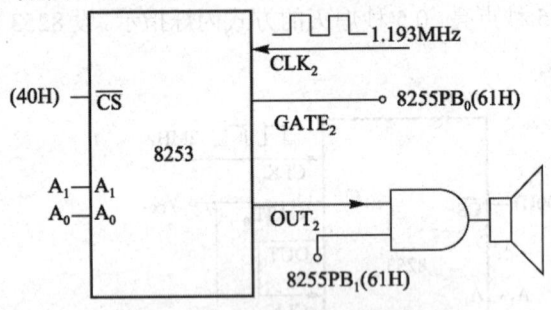

图 7-24 8253 用于控制发声

解：PC 机的发声系统以 8253 计数器 2 为核心进行控制。

CLK_2 的输入频率 1.193 MHz，改变计数器初值可以由 OUT_2 得到不同频率的方波输出。要产生 500 Hz 的频率信号，计数初值这样计算：

$$N=1.193 \text{ MHz}/500 \text{ Hz}=2386$$

发声系统受 8255 芯片 B 口的两个输出端线 PB_0 和 PB_1 的控制。PB_0 为 1，使 $GATE_2$ 为 1，计数器 2 能正常计数。PB_1 为 1，打开输出控制门。

```
CODE SEGMENT
    ASSUME CS:CODE
START: MOV AL,0B6H     ;8253 控制字=10110110B
    OUT 43H,AL         ;写 8253 计数器 2 的方式控制字
    MOV AX, 2386
    OUT 42H, AL
    MOV AL, AH
    OUT 42H, AL        ;按先低 8 位后高 8 位的顺序写入，计数器 2 的计数值，
```

```
        NEXT: MOV AH, 01H        ;单字符输入 DOS 功能调用
              INT 21H
              CMP AL,1BH         ;ESC 键的 ASCII 码=1BH
              JZ   EXIT
        MOV AL,03H
              OUT 61H,AL         ;置 GATE2 信号为高电平
              JMP NEXT
        EXIT: IN AL, 61H
              AND AL, 0FCH
              OUT 61H, AL
              MOV AH, 4CH
              INT 21H
        CODE   ENDS
              END START
```

由上可知，8253 使用具有很大的灵活性，通过对外部输入脉冲信号的计数可实现计数或定时。门控信号又提供了从外部控制计数器的能力。若当计数值较大（超 65536）或定时时间较长，一个计数器无法处理时，还可把 2、3 个计数器串联起来使用，即把一个计数器的输出作为另一个计数器的外部脉冲信号，甚至还可将 2 个 8253 串起来使用。只要熟悉 8253 基本功能，可举一反三巧妙地加以使用。

7.4　可编程串行通信接口芯片 8251A

　　计算机传送数据有两种方式：一种是并行通信，一种是串行通信。
　　并行通信一般是 8 位以上的数据一起传送，具体是多少位要根据设备的线宽来决定。由于并行通信方式使用的信号线较多，一般用在短距离的数据量大场合。
　　串行通信是指利用一条传输线将数据一位一位地按顺序分时传输。一般用于长距离的数据传送。并行通信和串行通信如图 7-25 所示。

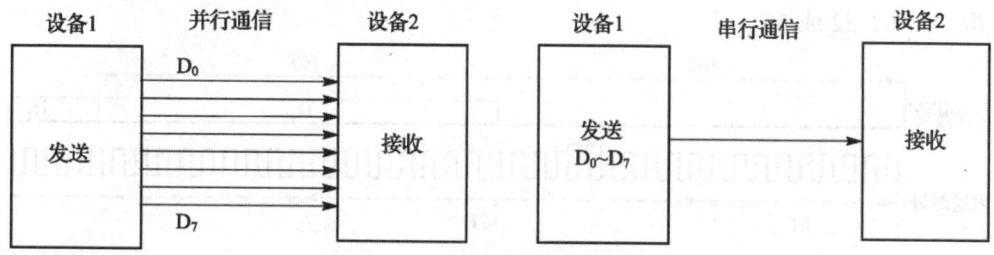

图 7-25　并行通信和串行通信

7.4.1 串行数据传送方式

根据数据传送方向的不同有以下三种方式,如图 7-26 所示。

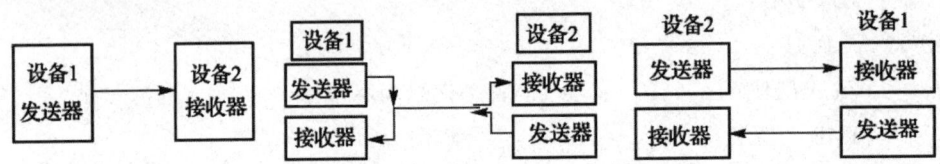

图 7-26 数据传送方式

- 单工方式:数据向一个固定的方向传送,即一方只能作为发送端,另一方只能作为接收端。
- 半双工方式:收发双方都具有接受数据和发送数据的能力,但是使用同一根传输线,不能同时在两个方向上传送。每次只能有一个站发送,另一个站接收。
- 全双工方式:收发双方使用两根传输线进行通信,双方可同时进行发送和接收。

7.4.2 传输速率和传送距离

1. 传输速率

在并行通信中,传输速率用每秒传输的字节数表示,单位是 bps。

在串行通信中,传输速率用波特率来表示。波特率是指单位时间内传送的二进制数据的位数,是衡量串行数据传送速度的重要指标。波特率的单位是波特,1 波特=1 位/秒(bps)。

常见的标准波特率有:110 bps、1200 bps、9600 bps 和 115200 bps。

2. 发送/接收时钟

在发送数据时,发送器在发送时钟的有效沿作用下将移位寄存器的数据按位移位串行输出。在接收数据时,接收器在接收时钟的有效沿作用下对接收数据按位采样,并按位串行移入移位寄存器。发送/接收时钟是对数据信号同步进行的,其频率将直接影响设备发送/接收数据的速度。发送/接收时钟频率一般是发送/接收波特率的 n 倍,n 称为波特率因子,一般取 1、16、32 或 64。

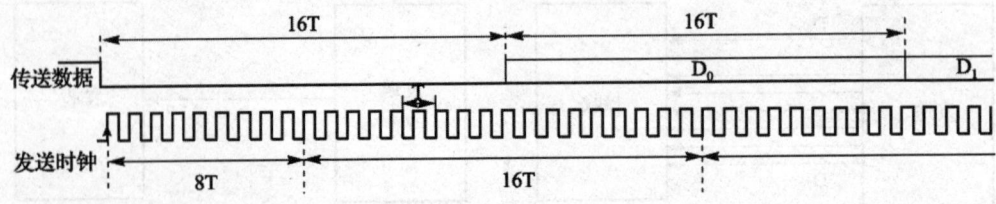

图 7-27 发送时钟与波特率时序

3. 传输距离与传输速率的关系

串行通信中,传输距离随着传输速率的增加而减小。

7.4.3 同步串行通信与异步串行通信

1. 异步串行通信

异步串行通信中的异步是指发送端和接收端不使用共同的时钟,也不在数据中传送同步信号,但接收方与发送方之间必须约定传送数据的帧格式和波特率。

在异步串行通信中,通信双方以一个字符(含附加位)作为数据传输单位(一个数据帧),而且发送方传送字符的时间是不定的。在传输一个字符时,总是以起始位(1 位,低电平)开始,以停止位(1、1.5 或 2 位,高电平)结束。为了使数据可靠传送,还可包含奇偶校验位。异步串行通信中数据的帧格式如图 7-28 所示。

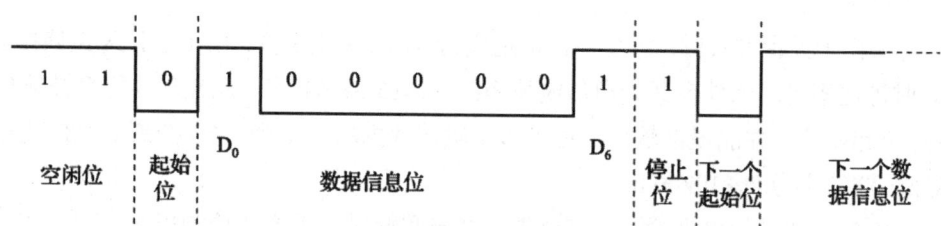

图 7-28 异步串行通信中数据的帧格式

【例 7.6】设数据帧为 1 位起始位、7 位数据位、1 位奇偶校验位、1 位终止位,传送的波特率为 9600bps。用 7 位数据位表示一个字符,求最高字符传送速率。

解:∵一帧数据所需要的位数=1+7+1+1=10

∴最高字符传送速率=9600/10=960 bps

2. 同步串行通信

在异步串行通信中数据的每一帧都需要附加起始位和停止位,因而降低了传送有效数据的效率。在快速传送大量数据的场合,为了提高数传的效率,一般采用同步串行传送方式。

同步传送时,无需起始位、停止位。每一帧包含较多的数据,在每一帧开始处使用 1～2 个同步字符以表示一帧的开始。同步传送要求对传送的每一位在收发两端保持严格同步,发送、接收端可使用同一时钟源以保证同步。有 2 个同步字符的同步串行通信的数据格式如图 7-29 所示。

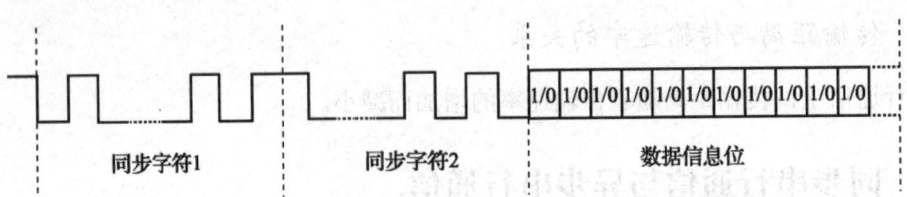

图 7-29 有 2 个同步字符的同步串行通信的数据格式

7.4.4 可编程串行通信接口芯片 8251A

1. 8251A 的基本功能

以同步方式或异步方式进行工作。

（1）工作于同步方式时，每个字符可定义为 5、6、7 或 8 位，可以选择进行奇校验、偶校验或不校验。内部能自动检测同步字符实现内同步或通过外部电路获得外同步，波特率为 0～64 bps。

（2）工作于异步方式时，每个字符可定义为 5、6、7 或 8 位，用 1 位作为奇偶校验（可选择）。时钟速率可用软件定义为通信波特率的 1、16 或 64 倍。能自动为每个被输出的数据增加 1 个起始位，并能根据软件编程为每个输出数据增加 1 个、1.5 个或 2 个停止位。异步方式下，波特率为 0～19200 bps。

（3）8251A 能进行出错检测，有奇偶、溢出和帧错误等方式检测电路。

（4）具有独立的接收器和发送器，因此，能够以单工、半双工或全双工的方式进行通信，并且提供一些基本控制信号，可以方便地与调制解调器连接。

2. 8251A 的内部结构

8251A 主要由 5 个功能模块组成，包括数据总线缓冲器、接收器、发送器、读/写控制逻辑和调制解调器控制电路。8251A 内部通过内部数据总线实现相互之间数据传送。251A 内部结构如图 7-30 所示。

第 7 章 可编程接口芯片

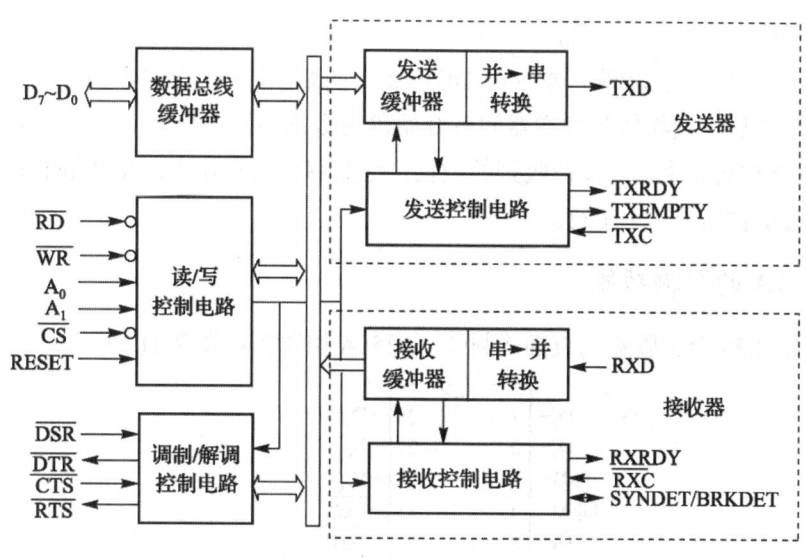

图 7-30 8251A 内部结构框图

（1）发送器

发送器由发送缓冲器和发送控制电路两部分组成。

发送缓冲器把来自 CPU 的并行数据加上相应的控制信息，然后转换成串行数据从 TXD 引脚发送出去。发送控制电路和发送缓冲器配合工作，发送原理如下：

① 采用异步方式，由发送控制电路在其首尾加上起始位和停止位，然后从起始位开始，经移位寄存器从数据输出线 TXD 逐位串行输出。

② 采用同步方式，是在发送数据之前，发送器将自动送出 1 个或 2 个同步字符，然后再逐位串行输出数据。

（2）接收器

接收器由接收缓冲器和接收控制电路两部分组成。

接收移位寄存器从 RXD 引腿上接收串行数据转换成并行数据后存入接收缓冲器。接收控制电路配合接收缓冲器工作，其接收原理如下：

① 异步方式：在 RXD 线上检测低电平，将检测到的低电平作为起始位，8251A 开始对 RXD 进行一次采样，把收到的数据送到输入移位寄存器，并进行奇偶校验和去掉停止位，变成并行数据后，送到数据输入寄存器，同时发出 RXRDY 信号送 CPU，表示已经收到一个可用的数据。

② 同步方式：首先搜索同步字符。8251A 监测 RXD 线，每当 RXD 线上出现一个数据位时，接收下来并送入移位寄存器移位，与同步字符寄存器的内容进行比较，如果两者不相等，则接收下一位数据，并且重复上述比较过程。当两个寄存器的内容比较相等时，8251A 的 SYNDET 升为高电平，表示同步字符已经找到，同步已经实现。

采用双同步方式，就要在测得输入移位寄存器的内容与第一个同步字符寄存器的内容相同后，再继续检测此后输入移位寄存器的内容是否与第二个同步字符寄存器的内容相同。

如果相同，则认为同步已经实现。

在外同步情况下，同步输入端 SYNDET 加一个高电位来实现同步的。

实现同步之后，接收器和发送器间就开始进行数据的同步传输。这时，接收器利用时钟信号对 RXD 线进行采样，并把收到的数据位送到移位寄存器中。在 RXRDY 引脚上发出一个信号，表示收到了一个字符。

3. 8251A 的引脚功能

8251A 采用 28 个引脚双列直插式封装。8251A 引脚图如图 7-31 所示。

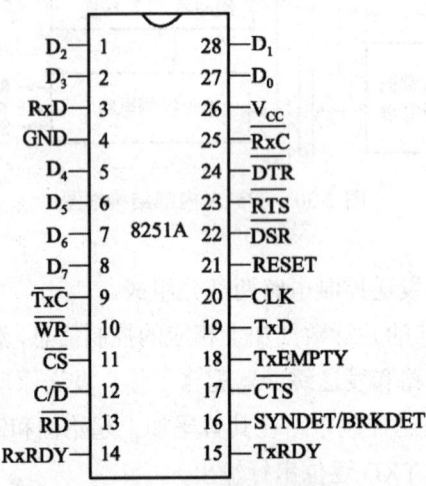

图 7-31　8251A 引脚图

作为 CPU 与外部设备（或调制解调器）之间的接口，8251A 的引脚信号可分为两组：一是 8251A 与 CPU 之间的信号；二是 8251A 与外部设备（或调制解调器）之间的信号。图 7-32 是 8251A 与 CPU 及外部设备之间的连接示意图。

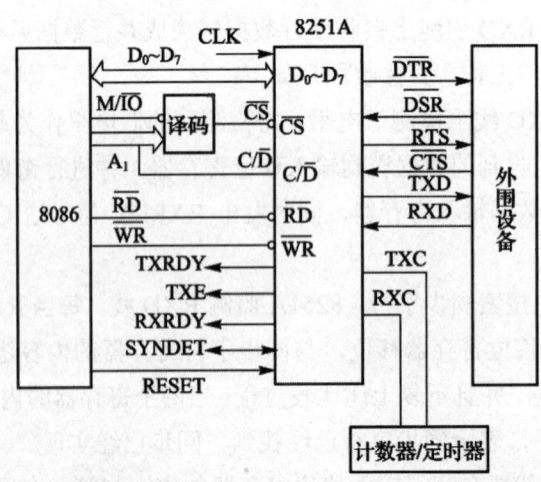

图 7-32　8251A 与 CPU 及外设连接图

- **TXRDY**：发送器准备好信号，用来通知 CPU，8251A 已准备好发送一个字符。
- **TXE**：发送器空信号，TXE 为高电平时有效，用来表示此时 8251A 发送器中并行到串行转换器空，说明一个发送动作已完成。
- **RXRDY**：接收器准备好信号，用来表示当前 8251A 已经从外部设备或调制解调器接收到一个字符，等待 CPU 来取走。因此，在中断方式时，RXRDY 可用来作为中断请求信号，在查询方式时，RXRDY 可用来作为查询信号。
- **SYNDET**：同步检测信号，只用于同步方式。

（1）收发联络信号

- $\overline{\text{DTR}}$：数据终端准备好信号，由 8251A 发送给外部设备，表示当前 CPU 已经准备就绪。
- $\overline{\text{DSR}}$：数据设备准备好信号，由外设送往 8251A，表示当前外设已经准备好。
- $\overline{\text{RTS}}$：请求发送信号，由 8251A 发送给外部设备，表示 CPU 已经准备好发送。
- $\overline{\text{CTS}}$：允许发送信号，是对 RTS 的响应，由外设送往 8251A，表示当前允许 8251A 执行发送操作。

（2）数据信号

- **TXD**：发送器数据输出信号。当 CPU 送往 8251A 的并行数据被转变为串行数据后，通过 TXD 送往外设。
- **RXD**：接收器数据输入信号。用来接收外设送来的串行数据，数据进入 8251A 后被转变为并行方式。
- **CLK**：时钟输入，用来产生 8251A 器件的内部时序。同步方式下，大于接收数据或发送数据的波特率的 30 倍；异步方式下，则要大于数据波特率的 4.5 倍。
- **TXC**：发送器时钟输入，用来控制发送字符的速度。同步方式下，TXC 的频率等于字符传输的波特率；异步方式下，TXC 的频率可以为字符传输波特率的 1 倍、16 倍或者 64 倍。
- **RXC**：接收器时钟输入，用来控制接收字符的速度和 TXC 一样。在实际使用时，RXC 和 TXC 往往连在一起，由同一个外部时钟来提供，CLK 则由另一个频率较高的外部时钟来提供。

4. 8251A 的端口

8251A 共有两个端口地址，数据输入端口和数据输出端口合用一端口地址；状态端口和控制端口合用一端口地址，它们由 $\overline{\text{RD}}$ 和 $\overline{\text{WR}}$ 信号区别开。$\overline{\text{CS}}$、$\overline{\text{RD}}$、$\overline{\text{WR}}$ 和 C/$\overline{\text{D}}$ 这 4 个信号能决定 CPU 对 8251A 的具体操作。8251A 读/写操作功能如表 7-3 所示。

表 7-3 8251A 读/写操作功能

$\overline{CS}$	$C/\overline{D}$	$\overline{RD}$	$\overline{WR}$	功 能
0	0	0	1	CPU 从 8251A 读数据
0	1	0	1	CPU 从 8251A 读状态
0	0	1	0	CPU 写数据到 8251A
0	1	1	0	CPU 写命令到 8251A
1	X	X	X	USART 总线浮空（无操作）

$C/\overline{D}$ 控制/数据信号，用来区分当前读/写的是数据还是控制信息或状态信息。该信号也可以看作是 8251A 数据端口与控制端口的选择信号。

> 8251A 只有两个连续的端口地址，数据输入端口和数据输出端口合用同一个偶地址，而状态端口和控制端口合用同一个奇地址。在 8086/8088 系统中，利用 A1 来区分奇地址和偶地址。

5. 8251A 的命令字和状态字

（1）方式选择命令字

作用：对 8251A 工作方式进行选择，是异步方式还是同步方式，并按照其工作方式制定帧数据格式。其选择命令字如图 7-33 所示。

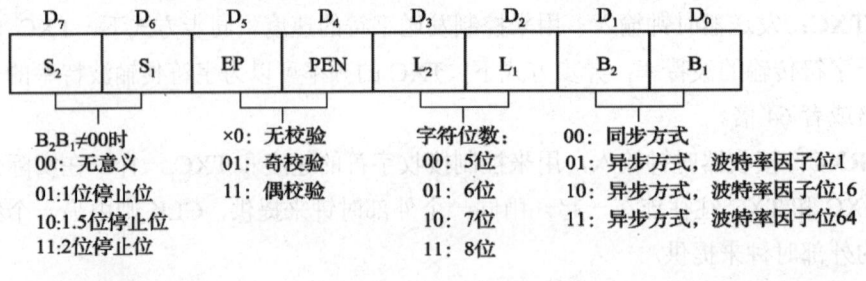

图 7-33 方式选择命令字

8 位方式字可以分为 4 组，每组两位，其格式如下：

D_1、D_0（B_2、B_1）用于规定 8251A 工作于同步方式还是异步方式。在异步方式中还可以设置波特率因子。

D_3、D_2（L_2、L_1）用于确定数据的位数。

D_5、D_4（EP、PEN）用于确定奇偶校验的性质。PEN=1 则需要使用奇偶校验，否则不使用奇偶校验；EP=1 则采用偶校验方式，否则采用奇校验方式。

D_7、D_6（S_2、S_1）在同步和异步方式时的意义不同。异步方式时用于规定停止位的个数，在同步方式时用于确定是内同步还是外同步，以及同步字符的个数，并且紧跟在方式选择控制字后面的是由程序输入的同步字符。

（2）工作命令字。命令字的作用是确定 8251A 的实际操作，迫使 8251A 进行某种操作或处于某种工作状态，以便接收或发送数据。工作命令字如图 7-34 所示。

8251A 的工作命令字如下。

① D_0 位为输出允许信号，为 1 时允许 8251A 发送数据。

② D_2 位为输入允许信号，为 1 时允许 8251A 接收数据。

③ D_1 和 D_5 位与 8251A 的 DTR 引脚和 RTS 引脚相关，当 CPU 把操作命令控制字的 DTR 和 RTS 置为 1 时，则 8251A 的 DTR 引脚和 RTS 引脚分别输出低电平，作为 CPU 与外部设备的联络信号，表示双方已准备好接收数据和发送数据。

④ D_3 位为 1 使 8251A 的 TXD 引脚变为低电平，于是输出一个空白字符。

⑤ D_4 位置 1 将清除状态寄存器的 3 个出错标志。

⑥ D_6 位为 1 使 8251A 复位而重新进入初始化。

⑦ D_7 位只用在内同步模式，为 1 时 8251A 便对同步字符进行检测。

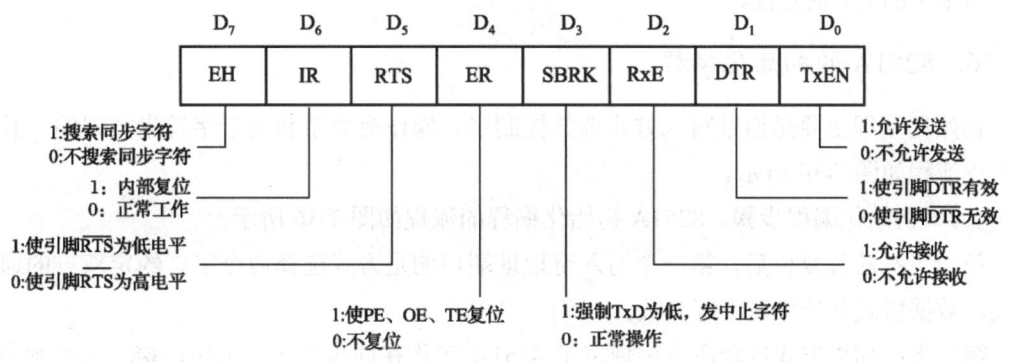

图 7-34 工作命令字

（3）状态字。8251A 执行命令进行数据传送后的状态字存放在状态寄存器中，CPU 可通过读入 8251A 的状态字分析和判断，以决定下一步该怎么做。状态字格式如图 7-35 所示。

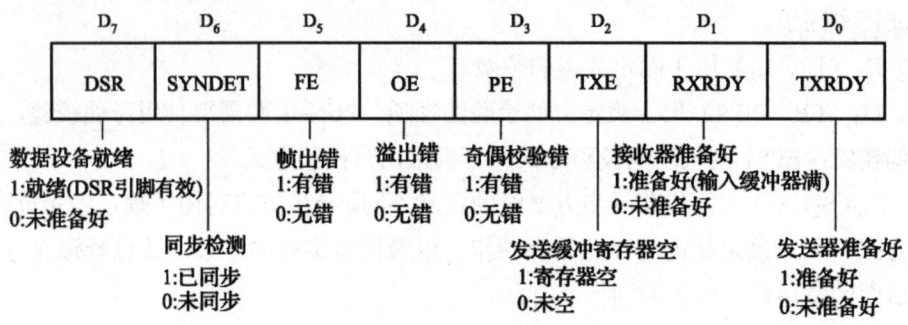

图 7-35 状态字格式

需要指出的是，状态寄存器的状态位 RXRDY、TXE、SYNDET 以及 DSR 的定义与芯片引脚的定义相同，只有 TXRDY 的含义同 8251A 芯片引脚的 TXRDY 的含义是不同的。状态寄存器的状态位 TXRDY，只要发送缓冲器一空就置位；而引脚 TXRDY 还要满足 CTS=0 和 TXEN=1，即满足三个条件时才置位。D3~D5 三位是错误状态信息。其中：

D3 奇偶错 PE。当奇偶错被接收端检测出来时，PE 置 1。PE 有效并不禁止 8251A 工作，它由工作命令字的 ER 位复位。

D4 溢出错 OE。若当前一个字符尚未被 CPU 取走，后一个字符已变为有效，则 OE 置 1。OE 有效并不禁止 8251A 的操作，但是被溢出的字符就丢掉了，OE 被工作命令字的 ER 位复位。

D3 帧出错 FE。若接收端在任一字行的后面没有检测到规定的停止位，则 FE 置 1，由工作命令字的 ER 位复位。

6. 8251A 的初始化编程

初始化编程主要是通过写入方式选择控制字、操作命令字和同步字符来实现的。具体的编程流程如图 7-36 所示。

(1) 初始化编程步骤。8251A 初始化编程的流程如图 7-36 所示。

第一步：芯片复位后，第一个写入奇地址端口的是方式选择命令字。约定双方的通信方式，数据格式及传输速率等参数。

第二步：如果方式选择命令字规定了 8251A 工作在同步方式，那么，接下来必须向奇地址端口写入规定的 1 个或 2 个同步字符。

第三步：只要不是复位命令，不论同步方式还是异步方式，接下来还需向奇地址端口写入工作命令字。

(2) 复位命令。要改变 8251A 的工作方式，必须先复位，再重新设置方式。8251A 有两种复位方式：硬件复位和软件复位。

软件复位是编程中常采用的方法。软件复位的步骤是：

① 向控制/状态端口连续写入 3 个 0。

② 写入控制字 40H。

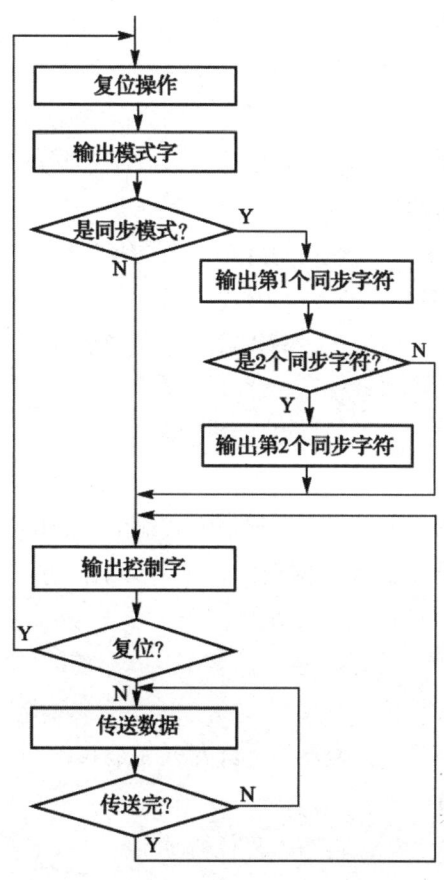

图 7-36　8251A 初始化编程的流程

【例 7.7】8251A 工作在异步方式，波特率系数为 16，数据长度为 7 位，偶校验，2 个停止位，则方式选择命令字为：11111010B=0FAH。现要求使 8251 A 复位出错标志、使请求发送信号有效、使数据终端准备好信号有效、发送允许 TXEN 有效、接收允许 RXE 有效，工作命令字应为：00110111B=37 H。假设 8251 A 的两个端口地址分别为 80 H 和 81 H，初始化编程如下：

```
        MOV   AL,  0FAH
        OUT   81H, AL           ;设置方式选择命令字
        MOV   AL,  37H
        OUT   81H, AL           ;设置命令字
```

【例 7.8】8251A 工作在同步方式，使用两个同步字符（内同步）、奇校验、每个字符 8 位，则方式选择命令字应为 1 CH。现要求使 8251 A 复位错标志，允许发送和接收、使 CPU 已准备好且请求发送，启动搜索同步字符，则工作命令字应该是 0B7H。又设第一个同步字符为 0AAH，第二个同步字符为 55 H。还使用上例的 8251A 芯片，这样要先用内部复位命

令 40H，使 8251A 复位后，再写入方式选择控制字。具体程序段如下：

```
        MOV   AL, 40H
        OUT   81H, AL        ; 复位 8251A
        MOV   AL, 1CH
        OUT   81H, AL        ; 设置方式选择字（同步）
        MOV   AL, 0AAH
        OUT   81H, AL        ; 写入第一个同步字符
        MOV   AL, 55H
        OUT   81H, AL        ; 写入第二个同步字符
        MOV   AL, 0B7H
        OUT   81H, AL        ; 设置命令字
```

（3）8251A 的应用举例

【例 7.9】试编写程序段，用异步串行通信方式输出 STRING 开始字符串'Receiver ready $'，$ 字符串的结束标记。设 8251A 数据端口地址为 90H，方式命令状态端口地址为 91H。

```
        MOV   AL, 0
        OUT   91H, AL
        OUT   91H, AL
        OUT   91H, AL        ; 控制口连续写入 3 个 0
        MOV   AL, 40H
        OUT   91H, AL        ; 再写入复位命令
        MOV   AL, 7EH        ; 一个停止位, 偶校验, 8 个数据位; 波特率因子 16
        OUT   91H, AL        ; 写入方式选择命令字
        MOV   BX, OFFSET STRING ; BX 指向缓冲区首址
WAIT:   IN    AL, 81H        ; 读状态字
        TEST  AL, 1          ; 测试 TxRDY 位
        JZ    WAIT           ; 为 0，未准备好 等待
        MOV   AL, [BX]       ; 取一个字符
        CMP   AL, '$'        ; 判断是否是结束标志
        JE    EXIT
        OUT   90H, AL        ; 输出字符
        JMP   WAIT
EXIT:   ……                   ; 结束
```

【例 7.10】试编写程序段，用异步串行输入方式输入 1000 个数据，存放到内存 BUF 开始的单元中。要求使 8251A 工作在异步方式，波特率系数为 16，数据长度为 7 位，偶校验，2 个停止位。设 8251 的端口地址为 80H 和 81H。

```
        MOV    AL, 0FAH
        OUT    81H, AL        ; 写入方式选择字
        MOV    AL, 37H
        OUT    81H, AL        ; 写入工作命令字
        LEA    BX, BUF        ; BX 指向缓冲区首址
        MOV    CX, 1000       ; 设置计数器初值
WAIT0:  IN     AL, 81H        ; 读状态字
        TEST   AL, 2          ; 测 RXRDY 位
        JZ     WAIT0          ; 未收到字符等待
        IN     AL, 80H        ; 从数据口读入数据
        MOV    [BX], AL       ; 将字符保存到缓冲区
        INC    BX             ; 缓冲区指针下移一个单元
        IN     AL, 81H        ; 读状态字
        TEST   AL, 38H        ; 判断有无三种错误
        JNZ    ERROR          ; 有错，则转出错处理程序
        LOOP   WAIT0          ; 没错，判是否结束循环
        JMP    EXIT           ; 结束
ERROR:  CALL   ERR_PRO        ; 转入错误处理程序
EXIT:   ……
```

本章小结

CPU 与外部设备进行数据传输，必须通过接口电路。接口电路与外设之间的数据传送方式有两种：并行传送与串行传送方式。

并行接口广泛应用于计算机内部各部件之间以及计算机与外部设备之间的短距离、大批量和快速率的信息传送。8255A 是应用最广泛的典型可编程并行接口芯片。

串行传送方式也成为串行通信，是指在单根导线上将二进制数据逐位顺序传送，具有传输距离长、抗干扰能力强、成本低等优点。8251A 是 Intel 公司生产的一种通用的可编程串行接口芯片。

计数和定时是微型计算机控制系统中经常使用的功能，实现定时和计数的方法有软件定时、不可编程硬件定时和可编程硬件计数器/定时器定时三种。可编程硬件计数器/定时器定时是目前在计算机系统和控制系统中被广泛采用的定时方法。8253 是一种典型的可编程硬件计数器/定时器。

本章重点介绍了 8255A、8251A、8253 的功能以及编程方法方面的知识，通过本章内容的学习可以掌握常用可编程接口芯片的组成、接口信号、工作方式与控制字以及相关输入/输出程序设计的主要方法；进一步熟悉输入/输出控制方式，提高使用汇编语言进行硬件编程的能力。

本章习题

1．简述 8255 的三种工作方式的特点。

2．用 8255 的 A 端口接 8 只理想开关输入二进制数，B 端口和 C 端口各接 8 只发光二极管显示二进制数。设计这一接口电路。编写读入开关数据（原码）送 B 端口（补码）和 C 端口（绝对值）的发光二极管显示的程序段（设 8255 的端口地址为 384H—387H）。试设计其接口电路和控制程序。

3．试用一片 8255 做 8 只理想开关和 2 只七段显示器的接口，将开关输入的 8 位二进制数以十六进制数形式在这 2 只七段显示器上显示出来。设计这一接口电路和控制程序（设 8255 的端口地址为 384 H—387 H）。

4．用 8255 作为双机通信的接口，试设计接口电路和通信程序。

5．8253 计数器硬件触发和软件触发的含义是什么？

6．若 8253CLK1 接 2 MHz，编初始化程序使 OUT1 产生 10 ms 定时中断。如何产生 1 s 定时中断？

7．设 8253 的端口地址为 200H—203H。编程时 OUT1 输出高电平为 100 μs，低电平为 1 μs 的连续负脉冲。

8．8251A 内部有哪些寄存器？分别举例说明它们的作用和使用方法。

9．8251A 的引脚分为哪几类？分别说明它们的功能。

10．8251A 数据发送的条件是什么？工作在异步通信方式时，初始化编程有哪些步骤？

11．已知 8251A 发送的数据格式为：数据位 7 位、偶校验、1 个停止值、波特率因子 64，设 8251A 控制寄存器的地址码是 3FBH，发送／接收寄存器的地址码是 3F8H，试编写用查询法和中断法收发数据的通信程序。

12．若 8251A 的收、发时钟的频率为 38.4 KHz，它的 RST 和 CTS 引脚相连，试完成满足以下要求的初始化程序：半双工异步通信；每个字符的数据位数是 7；停止位为 1 位；

偶校验；波特率为 600 bps；发送允许。半双工同步通信；每个字符的数据位数是 8；无校验；内同步方式；双同步字符；同步字符为 16 H；接收允许。（8251A 的地址为 02C0H 和 02C1H）

第8章 中断与中断管理

本章导读

本章要求进一步掌握几个常用的接口功能，比如：定时/计数、并口输入/输出、串行通信等功能，逐步掌握这些常用的接口编程计数。通过了解这些接口电路的原理，掌握这些接口电路的工作方式，通过软件对寄存器进行适当编程设置，实现某种所需功能。

学习目标

➢ 了解中断、中断源、中断处理过程、中断优先级和中断嵌套等基本知识

➢ 理解中断系统的结构，中断类型、中断向量和中断向量表的概念

➢ 掌握本章所介绍的中断请求及中断处理过程，8259A的组成和接口信号，8259A的初始化编程和中断服务程序的设计方法等，并能够在实践中灵活应用

第 8 章 中断与中断管理

8.1 中断概念

中断的概念之前在讲数据传送方式时已涉及，中断技术不仅可用于数据传输，它在计算机中的应用十分广泛，可用来处理一些需要实时响应的事件，譬如异常、时钟、掉电和特殊状态等。

中断技术是现代计算机系统中十分重要的功能。最初，中断技术引入计算机系统，只是为了解决快速的 CPU 与慢速的外部设备之间传送数据的矛盾。随着计算机技术的发展，中断技术不断被赋予新的功能，如计算机故障检测与自动处理、实时信息处理、多道程序分时操作和人机交互等。中断技术在微机系统中的应用，不仅可以实现 CPU 与外部设备并行工作，而且可以及时处理系统内部和外部的随机事件，使系统能够更加高效地发挥效能。

8.1.1 中断与中断源

1. 中断

在 CPU 正常执行程序的过程中，如果发生内部/外部事件或是程序预先安排的事件急需 CPU 处理时，CPU 会暂时中断正在执行的程序，转去执行相应的事件处理程序。待事件处理完毕后，CPU 再返回到被暂时中断的程序继续执行。这个过程就称为中断。

中断过程可分为：中断请求、中断判优、中断响应、中断处理和中断返回五个步骤。中断是微处理器 CPU 与外部设备交换信息的一种方式，是 CPU 处理随机事件和外部请求的主要手段。

随着计算机技术的发展，中断技术不断被赋予新的功能，它可以使计算机系统完成如下功能。

① CPU 与外部设备并行工作：当外部设备与 CPU 以中断方式传送数据时，可以实现 CPU 与外部设备之间的并行操作，使系统更加高效地发挥效能，提高效率。

② 实时信息处理：在实时信息处理系统中，需要对采集的信息立即做出响应，以避免丢失信息，采用中断技术可以进行信息的实时处理。

③ 故障检测和自动处理：计算机系统出现故障和程序执行错误都是随机事件，事先无法预料。如电源掉电、存储器出错、运算溢出等，采用中断技术可以有效地进行系统的故障检测和自动处理。

④ 分时处理：现代操作系统具有多任务处理功能，使同一个微处理器可以同时运行多道程序，通过定时和中断方式，将 CPU 按时间分配给每个程序，从而实现多任务之间的定时切换与处理。

2. 中断源

产生中断请求的设备或事件称为"中断源"。

中断源可分为两大类：一类来自 CPU 内部，称为内部中断源；另一类来自 CPU 外部，称为外部中断源。

内部中断源包括三种：一是 CPU 执行指令时产生的异常，如除数为 0、溢出，以及断点、单步操作等；二是特殊操作引起的异常，如存储器越界、缺页等；三是 INT n 软件中断指令。

外部中断源也包括三种：一是外设，如键盘、鼠标、打印机等，或为数据通道，如磁盘、数据采集装置、网络等；二是实时时钟，如定时器定时时间到；三是故障源，如掉电、硬件出错、奇偶校验出错等。

对内部中断来说中断的控制完全是在 CPU 内部实现的。而对于外部中断，则利用 CPU 两个中断信号线 INTR 和 NMI 来接收外部中断请求。INTR 为可屏蔽中断输入信号，该信号是否能为 CPU 响应还受中断允许标志寄存器 IF 的控制。当 IF=1 时，CPU 在本条指令执行完后对它作出响应；当 IF=0 时，CPU 不予响应，中断请求被屏蔽。NMI 为非屏蔽中断请求输入信号，上升沿触发，它不受 IF 的约束，CPU 一定会响应 NMI 的请求。

3. 中断请求

当外部中断源希望 CPU 对它服务时，就产生一个中断请求信号加载到 CPU 中断请求输入端，通知 CPU，这就形成了对 CPU 的中断请求。

每个中断源向 CPU 发出的中断请求信号是随机的，而 CPU 是在现行指令执行结束后才检测有无中断请求发生，故在 CPU 现行指令执行期间，必须把随机输入的中断请求信号锁存起来，并保持到 CPU 响应这个中断请求后才可以清除。因此，每一个中断源都设置了一个中断请求触发器，记录中断源的请求标志。当有中断请求时，该触发器被置位；当 CPU 响应中断请求后，该触发器被清除。

4. 中断源识别

在微机系统中，不同的中断源对应着不同的中断服务子程序，并且存放在不同的存储区域。当系统中有多个中断源时，一旦发生中断，CPU 必须确定是哪一个中断源提出了中断请求，以便获取相应的中断服务子程序的入口地址，转入中断处理，这就需要识别中断源。

在 Intel 80x86 CPU 系统中，采用向量中断的方式来识别中断源。所谓向量中断是指中断服务子程序的入口地址由中断事件本身提供的中断。中断事件在提出中断请求的同时，通过硬件向 CPU 提供中断向量。中断服务子程序的入口地址称为中断向量。系统为每一个外设都预先指定一个中断向量，当 CPU 识别出某一个设备请求中断并予以响应时，中断控制逻辑就将设备的中断向量送给 CPU，而转去执行相应的中断服务子程序。

5. 中断优先级判优

在微机系统中，中断源种类繁多、功能各异，所以它们在系统中的重要性不同，要求 CPU 为其服务的响应速度也不同。因此，系统按任务的轻重缓急，为每个中断源进行排队，并给出顺序编号，这就确定了每个中断源在接受 CPU 服务时的优先等级，称之为中断优先级。当有多个中断源同时向 CPU 请求中断时，中断控制逻辑能够自动地按照中断优先级进行排队，称之为中断优先级判优，选中当前优先级最高的中断进行处理。在一般情况下，系统的内部中断优先于外部中断，不可屏蔽中断优先于可屏蔽中断。

中断源的优先级判优，可以通过软件查询方式和硬件电路两种方法实现。

软件查询方式的基本原理是：当 CPU 接收到中断请求信号后，执行优先级判优的查询程序，逐个检测外设中断请求标志位的状态，检测的顺序是按优先级的高低来进行的，最先检测到的中断源拥有最高的优先级，最后检测到的中断源拥有最低的优先级。CPU 首先响应优先级最高的中断请求，在处理完优先级最高的中断请求后，再转去响应并处理优先级较低的中断源请求。

硬件优先级判优是采用硬件电路来实现的，可节省 CPU 的时间，而且速度较快，但是成本较高。

6. 中断嵌套

在中断优先级已经确定的情况下，低优先级中断源向 CPU 发出中断请求，且得到了 CPU 的响应，CPU 正在对其进行服务时，若有优先级更高的中断源向 CPU 提出中断请求，则中断控制逻辑能控制 CPU 暂时搁置现行的中断服务（中断正在执行的中断服务子程序），转而响应高优先级的中断，执行中断服务子程序，待高优先级的中断处理完毕后，再返回先前被搁置的中断服务子程序继续执行。若此时是低优先级或同级中断源发出的中断请求，CPU 均不响应。这种高优先级中断源中断低优先级中断源的服务，使中断服务子程序可以嵌套进行的过程，称为中断嵌套。

7. 中断允许与屏蔽

在微机系统中，中断的允许与屏蔽通常分为两级来考虑。

一级是针对 CPU 的可屏蔽中断请求（INTR）是否被允许进入系统，处理的方法是在 CPU 内部设置一个中断允许触发器（即 IF 标志），用来开放或关闭 CPU 中断，该触发器可以用指令置位或清 0。当中断允许触发器置 1 时，称为开中断，允许 CPU 响应 INTR 请求；当中断允许触发器清 0 时，称为关中断，禁止 CPU 响应 INTR 请求。

另一级是在外设接口中，为每一个中断源设置一个中断允许触发器和一个中断屏蔽触发器，用它们来开放或关闭中断源的请求。

8.1.2 中断系统的功能

中断过程需要由计算机的软、硬件共同完成,能完成中断过程的所有硬件和软件构成中断系统。中断系统应具备如下功能。

(1)设置中断源:中断源是系统中允许请求中断的事件。设置中断源就是确定中断源的中断请求方式。

(2)中断源识别:当中断源有请求时,CPU 能够正确地判别中断源,并能够转去执行相应的中断服务子程序。

(3)中断源判优:当有多个中断源同时请求中断时,系统能够自动地进行中断优先权判断,优先权最高的中断请求将优先得到 CPU 的响应和处理。

(4)中断处理与返回:能自动地在中断服务子程序与主程序之间进行跳转,并对断点进行保护。

(5)中断嵌套。

8.1.3 中断处理过程

对于不同的微机系统和不同的中断方式(如软件、硬件中断),CPU 进行中断处理的具体过程不完全一样。但都要经过:请求中断、中断判优、中断响应、保护现场、中断处理(服务)、恢复现场和中断返回等阶段。

1. CPU 响应中断的条件

(1)中断请求触发器置位。CPU 只有在当前指令执行结束后才会检测有无中断请求发生,因此对于外部中断,中断源要向 CPU 发出中断请求,就必须把自己的中断请求信号保持到 CPU 响应,才可以清除。

故要求每一个中断源都有一个中断请求触发器,用于记录中断请求标志。当提出中断请求时,该触发器被置位,如图 8-1 所示。

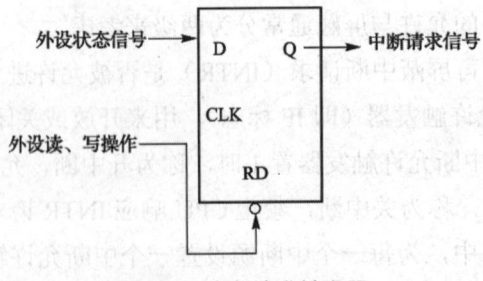

图 8-1 中断请求触发器

(2)中断屏蔽触发器置位。在通常情况下,往往有多个中断源。在外设接口中,为每一个中断源设置了一个中断屏蔽触发器,用来开放或关闭中断源的请求。只有中断屏蔽触发器设置为"1"时,外设的中断请求信号才能被送到 CPU,如图 8-2 所示。

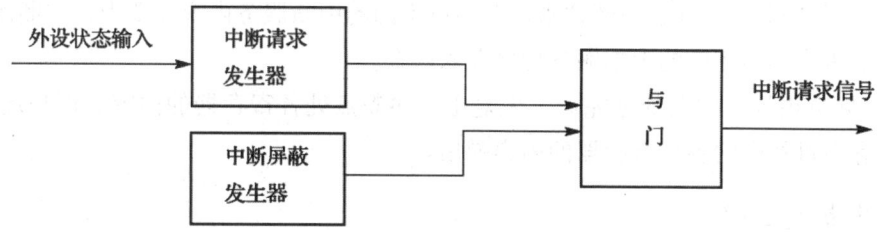

图 8-2 中断屏蔽触发器

(3) 中断是开放的。外部中断是否响应,还取决于 CPU 是允许中断还是禁止中断。CPU 通过内部设置的一个中断允许触发器(标志寄存器 FR 的 IF 位),来开放或关闭可屏蔽中断 INTR。

执行 STI 指令后,IF 置"1",称为开中断,允许 CPU 响应 INTR 请求。

执行 CLI 指令后,IF 清"0"时,称为关中断,禁止 CPU 响应 INTR 请求。

(4) CPU 在执行当前指令的最后一个时钟周期

CPU 在执行当前指令的最后一个时钟周期才去查询 INTR 引脚。若查询到该引脚信号为高电平,则表示收到有效中断请求信号。在开中断(即 IF=1)的情况下,CPU 在下一个总线周期不进入取指周期,而是进入中断响应周期处理中断。

中断请求有边沿触发和电平触发两种。边沿触发由中断请求端上有否电平跳变来决定中断信号是否有效;电平触发由中断请求端上有无稳定的,能满足要求的电平信号来确定中断请求是否有效。8088/8086 CPU 的非屏蔽中断(NMI)为边沿触发,而可屏蔽中断 INTR 为电平触发,以保证产生的中断请求能被 CPU 处理。CPU 响应后,INTR 信号应及时撤除,以避免造成多次响应。

2. CPU 对中断的响应

CPU 进入中断响应周期后,发出一个中断响应信号 $\overline{INTA}$ 自动完成如下操作。

(1) 关闭中断。自动将状态标志寄存器 FR 的内容压入堆栈保护起来,然后将 FR 中的中断标志位 IF 与陷阱标志位 TF 清零。

(2) 保护断点。将当前 CS 和 IP 的内容压入堆栈保存,以便中断处理完毕后能返回被中断的原程序继续执行。

(3) 送中断类型号。中断源识别,在中断响应周期的第二个总线周期中,由中断控制器给出中断类型号,CPU 根据中断类型号获取中断服务子程序的入口地址,并装入 CS 与 IP;一旦装入完毕,中断服务程序就开始执行。

3. CPU 对中断的处理

中断服务程序,就是为实现中断源所期望达到的功能而编写的程序。其步骤如下。

（1）保护现场。为使中断处理程序不破坏主程序中寄存器的内容，应先将断点处各寄存器的内容压入堆栈保护起来，现场保护是由用户使用 PUSH 指令来实现的。

（2）中断服务。不同的中断请求，有各自不同的中断服务内容需要根据中断源所要完成的功能，事先编写相应的中断服务程序存入内存。

（3）恢复现场。中断处理完后，恢复主程序断点处各寄存器的内容。用户通过 POP 指令将保存在堆栈中的各个寄存器的内容弹出。

4. 中断的返回

在中断服务子程序的最后，要开中断（CPU 能响应新的中断请求）并安排一条中断返回指令 IRET。

执行指令 IRET 后，之前压入堆栈的断点值及程序状态字弹回到 CS、IP 及 FLAGS 中，CPU 继续执行主程序。

中断处理流程如图 8-3 所示。

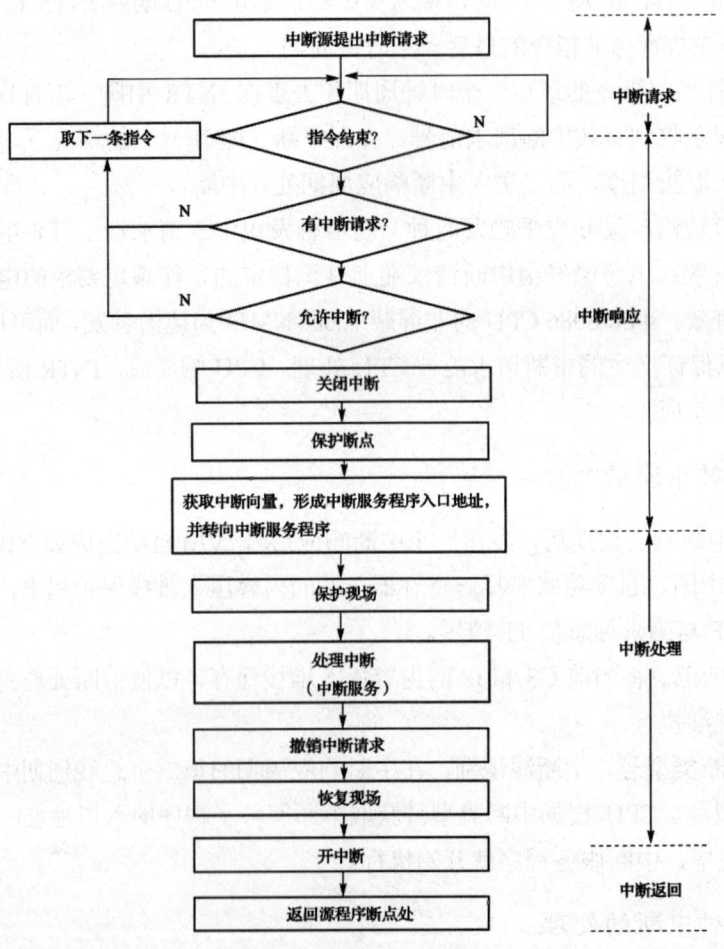

图 8-3 中断处理流程图

8.1.4 中断源识别及优先权判断

中断源识别原因是：当系统中有多个中断源时，一旦发生中断，CPU 需确定是哪一个中断源提出了中断请求。

中断源识别的任务是：确定该响应的是哪个中断源，找到该中断服务程序的入口地址。

中断源识别的方法有软件查询法、硬件中断优先级排队电路。

1. 软件查询法

查询次序，也就反映了各中断源优先级别的高低。先被查的中断源优先级别高，后被查的中断源优先级别低。任一中断请求，都可向 CPU 发出 INTR 信号，将中断请求信号相"或"后，作为 INTR 信号。

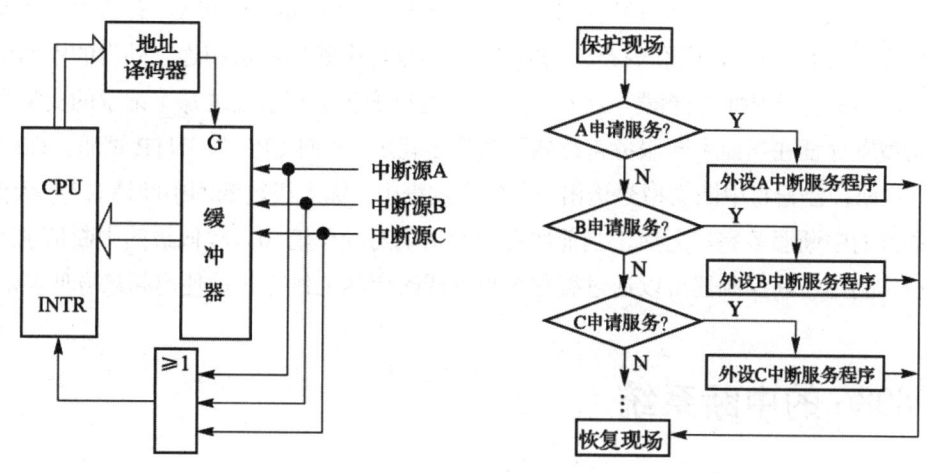

图 8-4　实现软件查询的接口电路　　图 8-5　软件查询程序流程图

- **优点**：硬件电路简单，无需优先权的硬件排队电路，可随时修改优先级（改变查询的先后顺序）。

- **缺点**：软件查询由询问转至相应中断服务程序入口时间长，尤其在中断源较多的情况下，中断响应的实时性受到影响。

2. 硬件中断优先级排队电路

硬件中断优先级排队电路常采用链式优先级排队电路或中断优先级编码电路。

链式优先级排队电路中，在每个中断源的电路设置一个菊花链逻辑电路，当某设备有中断请求时，会向 CPU 发送中断请求信号。若 CPU 允许中断，则 CPU 发出中断响应信号，信号在菊花链中传递，如果某设备没有中断请求，则信号通过菊花链逻辑电路继续往下一级传递。菊花链逻辑电路如图 8-6 所示。

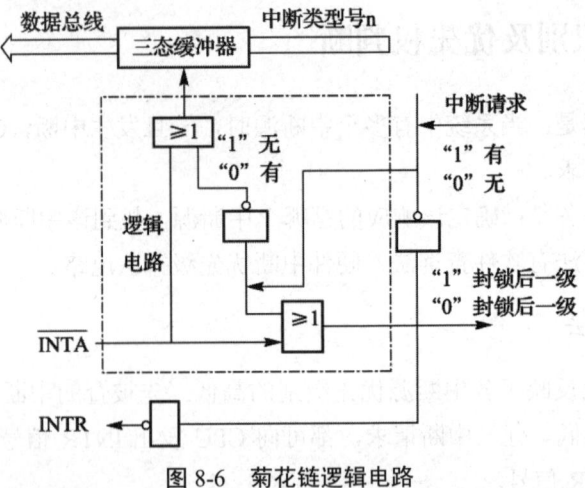

图 8-6 菊花链逻辑电路

中断优先级编码电路采用可编程的中断控制器芯片,如 Intel8259A。有了中断控制器以后,CPU 的 INTR 和引脚不再与接口直接相连,而是与中断控制器相连,外设的中断请求信号通过 IR_0—IR_7 进入中断控制器,经优先级管理逻辑确认级别最高的那个请求的类型号会经过中断类型寄存器在当前中断服务寄存器的某位上置 1,并向 CPU 发 INTR 请求,CPU 发出信号后,中断控制器将中断类型号送出。在整个过程中,优先级较低的中断请求都受到阻塞,直到较高级的中断服务完毕之后,当前服务寄存器的对应位清 0,较低级的中断请求才有可能被响应。利用中断控制器可以通过编程来设置或改变其工作方式。使用起来方便灵活。

8.2　8086 的中断系统

Intel 80x86 系列微机有一个灵活的中断系统,可以处理 256 种中断源,每个中断源都有对应的中断类型号(0~255)供 CPU 识别。8086 中断系统如图 8-7 所示。

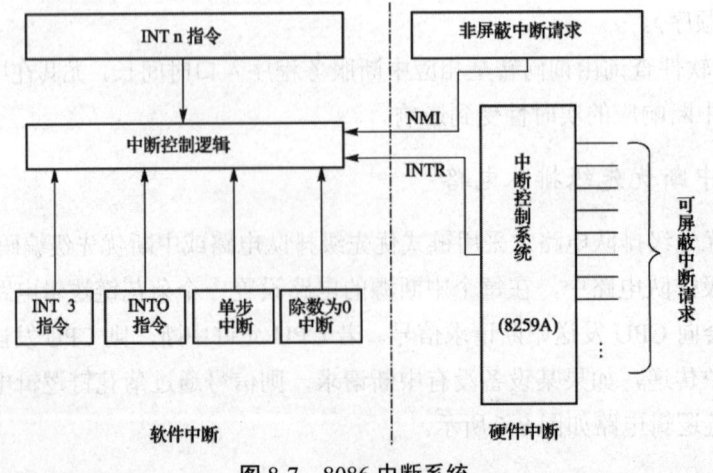

图 8-7　8086 中断系统

8.2.1 8086 的中断类型

1. 外部中断

外部中断是指由外部设备通过硬件请求的方式产生的中断，也称为硬件中断。外部中断又可分为不可屏蔽中断和可屏蔽中断。

不可屏蔽中断（non-maskable interrupt，NMI）：当外设通过非屏蔽中断请求信号向微处理器提出中断请求时，微处理器在当前指令执行结束后，就立即无条件的予以响应，这样的中断就是不可屏蔽中断。由 CPU 的 NMI 引脚引入，NMI 上升沿时触发，维持 2 个 T 高电平。不受中断允许标志 IF 的影响，中断类型号固定为 2。不可屏蔽中断在外部中断源中优先级最高，主要用于处理系统的意外或故障，如电源掉电、存储器读/写错误、扩展槽中输入/输出通道错误等。

可屏蔽中断（interrupt request，INTR）：CPU 对可屏蔽中断请求的响应是有条件的，它受中断允许标志位 IF 的控制。当 IF=1 时，允许 CPU 响应 INTR 请求；当 IF=0 时，禁止 CPU 响应 INTR 请求。由 CPU 的 INTR 引脚引入，高电平有效。中断类型号由中断请求的设备提供。可用于屏蔽中断 CPU 与外设进行数据交换。

2. 内部中断

内部中断是由 CPU 运行程序异常或执行内部程序调用引起的一种中断，内部中断也称为软件中断。不受 IF 影响。中断类型号由指令提供。

内部中断有以下几个：

（1）除法错中断：执行除法指令时，若除数为 0 或商超过寄存器所能表达的范围，则 CPU 立即产生一个向量号为 0 的内部中断（也称作"自陷"中断）。

（2）溢出中断：如果上一条指令使溢出标志位 OF 为 1，则执行 INTO 指令产生向量号为 4 的内部中断。

（3）INT n 指令中断：8086 的指令系统中有一条 INT n 指令，执行这条指令就会立即产生中断。向量号为 n 的内部中断。

（4）单步中断：当单步标志（陷阱标志）TF 置"1"时，80x86 处于单步工作方式。在单步工作时，每执行完一条指令，CPU 自动产生中断类型号为 1 的中断。

（5）断点中断：断点中断是 80x86 提供的一种调试程序的手段。用于设置程序中的断点，中断类型号为 3。

中断优先级由高到低分别为：除法错、INT n 指令、溢出、断点中断、非屏蔽中断 NMI、可屏蔽中断 INTR、单步中断。

内部中断向量号陈指令中断由指令指定外，其余都是预定好的，因此都不需要传送中断向量号，也不需要中断响应周期。

8.2.2 中断向量和中断向量表

1. 中断向量表的概念

（1）中断类型号。在 8086 系统中，共设有 256 类中断，每类中断分配到一个 8 位的编号，这个编号就叫做中断类型号。中断类型号的范围：00～FFH（0～255）。

（2）中断向量。需要响应的每一类中断都编写有相应的中断服务程序，并预先装入内存，中断服务程序在内存中的入口地址叫中断向量。每个中断类型对应一个中断向量。中断向量的字长是 4 个字节：2 个字节的段地址，2 个字节的偏移地址。中断向量表地址指针如图 8-8 所示。

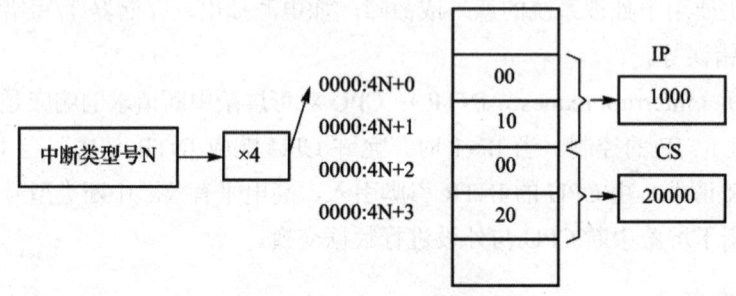

图 8-8 中断向量表地址指针

（3）中断向量表。把系统中所有的中断向量集中起来放到存储器的某一区域内，这个存放中断向量的存储区就叫中断向量表或中断服务程序入口地址表。中断向量表如图 8-9 所示。

8086 系统把中断向量表安排在内存地址 00000H～003FFH 区域（1 K）。每四个连续字节存放一个中断向量：高地址 2 个字节单元放段地址（CS）；低地址 2 个字节单元中放偏移地址（IP）。

（4）中断向量表地址指针。为了便于在中断向量表中找到中断向量，通常设置一种指针，来指出中断向量存放在中断向量表的具体位置；存放中断向量的 4 个存储单元的最低地址称为向量表地址指针。

计算方法：中断类型号×4

由此即可计算某个中断类型的中断向量在整个中断向量表中的位置。如果已知一个中断类型号，则通过两次地址转换（中断类型号到中断向量表地址；中断向量表地址到中断处理程序入口地址）后，可到达中断服务程序。

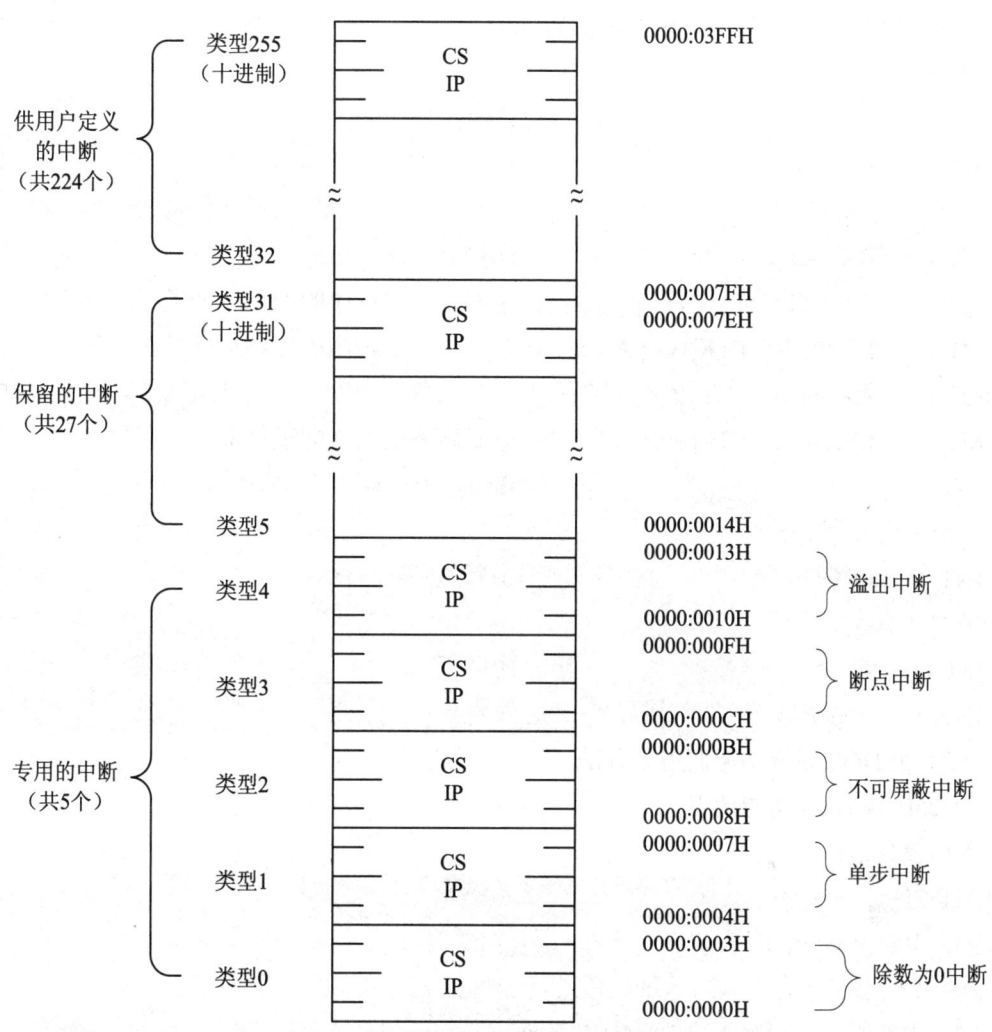

图 8-9 中断向量表的结构

2. 中断入口地址设置

对于系统定义的中断，如 BIOS 中断调用和 DOS 中断调用（中断类型号 00H～1FH 共 32 种），在系统引导时就自动完成了中断向量表中断向量的装入，也即中断类型号对应中断服务程序入口地址的设置。而对于用户定义的中断调用，除设计好中断服务程序外，还必须把中断服务程序入口地址放置到与中断类型号相应的中断向量表中，以便在 CPU 响应中断请求后，由中断向量自动引导到中断服务子程序。有直接装入和利用 DOS 功能调用装入两种方法。

（1）用传送指令直接装入。将中断向量通过数据传送指令直接送入中断向量表指定的单元中。

例如：设某中断源的中断类型号 n 为 40H，中断服务子程序为 INT_P，则设置中断向量的程序段如下：

```
CLI                              ; IF=0，关中断
MOV    AX, 0                     ; ES 指向 0 段
MOV    ES, AX
MOV    BX, 40H×4                 ; 向量表地址送 BX
MOV    AX, OFFSET INT_P          ; 中断服务子程序的偏移地址送 AX
MOV    ES:WORD PTR[BX], AX       ; 中断服务子程序的偏移地址写入向量表
MOV    AX, SEG INT_P             ; 中断服务子程序的段基址送 AX
MOV    ES:WORD PTR[BX+2], AX     ; 中断服务子程序的段基址写入向量表
STI                              ; IF=1，开中断
············
INT_P  PROC                      ; 中断服务子程序
  ···
IRET                              ; 中断返回
INT_P  ENDP
```

（2）用 DOS 系统功能调用装入法

① 25H 号 DOS 功能调用

入口参数是：

AH=25H。

AL=中断类型号。

DS=中断服务子程序入口地址的段地址。

DX=中断服务子程序入口地址的偏移地址。

用 DOS 调用前面的例题，程序段：

```
        CLI                        ; IF=0，关中断
        MOV   AL, 40H              ; 中断类型号 40H 送 AL
        MOV   DX, SEG INT_P        ; 中断服务子程序的段基址送 DS
        MOV   DS, DX
        MOV   DX, OFFSET INT_P     ; 中断服务子程序的偏移地址送 DX
        MOV   AH, 25H              ; 25H 功能调用
        INT   21H
        STI                        ; IF=1，开中断
```

② 35H 号 DOS 功能调用

在实际应用中，为了不破坏向量表中的原始设置，通常在装入新的中断向量之前，先

将原有的中断向量取出保存,待中断处理完毕,再将原中断向量恢复。

入口参数是:

AH=35H。
AL=中断类型号。

出口参数是:

ES=中断服务子程序入口地址的段地址。
BX=中断服务子程序入口地址的偏移地址。

例如:若从中断类型号为40H对应的向量表中取出中断向量,程序段如下:

```
MOV AH, 35H
MOV AL, 40H
INT  21H
```

该程序段执行之后,从中断向量表中获取的中断向量存放在 ES 和 BX 中,ES 中存放段基址,BX 中存放偏移地址。

8.2.3　8086 中断响应和处理过程

在 8086 系统中各种中断的响应和处理过程是不完全相同的,主要区别还在于如何获取相应的中断类型号。

1. 顺序查询

(1)中断源识别。CPU 在当前指令执行完后,按内部中断(除法出错、INT n、断点中断、溢出中断)、NMI、INTR、单步中断的顺序来逐个查询是否有中断请求,对于 INTR 还要判断 CPU 是否允许中断(IF=1)。

(2)8086 的中断优先级。CPU 检测的顺序是按优先级的高低来进行的,最先检测到的中断源拥有最高的优先级,最后检测到的中断源拥有最低的优先级。

2. 形成中断类型号

当内部中断发生时,是按预定方式得到中断类型号(专用中断:0、1、3、4),在用软件中断指令 INT n 时,中断指令本身就为 CPU 提供了中断类型号 n。非屏蔽中断类型号固定是 2。可屏蔽的中断由请求中断的设备提供中断类型号。CPU 在引脚连续发两个负脉冲,外设在接到第二个负脉冲以后,在数据线上发送中断类型号,CPU 读取数据线获得由请求中断的外部设备输入的中断类型号。可屏蔽中断响应周期如图 8-10 所示。

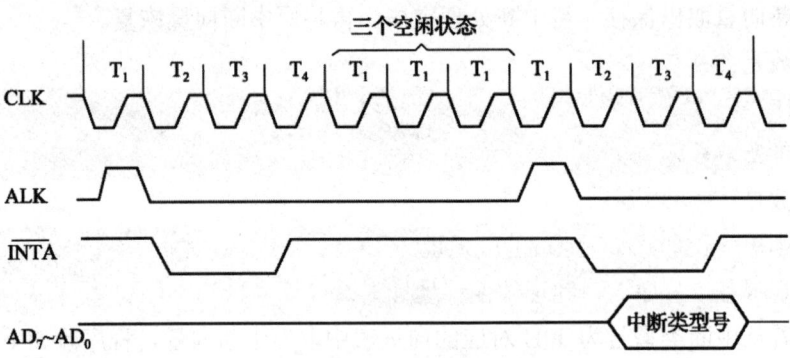

图 8-10 可屏蔽中断响应周期

3. 中断处理

断点保护。将标志寄存器（PSW）、当前段寄存器（CS）及指令指针（IP）内容压入堆栈。关闭中断，并清除 IF 及 TF 位（IF←0，TF←0），以便禁止响应可屏蔽中断或单步中断。

将取得的中断类型号乘 4，到中断向量表中取中断向量（中断处理程序的入口地址），其中高 2 字节段地址送到 CS 中，低 2 字节偏移地址送入 IP 中。一旦中断处理程序的入口地址置入 IP 及 CS 中，程序就被转入并开始执行中断处理程序。

中断服务程序一般包括：保护现场、中断服务、恢复现场等部分。同时，为了能够处理多重中断，还可在中断处理程序的适当地方加入开中断指令（STI）。

4. 中断返回

中断服务程序执行完毕，最后执行一条中断返回指令 IRET，将压入堆栈的原标志寄存器内容及断点地址弹出，继续执行原程序。

5. 中断过程举例

设某输入设备数据准备就绪后向 CPU 申请可屏蔽中断，中断类型号为 80H，中断响应后执行的服务子程序名为 INTPROC。中断程序执行过程如图 8-11 所示。

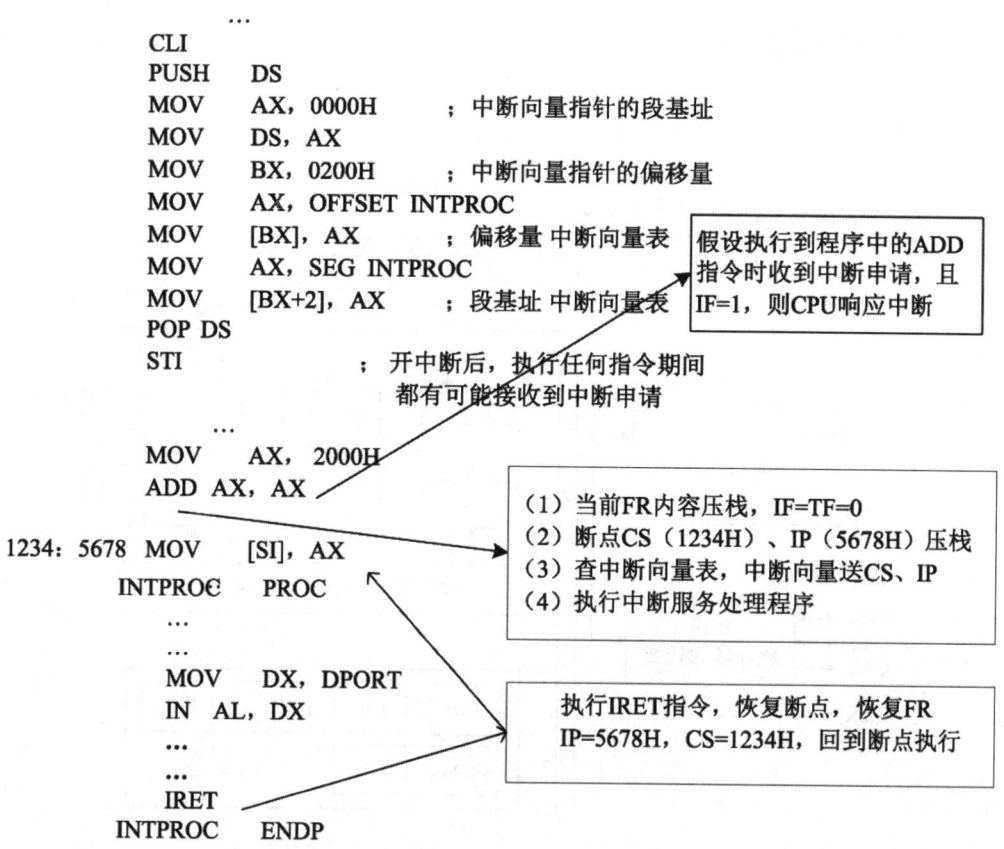

图 8-11　中断程序执行过程举例

从图 8-11 看出，CPU 在没接到中断请求信号时，一直执行原来的程序，当执行到 ADD 指令时收到中断申请，且 IF=1，则 CPU 响应中断，转而去执行子程序 INTPROC，执行完子程序返回到主程序的断点处继续执行。

8.3　可编程中断控制器 8259A

Intel 8259A 是一种可编程序中断控制器，又称"优先权中断控制器"，它将中断源优先级判优、中断源识别和中断屏蔽电路集于一体，具有强大的中断管理功能。

8259A 的主要功能有以下几个。

（1）可管理拥有 8 级优先权的中断源，通过级联可扩充至管理 64 级优先权的中断源。

（2）通过编程对每一级中断源都可实现屏蔽或允许。

（3）能向 CPU 提供相应的中断向量，从而能迅速地转至中断服务程序。

（4）8259A 有多种工作方式，可通过编程来进行选择。

8.3.1 8259A 的结构

8259A 内部结构图如图 8-12 所示。

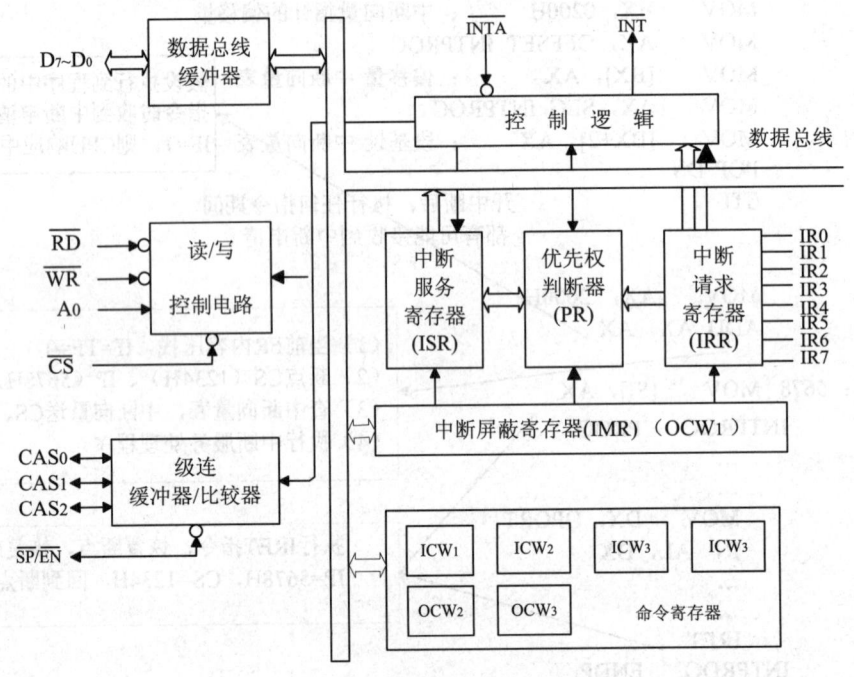

图 8-12 8259A 内部结构图

中断请求寄存器（interrupt request register，IRR）。8 位，接受并锁存来自 $IR_0 \sim IR_7$ 的中断请求信号，第 i 位=1：IR_i 有请求，第 i 位=0：IRi 没有请求，当中断请求响应后，在中断响应信号 $\overline{INTA}$ 有效时，IRi 相应位复位。

中断屏蔽寄存器（interrupt mask register，IMR）。8 位，存放 CPU 送来的屏蔽信号，第 i 位=1：屏蔽 IR_i 的中断请求，第 i 位=0：开放 IR_i 的中断请求。

中断服务寄存器（interrupt service register，ISR）。8 位，记录正在处理中的所有中断请求，第 i 位=1：IR_i 正在处理，在多重中断时，ISR 中可能有多位同时被置"1"。

优先权判断器（priority register，PR）。8 位，管理和识别 IRR 中各个中断源的优先级别，优先权判决器对 IRR 中记录的内容与当前 ISR 中记录的内容进行比较，并对它们进行排队判优，以便选出当前优先级最高级的中断请求。如果 IRR 中记录的中断请求的优先级高于 ISR 中记录的中断请求的优先级，则由中断控制逻辑向 CPU 发出中断请求信号 INT，中止当前的中断服务，进行中断嵌套。如果 IRR 中记录的中断请求的优先级低于 ISR 中记录的中断请求的优先级，则 CPU 继续执行当前的中断服务程序。

控制逻辑。接受和发出控制信号，中断控制逻辑按照编程设定的工作方式管理中断，负责向片内各部件发送控制信号，向 CPU 发送中断请求信号 INT 和接收 CPU 回送的中断响应信号 $\overline{\text{INTA}}$，控制 8259A 进入中断管理状态。

数据总线缓冲器。8 位，双向，三态，8259A 和系统数据总线的接口，传输信号：① CPU 对 8259A 的控制字，② 8259A 送给 CPU 的状态信息，③8259A 送给 CPU 的中断向量。

读写控制电路。接收 CPU 送来的读/写信号和地址信息、片内地址的选择级联缓冲器/比较器，用于控制多片级联

命令寄存器。编程角度看，8259A 有 7 个 8 位的寄存器：4 个初始化命令字寄存器（$ICW_1 \sim ICW_4$）用于系统初启时设定，3 个操作命令字寄存器（$OCW_1 \sim OCW_3$），系统运行时，由应用程序设定。

8259A 读写操作表如表 8-13 所示。

表 8-13 8259A 读写操作表

$\overline{CS}$	$\overline{WR}$	$\overline{RD}$	A_0	D_4	D_3	功能
0	0	1	0	1	×	写 ICW_1
0	0	1	1	×	×	写 ICW_2
0	0	1	1	×	×	写 ICW_3
0	0	1	1	×	×	写 ICW_4
0	0	1	1	×	×	写 OCW_1
0	0	1	0	0	0	写 OCW_2
0	0	1	0	0	1	写 OCW_3
0	1	0	0	×	×	读 IRR
0	1	0	0	×	×	读 ISR
0	1	0	1	×	×	读 IMR
0	1	0	1	×	×	读状态寄存器

注意：$D_4 D_3$ 为对应寄存器中的标志位。

8.3.2 8259A 的引脚

8259A 引脚图如图 8-13 所示。

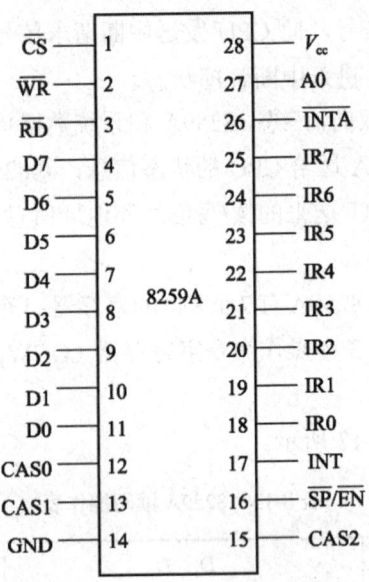

图 8-13 8259A 引脚图

中断请求输入信号（$IR_0 \sim IR_7$）：规定的优先级为 $IR_0 > IR_1 > \cdots > IR_7$，外设或者从片送入，触发方式：边沿触发、电平触发。

- 读信号（$\overline{RD}$）：输入，由 CPU 送入，低电平有效，有效时 CPU 读取 8259A 状态。
- 写信号（$\overline{WR}$）：输入，由 CPU 送入，低电平有效，有效时 CPU 向 8259A 写入控制字。
- 中断请求信号（INT）：输出，单片时由 8259A 输出给 CPU，级联时，主片 INT 连接 CPU 的 INTR，从片 INT 连接主片的 IRi。
- 中断响应信号（$\overline{INTA}$）：输入，CPU 的中断应答信号输出给 8259A。
- 片选信号（$\overline{CS}$）：输入，低电平有效，有效时 CPU 才能访问 8259A
- 端口地址选择信号（A_0）：输入，每片 8259A 有 2 个端口地址：A0=1、A0=0 级联信号（$CAS_0 \sim CAS_2$）（cascade lines）：主、从片的连接线，主片：输出，从片：输入，主片通过 $CAS_2 \sim CAS_0$ 的编码选择和管理从片。

从片/缓冲器允许信号，双向双功能信号 $\overline{SP}/\overline{EN}$（slave program/enable buffer）：双向信号线，用于从片选择或总线驱动器的控制信号。当 8259A 工作于非缓冲方式时，$\overline{SP}/\overline{EN}$ 作为输入信号线，用于从片选择。级联中的从片 $\overline{SP}/\overline{EN}$ 接低电平，主片 $\overline{SP}/\overline{EN}$ 接高电平。当 8259A 工作于缓冲方式时，$\overline{SP}/\overline{EN}$ 作为输出信号线，用做 8259A 与系统总线驱动器的控制信号。缓冲方式：输出，控制收发器的接收或发送；非缓冲方式：输入，主片该引脚=1，从片该引脚=0。

8.3.3　8259A 中断处理过程

8259A 中断处理过程如下。

（1）当有一条或若干条中断请求线（$IR_7 \sim IR_0$）变为高电平，则中断请求寄存器 IRR 的相应位置位。

（2）若中断请求线中至少有一条是中断允许的（中断屏蔽寄存器相应位开放，且请求中断的级别高于当前正在服务的中断或未处于中断服务程序中），则 8259A 通过 INT 引脚向 CPU 的 INTR 引脚发出中断请求信号。

（3）CPU 在当前指令执行完后，若检测到中断请求信号，且处于开中断状态（IF=1）则会暂停执行下一条指令，进入中断响应总线周期，发送两个 INTA 信号给 8259A 作为响应。

（4）8259A 在接受到来自 CPU 的第一个 INTA 信号后，使中断源中优先级最高的 ISR 位置位，而相应的 IRR 位被复位。在该周期中，8259A 不向数据总线送任何内容。

（5）在第二个 INTA 脉冲期间，8259A 向 CPU 发出中断类型号（8 位的二进制数，其中高位 $T_7 \sim T_3$ 是 8259A 初始化时设置的，而低 3 位是 8259A 自动插入的），CPU 获得后，将此向量乘以 4，在中断向量表中找到相应的中断服务程序入口地址。

（6）中断响应周期结束后，CPU 就转而执行中断服务程序。采用 AEOI（自动结束）方式时，在第二个脉冲 INTA 结束时，ISR 位被复位。否则，在中断服务程序中，应在 IRET 指令加入相应的 EOI 指令，使 ISR 的相应位复位。

8.3.4　8259A 的工作方式

1. 中断优先级管理方式

（1）固定优先权方式

在固定优先权方式中，$IR_7 \sim IR_0$ 的中断优先权的级别是由系统确定的。它们由高到低的优先级顺序是 IR_0，IR_1，IR_2，IR_3，IR_4，IR_5，IR_6，IR_7。当有多个 IR_i 请求时，优先权分析器（PR）将它们与当前正在处理的中断源的优先权进行比较，选出当前优先权最高的 IR_i，向 CPU 发出中断，请求 INT，请求为其服务。

（2）自动循环方式

优先级是循环变化的（不希望有固定的优先级差别），在自动循环优先权方式中，$IR_7 \sim IR_0$ 优先权级别是可以改变的。其变化规律是：当某一个中断请求 IR_i 服务结束后，该中断的优先权自动降为最低，而紧跟其后的中断请求 $IR_{(i+1)}$ 的优先权自动升为最高。由操作命令字 OCW_2 来设定。例如开始时，优先级队列还是：$IR_0 \rightarrow IR_7$，若此时出现了 IR_3 请求，响应 IR_3 并处理完成后，队列变为：$IR_4 \rightarrow IR_5 \rightarrow IR_6 \rightarrow IR_7 \rightarrow IR_0 \rightarrow IR_1 \rightarrow IR_2 \rightarrow IR_3$。

在自动循环优先权方式中，按确定循环时的最低优先权的方式不同，又分为普通自动循环方式和特殊自动循环方式两种。普通自动循环方式的特点是：$IR_7 \sim IR_0$ 中的初始最高优先级由系统指定，即指定 IR_0 的优先级最高，以后按右循环规则进行循环排队。而特殊自动循环方式的特点是：$IR_7 \sim IR_0$ 中的初始最低优先级，由用户通过置位优先权命令指定。

（3）特殊循环方式

与优先级"自动循环方式"相比，只有一点不同：可以设置开始的最低优先级。例如，设定 IR_4 为最低优先级，那么 IR_5 就是最高优先级，其余各级按循环方法类推。

2. 中断嵌套方式

（1）全嵌套方式

按固定优先级别高低来管理中断：IR_0 的优先级别最高，IR_7 最低。如果 8259A 初始化时未对优先管理方式进行编程，则 8259A 自动进入全嵌套方式。当一个中断请求被响应时，ISR 中的对应位被置"1"，8259A 把中断类型码放到数据总线上，然后进入中断服务程序。允许优先级更高的中断请求进入，但不允许同级、或低级的中断请求进入。

（2）特殊全嵌套方式

与全嵌套方式基本相同。在处理某一级中断时，不但允许优先级更高的中断请求进入，也允许同级的中断请求进入。主从结构的 8259A 系统中，主片设置为特殊全嵌套方式。通过 ICW_4 的 "SFNM" 位可以设置此种方式。从片设置为完全嵌套方式。当主片为某一个从片的中断请求服务时，从片中的 $IR_7 \sim IR_0$ 的请求都是通过主片中的某个 IR_i 请求引入的。因此从片的 $IR_7 \sim IR_0$ 对于主片 IR_i 来说，它们属于同级。

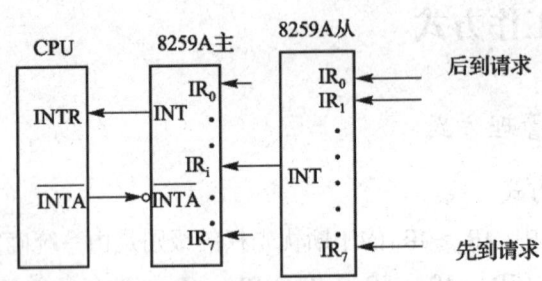

图 8-14 主从结构的 8259A 系统

3. 中断屏蔽方式

（1）普通屏蔽方式

通过对中断屏蔽寄存器（IMR）的设定，实现对相应位为"1"的中断请求的屏蔽。由编程写入操作命令字 OCW_1 使 IMR 的一位或几位置"1"，以达到对 IR_i（i=0～7）中断请求的屏蔽。

（2）特殊屏蔽方式

特殊屏蔽方式允许低优先级中断请求中断正在服务的高优先级中断。这种屏蔽方式通常用于级联方式中的主片，对于同一个请求 IR_i 上连接有多个中断源的场合，可以通过编程写入操作命令字 OCW_3 来设置或取消。

在特殊屏蔽方式中，可在中断服务子程序中用中断屏蔽命令来屏蔽当前正在处理的中断，同时可使 ISR 中的对应当前中断的相应位清 0，这样一来不仅屏蔽了当前正在处理的中断，而且也真正开放了较低级别的中断请求。

在这种情况下，虽然 CPU 仍然继续执行较高级别的中断服务子程序，但由于 ISR 中对应当前中断的相应位已经清 0，如同没有响应该中断一样。所以，此时对于较低级别的中断请求，8259A 仍然能产生 INT 中断请求，CPU 也会响应较低级别的中断请求。

特殊屏蔽方式实现如图 8-15 所示。

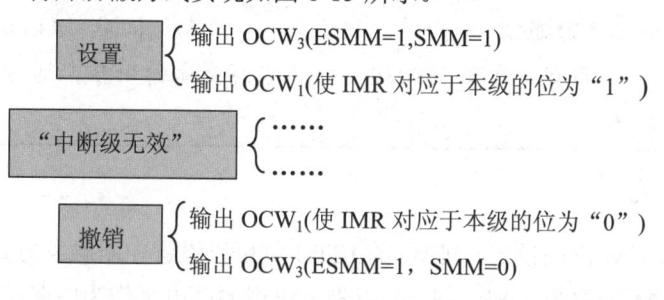

图 8-15　特殊屏蔽方式实现图

4. 8259A 的中断结束方式

中断结束方式是指 CPU 为某个中断请求服务结束后，应及时清除中断服务标志位，否则就意味着中断服务还在继续，致使比它优先级低的中断请求无法得到响应。中断服务标志位存放在中断服务寄存器（ISR）中，当某个中断源 IR_i 被响应后，ISR 中的 D_i 位被置 1，服务完毕应及时清除。

（1）非自动中断结束（EOI）方式

EOI 方式是指在中断服务程序末尾向 8259A 发出中断结束命令，在中断服务子程序中编程写入操作命令字 OCW_2，向 8259A 传送一个普通 EOI（End Of Interrupt）命令（不指定被复位的中断的级号）来清除 ISR 中当前优先级别最高位。清除 ISR 中的相应位，表示该级的中断服务程序已经结束。

EOI 命令：普通 EOI 命令、特殊 EOI 命令

普通 EOI 命令：适用于完全嵌套方式。在全嵌套方式下，ISR 中最高优先级的置 "1" 位，正对应于当前正在处理的中断，将其清 "0"，就完成了当前正在处理中断的结束操作。

实现方法：在程序中往 8259A 的 A0=0 端口输出一个操作命令字 OCW_2，并使得 OCW_2 中的 EOI=1，SL=0，R=0 即可。

特殊 EOI 命令：在非全嵌套方式下，无固定的优先级序列（使用设置优先权命令或特殊屏蔽方式），此时，根据 ISR 的内容无法确定刚刚所响应（处理）的中断。这种情况下，

就不能用上述的 EOI 方式进行中断结束处理，而必须用特殊的中断结束命令。实现方法：OCW$_2$:EOI=1,SL=1,R=0,L$_2$～L0，由 L$_2$～L$_0$ 指定清除 ISR 中的哪一位。

（2）自动中断结束（AEOI）方式：在第二个 INTA 后沿，即完成对应的 ISR 位复位。

> AEOI 方式是在中断响应后，而不是在中断处理程序结束后将 ISR 位清 0。这样，在中断处理过程中，8259A 中就没有"正在处理"的标识。此时，若有中断请求出现，且 IF=1，则无论其优先级如何（比本级高、低或相同），都将得到响应。尤其是当某一中断请求信号被 CPU 响应后，如不及时撤销，就会再次被响应——"二次中断"。AEOI 方式适合于中断请求信号的持续时间有一定限制以及不出现中断嵌套的场合。通过 ICW4 可以设置 AEOI 方式（AEOI=1）

5. 8259A 的中断触发方式

由初始化命令字 ICW$_1$ 中的 LTIM 位来设定。ICW$_1$ 的 LTIM 位可以设置中断触发方式。

（1）电平触发方式。当 LTIM 设置为 1 时，以 IR$_i$ 引脚上出现的高电平作为中断请求信号。请求一旦被响应，该高电平信号应及时撤除。

（2）边沿触发方式。当 LTIM 设置为 0 时，以 IR$_i$ 引脚上出现的由低电平向高电平的跳变作为中断请求信号；跳变后高电平一直保持，直到中断被响应。

6. 8259A 的连接系统总线方式

由 ICW$_4$ 的 BUF 位设置

（1）缓冲方式。这主要用于多片 8259A 级联的大系统中；8259A 的 $\overline{SP}/\overline{EN}$ 作为输出（EN 有效），此时，由 ICW$_4$ 的 M/S 位来定义（标识）本 8259A 是主片还是从片。8259A 通过总线收发器（如 8286）和数据总线相连。

（2）非缓冲方式。这主要用于单片 8259A 或片数不多的 8259A 级联的系统中。8259A 直接与数据总线相连。8259A 的 SP/EN 作为输出（SP 有效）。M/S 位无意义。

7. 8259A 的中断查询方式

当系统的中断源很多，超过 64 个时，8259A 可在查询方式下工作。有以下两种情况需要用软件查询方法来确认中断源。

（1）8259A 的 INT 引脚没连接到 CPU 的 INTR 引脚。

（2）CPU 正处于关中断（IF=0），所以 CPU 不能响应从 8259A 来的中断请求。

实现方法如下:

(1) 先向 8259A 发查询命令 (OCW$_3$ 中 P 置 1)。

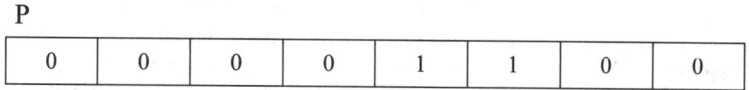

(2) 执行一条读指令(IN),读出专门的"中断状态字"。

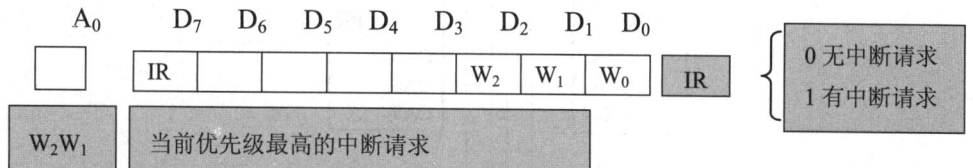

(3) 当 8259A 收到 P=1 的查询命令后,在下一个 RD 信号使 ISR 的相应位置"1",就像收到了 INTA 一样,并把上图所示的"中断状态字"送到数据总线上,由 CPU 读入 AL。

例如:已知在 PC 机中 8259A 的端口地址为 20H 和 21H,读查询字(读出最高级别的中断请求 IR$_i$)的程序段如下:

```
MOV AL, 0CH      ; OCW₃=0CH
OUT 20H, AL      ; OCW₃写入8259A,P←1,发查询命令
IN  AL, 20H      ; 读8259A的20H端口,得到查询字内容
```

8. 8259A 的级联

级联方法如图 8-16 所示。8259A 的 CAS$_0$~CAS$_2$ 三个引脚信号的不同组合 000—111。刚好对应于 8 个从片。在级联时,只能有一片 8259A 作为主片,其余的 8259A 均作为从片。将主 8259A 的三条级联线 CAS$_0$~CAS$_2$ 作为输出线,通过驱动器连接到每个从片的 CAS$_0$~CAS$_2$ 输入端。如只有一个从片,也可以不加驱动器。每个从片的中断请求信号输出线 INT 连接到主片的中断请求输入端 IR$_7$~IR$_0$,主片的中断请求输出线 INT 连接到 CPU 的中断请求输入端 INTR。

8.3.5 8259A 的编程与应用

从编程角度看,8259A 内部有 2 组寄存器:初始化命令字寄存器、操作命令字寄存器,8259 的编程包含两个部分:一是初始化编程,在中断系统进入正常运行之前,通过设置初始化命令字(ICW$_1$~ICW$_4$)来预置工作方式,按固定的先后次序写入;二是工作方式编程,通过对设置操作命令字(OCW$_1$~OCW$_3$)来实现 8259A 运行中的操作控制,可在 8259A 被初始化之后的任何时候使用,也可单独使用。

8259A 对寄存器的访问通过端口,每一个 8259A 芯片都有两个端口地址,在下面命令字格式图示中,左边都有一个上方标"A0"的方框,框内为"0",表示该命令字应写入 8259A

的 A0 为 "0" 的端口；框内为 "1"，表示该命令字应写入 8259A 的 A0 为 "1" 的端口。

8259A 的初始化编程步骤如图 8-17 所示。

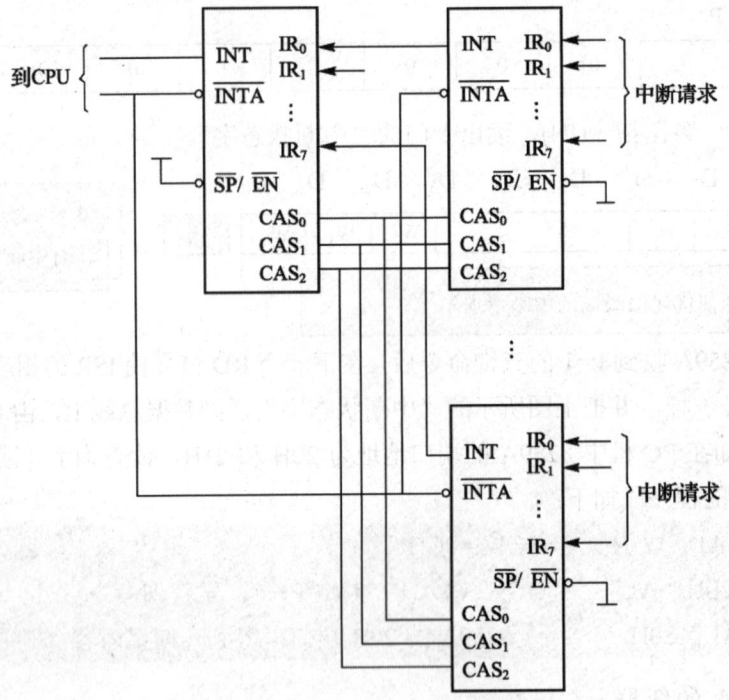

图 8-16　八片 8259A 的级联连接

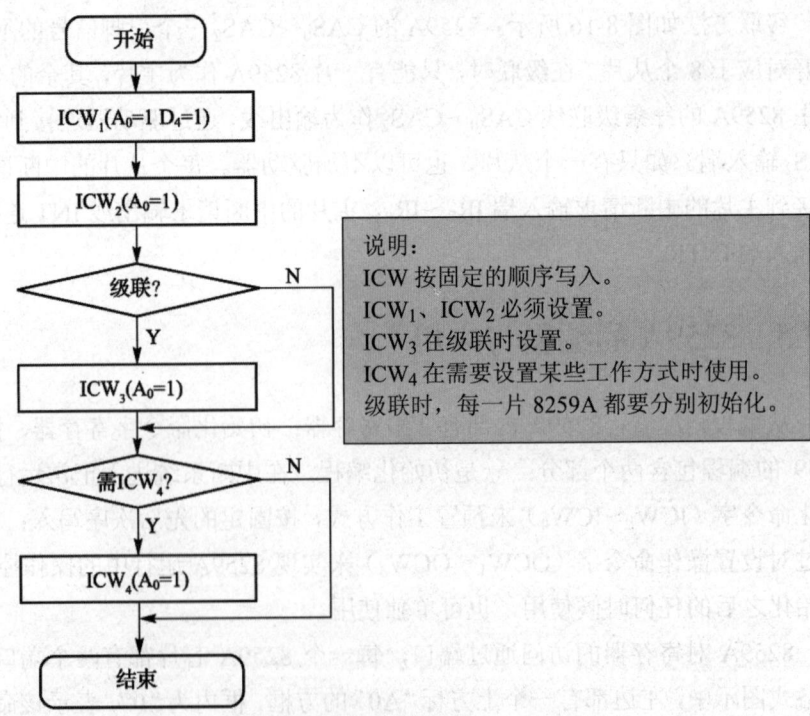

说明：
ICW 按固定的顺序写入。
ICW_1、ICW_2 必须设置。
ICW_3 在级联时设置。
ICW_4 在需要设置某些工作方式时使用。
级联时，每一片 8259A 都要分别初始化。

图 8-17　8259A 的初始化编程步骤

第 8 章 中断与中断管理

1. 8259A 的初始化命令字 ICW

（1）初始化命令字 ICW_1

D_3（LTIM）表示 IR_i 的中断请求起作用的触发方式。

D_2（ADI）设置调用时间间隔，80×86CPU 模式下不用。

D_1（SNGL）表示系统是使用单片 8259A 还是多片 8259A。

D_0（ICW_4）表示是否需要 ICW_4。D_4：ICW_1 的标志位，恒为 1。

$D_5 \sim D_7$ 80×86 CPU 系统中未用，通常设置为 0。

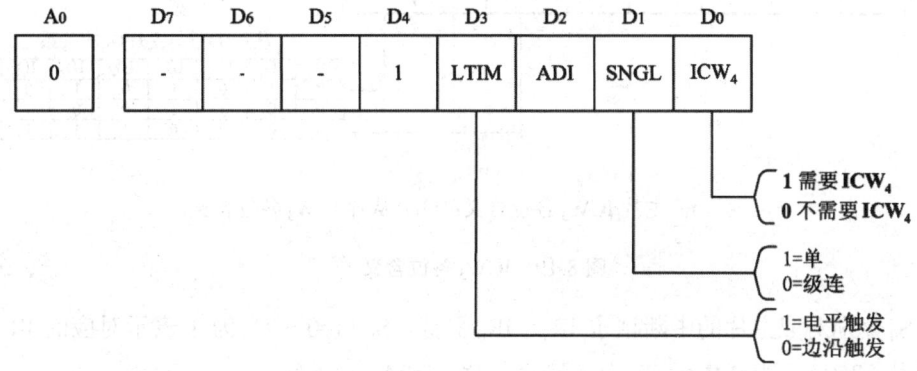

图 8-18 ICW_1 各位含义

（2）初始化命令字 ICW_2。设定 8259A 的中断类型号。

A_0	D_7	D_6	D_5	D_4	D_3	D_2	D_1	D_0
1	T_7	T_6	T_5	T_4	T_3			

$D_7 \sim D_3$ 为中断类型号的高 5 位。

$D_2 \sim D_0$ 任意值，一般为 000。

（3）初始化命令字 ICW_3。8259A 作为主片的格式如图 8-19（a）所示，8259A 作为从片的格式如图 8-19（b）所示。

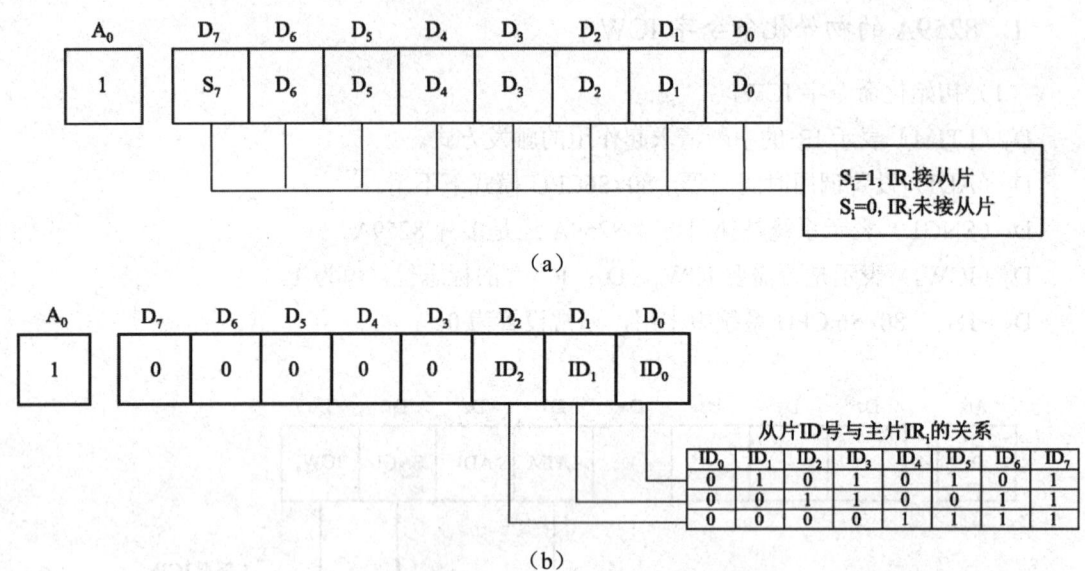

（a）主片 ICW_3 各位含义；（b）从片 ICW_3 各位含义

图 8-19　ICW_3 各位含义

$S_7 \sim S_0$ 分别对应主片的中断请求 $IR_7 \sim IR_0$ 引脚。S_i（i=0～7）为 1 表示对应的 IR_i 引脚上接有从片 8259A，为 0 表示 IR_i 上未接有从片 8259A。

$D_7 \sim D_3$ 为 00000，$D_2 \sim D_0$ 为 $IR_0 \sim IR_7$ 三位编码值，表示从片的 INT 输出与主片 8259A 中的哪一个 IR_i 相连接。

（4）初始化命令字 ICW_4。ICW_4 各位含义如图 8-20 所示。

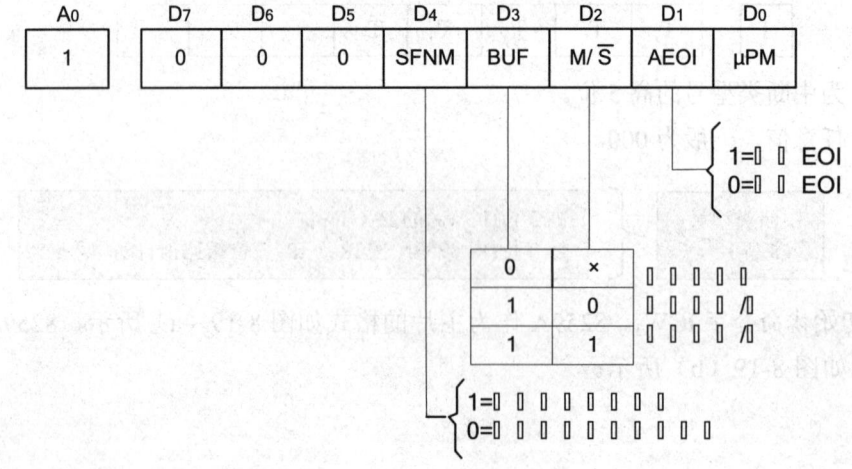

图 8-20　ICW_4 各位含义

- D_0：D_0=1 为 80x86 系统，D_0=0 为 8080/8085 系统。

- AEOI (auto end of interrupt)：设置 8259A 的中断结束方式。AEOI=1 为自动结束方式，AEOI=0 为非自动结束方式。
- M/$\overline{\text{S}}$ (master/slave)：选择缓冲级联方式下的主片与从片。M/$\overline{\text{S}}$=1 为主片，M/$\overline{\text{S}}$=0 为从片。
- BUF (buffer)：设置缓冲方式。BUF=1 为缓冲方式，BUF=0 为非缓冲方式。
- SFNM (special fully nested mode)：设置特殊完全嵌套方式。SFNM=1 为特殊完全嵌套方式，SFNM=0 为非特殊完全嵌套方式。
- $D_7 \sim D_5$：未定义，通常设置为 0。

需要注意：当多片 8259A 级联时，若在 8259A 的数据线与系统总线之间加入总线驱动器，$\overline{\text{SP}}/\overline{\text{EN}}$ 引脚作为总线驱动器的控制信号，D_3 位 BUF 应设置为 1，此时主片和从片的区分不能依靠 $\overline{\text{SP}}/\overline{\text{EN}}$ 引脚，而是由 M/$\overline{\text{S}}$ 来选择，当 M/$\overline{\text{S}}$=0 时为从片；当 M/$\overline{\text{S}}$=1 时为主片。如果 BUF=0，则 M/$\overline{\text{S}}$ 定义无意义。

2. 8259A 的操作命令字

在 8259A 工作期间，可通过设置操作命令字来修改或控制 8259A 的工作方式。与初始化命令字 $ICW_1 \sim ICW_4$ 需要按规定的顺序进行设置不同，操作命令字 $OCW_1 \sim OCW_3$ 的设置没有规定其先后顺序，使用时可根据需要灵活选择不同的操作命令字写入到 8259A 中。当然也需注意奇、偶端口地址及有关标识位的规定。

（1）操作命令字 OCW_1（屏蔽操作命令字）。进行屏蔽操作，直接对 IMR 相应位置位或复位。OCW_1 各位含义如图 8-21 所示。

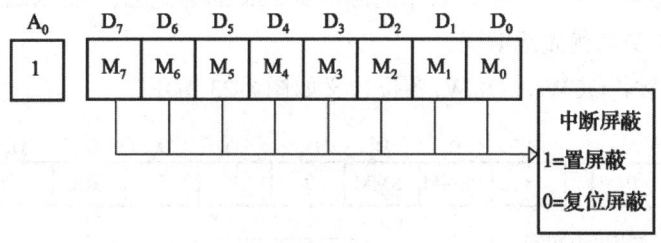

图 8-21 OCW_1 各位含义

当某位 M_i (interrupt mask) 为 1 时，则对应的 IR_i 请求被禁止；当 M_i 为 0 时，则对应的 IR_i 请求被允许。在工作期间可根据需要随时写入或读出。

（2）操作命令字 OCW_2。OCW_2 各位含义如图 8-22 所示。

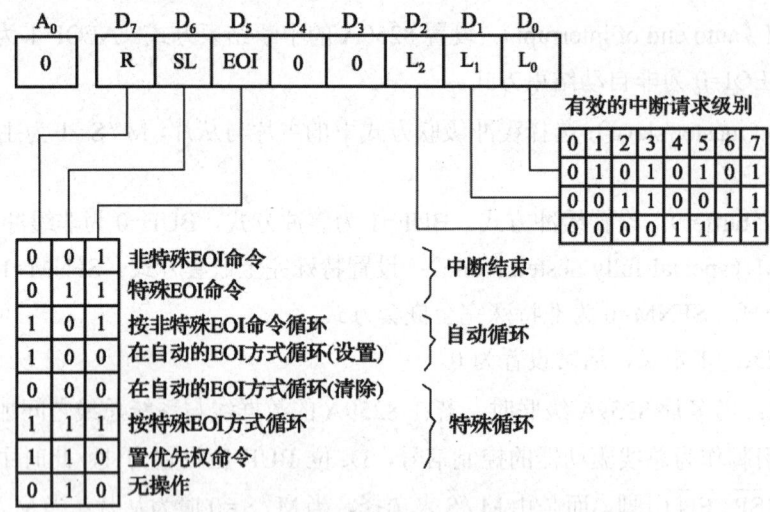

图 8-22　OCW_2 各位含义

- **D_7（R）**：中断排队是否循环的标志。R=1 为优先级循环方式，R=0 为固定优先级方式。
- **D_6（SL）**：选择 L2L1L0 编码是否有效的标志。若 SL=1，则 $L_2L_1L_0$ 编码有效，若 SL=0，则无效。
- **D_5（EOI）**：中断结束命令。D_5=1 时，则使现行的 ISR 中最高优先级的相应位复位（一般中断结束方式），或由 L2L1L0 指定的 ISR 相应位复位（特殊中断结束方式）。
- **$D_2 \sim D_0$（$L_2 \sim L_0$）**：对应 8 个二进制编码，只有在 SL 位为"1"时才有效。有两个作用：在特殊 EOI 命令中，表示清除的是 ISR 的哪一位；优先权特殊循环方式中，表示系统中最低优先级编码。

（3）操作命令字 OCW_3。OCW_3 各位含义如图 8-23 所示。

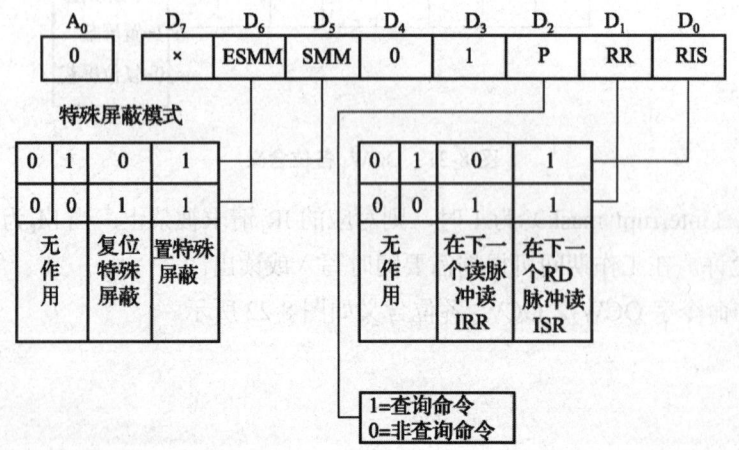

图 8-23　OCW_3 各位含义

3. 8259A 应用举例

（1）8259A 在 IBM-PC/XT 中的应用

【例 8.1】在 IBM PC/XT 中使用一片 8259A，如图 8-24 所示。已知：8259A 的 I/O 端口地址为 20 H 和 21 H。编程完成对 8259A 的初始化。

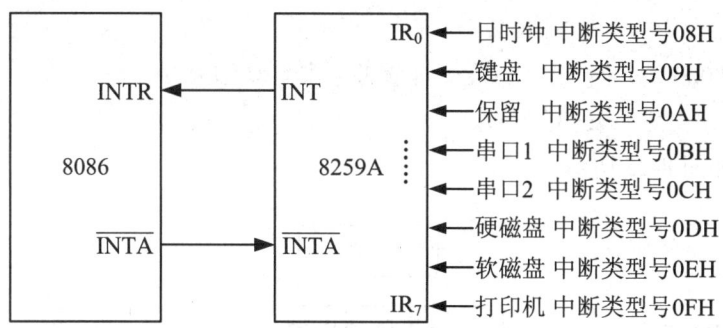

图 8-24　8086 与 8259A 连接图

```
MOV  AL, 00010011B
OUT  20H, AL      ; ICW₁，边沿触发，单片 8259A，需 ICW₄
MOV AL, 00001000B
OUT 21H, AL       ; 设置 ICW₂，中断类型号高 5 位为 00001
MOV AL, 00001101B
OUT 21H, AL       ; 设置 ICW₄，非自动中断结束方式,；完全嵌套方式，缓冲方式
```

【例 8.2】某微机系统使用主、从两片 8259A 管理中断，从片中断请求 INT 与主片的 IR_2 连接。设主片工作于特殊完全嵌套、非缓冲和非自动结束方式，中断类型号为 40 H，端口地址为 20H 和 21H。从片工作于完全嵌套、非缓冲和非自动结束方式，中断类型号为 70 H，端口地址为 80H 和 81H。试编写主片和从片的初始化程序。

解：根据题意，写出 ICW_1，ICW_2，ICW_3 和 ICW_4 的格式，按初始化流程的顺序写入。

主片 8259A 的初始化程序如下：

```
MOV AL,00010001B     ; 级联边沿触发，需要写 ICW₄
OUT 20H,AL           ; 写 ICW₁
MOV AL,01000000B     ; 中断类型号 40H
OUT 21H,AL           ; 写 ICW₂
MOV AL,00000100B     ; 主片的 IR₂ 引脚接从片
OUT 21H,AL           ; 写 ICW₃
MOV AL,00010001B     ; 特殊完全嵌套、非缓冲，非自动结束
OUT 21H,AL           ; 写 ICW₄
```

从片 8259A 的初始化程序如下：

```
MOV AL,00010001B        ;级联边沿触发
Out 80H ,AL             ;写 ICW₁
MOV AL ,01110001B       ;中断类型号 70H
OUT 20H ,AL             ;写 ICW₂
MOV AL,00000100B        ;接主片的 IR₂引脚
OUT 81H ,AL             ;写 ICW₃
MOV AL ,00000001B       ;完全嵌套、非缓冲,非自动结束
OUT 81H ,AL             ;写 ICW₄
```

程序流程图如图 8-25 所示。

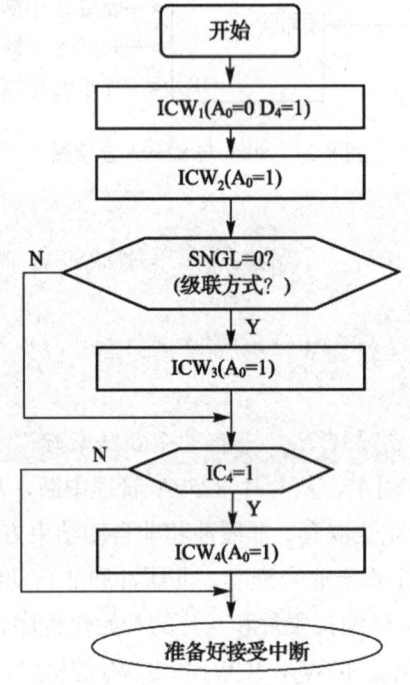

图 8-25 程序流程图

【例 8.3】已知条件同【例 8.1】,编程设置中断屏蔽寄存器,只允许 IR_0 和 IR_1 中断,其余不变。

```
IN      AL, 21h         ;读出 IMR
AND     AL, 0FCH        ;只允许 IR₀和 IR₁中断,其余不变
OUT     21H, AL         ;写 OCW₁
```

【例 8.4】已知条件同【例 8-1】,编程发送结束中断命令。

```
MOV     AL, 20H
OUT 20H, AL             ;写 OCW₂
```

【例 8.5】已知条件同【例 8-1】,编程设置 OCW$_3$,读 IRR。

```
MOV    AL, 0AH        ; 写 OCW₃, 发读 IRR 命令
OUT    20H, AL
NOP                   ; 等待 8259A 响应
IN     AL, 20H        ; 读 IRR
```

(2) 8259A 的级联

【例 8.6】如图 8-26 所示,在 PC/AT 系统中,使用 2 片 8259A 构成级联中断系统。系统分配给主片端口地址为:20 H 和 21 H,中断类型号是:08 H~0F H;从片端口地址为:A0H 和 A1H,中断类型号是:70 H~77 H。编程完成对 8259A 的初始化。

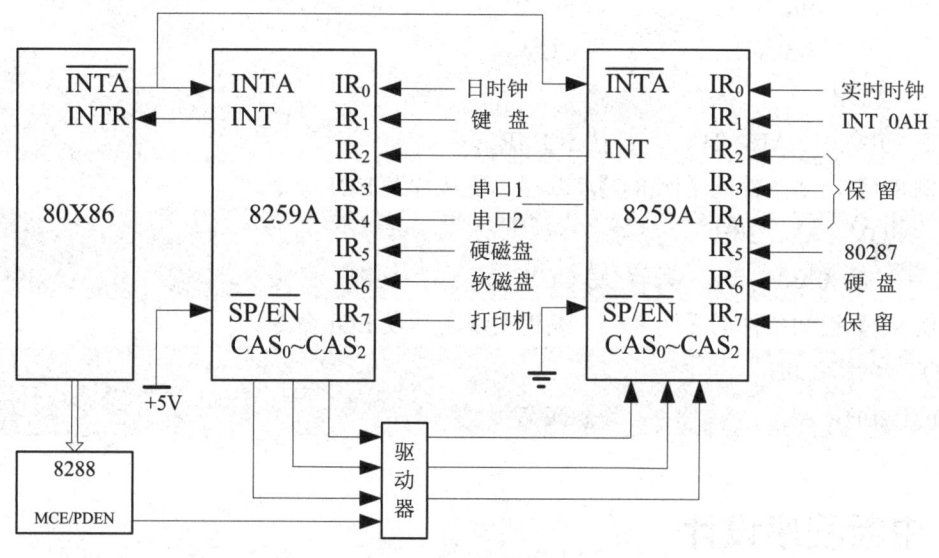

图 8-26 8259A 级联中断系统主片 8259A 的初始化程序:

```
MOV AL,11H      ; 设置 ICW₁,边沿触发,需 ICW₄
OUT 20H,AL
MOV AL,08H      ; 设置 ICW₂,中断类型号的高 5 位为 00001
OUT 21H,AL
MOV AL,04H      ; 设置 ICW₃,从片连到主片的 IR₂ 上
OUT 21H,AL
MOV AL,15H      ; 设置 ICW₄,非缓冲,非 AEOI,特殊全嵌套方式
OUT 21H,AL
```

从片 8259A 的初始化程序：

```
MOV AL,11H          ；设置 ICW$_1$，边沿触发，需 ICW$_4$
OUT 0A0H,AL
MOV AL,70H          ；设置 ICW$_2$，中断类型号的高 5 位为 01110
OUT 0A1H,AL
MOV AL,02H          ；设置 ICW$_3$，设定从片级联于主片的 IR$_2$
OUT 0A1H,AL
MOV AL,01H          ；设置 ICW$_4$，非缓冲，非 AEOI，全嵌套方式
OUT 0A1H,AL
```

【例 8.7】已知条件同【例 8.6】，编程读 ISR

```
MOV   AL,0BH
   OUT   0A0H,AL   ；写 OCW$_3$
   NOP
   IN    AL,21h    ；读出 IMR
```

【例 8.8】已知条件同【例 8.6】，编程实现从片发 EOI 命令。

```
   MOV   AL,20H
   OUT   0A0H,AL            ；写 OCW$_2$
```

【例 8.9】已知条件同【例 8.6】，编程实现主片发 EOI 命令。

```
MOV   AL,20H
OUT   20H,AL                ；写 OCW$_2$
```

8.4 中断程序设计

8.4.1 中断程序设计方法

中断程序设计一般有以下步骤。

1．设置中断向量表

有多种方法：利用传送指令直接访问中断向量表的相应存储单元；利用 DOS 系统功能 INT 21H 的 25H 和 35H 子功能修改中断向量；利用串操作指令设置……

2．设置中断控制器 8259A

若在 PC 机上实现中断控制，可用 PC 机内 8259A。此时，主要是对已初始化的 8259A 的 IMR 进行设置，允许相应位开放中断。

下面的程序段实现了对 IMR 的修改和恢复功能。

```
        INTIMR  DB      ?
        ...
        IN      AL, 21H         ;读出 IMR
        MOV     INTIMR, AL      ;保存原 IMR 内容
        AND     AL, 0F7H        ;允许 IRQ3，其他不变
        OUT     21H, AL         ;设置新 IMR 内容
        ...
```

下面的代码可以恢复 IMR 原先的内容。

```
        MOV     AL, INTIMR      ;取出保留的 IMR 原内容
        OUT     21H, AL         ;重写 OCW1
```

3．设置 CPU 的中断允许标志 IF

初始化时先利用 CLI 指令，关中断，初始化结束后，根据需要在程序中适当的地方利用 STI 指令，开中断。

4．设计中断服务程序

中断服务程序分为以下几个部分：定义为过程、保护现场、开中断、中断服务、8259A 结束中断、恢复现场、中断返回。

8.4.2 中断程序设计举例

1．软中断程序设计举例

【例 8.10】某非屏蔽中断系统电路如图 8-27 所示，试编程实现下列功能：CPU 响应中断后，从 8255A 的端口 C 读取中断源的中断请求信息，进行中断源的识别后，中断源的编号在数码管上显示。

```
CTR1    EQU     0006h
 C1     EQU     0004H
DATA    SEGMENT
    TAB DB 3FH, 06H, 5BH, 4FH, 66H, 6DH, 7DH, 07H, 7FH
DATA    ENDS
CODE    SEGMENT  'CODE'
    ASSUME  DS:DATA,  CS:CODE
START:
```

```
        MOV AX, DATA
            MOV DS, AX
            MOV AX, 0
            MOV ES, AX              ; 中断向量表的段基址为 0000H
            MOV DI, 4*2             ; 非屏蔽中断类型码为 2
            MOV AX, OFFSET  INTR_KEY
        CLD                         ; 用串操作指令设置中断向量表
            STOSW
            MOV AX, SEG INTR_KEY
            STOSW
            MOV AX, DATA
            MOV ES, AX
            MOV AL, 10001001B       ; 8255A 初始化
            MOV DX, CT1
            OUT DX, AL
            JMP $                   ; 循环等待
        DISPLAY:
            MOV  DX, 0000H
            LEA   BX, TAB
        XLAT
            OUT   DX, AL
         IRET                       ; 中断返回
        INTR_KEY  ENDP
        KEY   PROC   NEAR
            MOV DX, C1
            IN AL, DX
            RET
        KEY    ENDP
        CODE   ENDS
            END   START
```

第 8 章 中断与中断管理

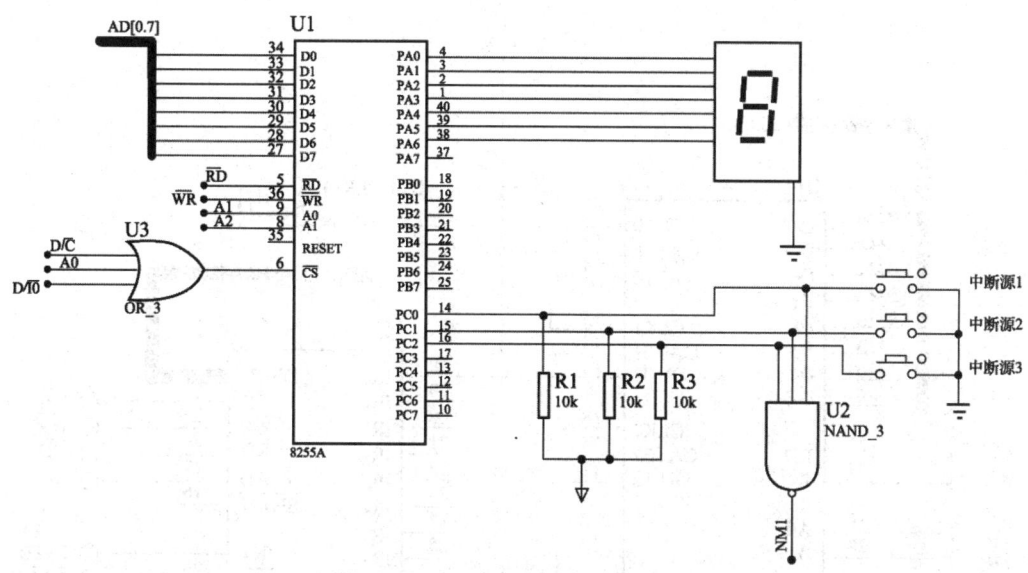

图 8-27 非屏蔽中断系统电路

2. 可屏蔽中断程序设计举例

【例 8.11】某屏蔽中断系统电路如图 8-28（a）、图 8-28（b）所示，试编程实现下列功能：8259A 的 IR_0 接收来自定时器中断请求，它每隔 1 s 产生一次中断，在中断服务程序中，利用 8255A 的端口 A 驱动发光二极管每隔 1 秒依次发光。

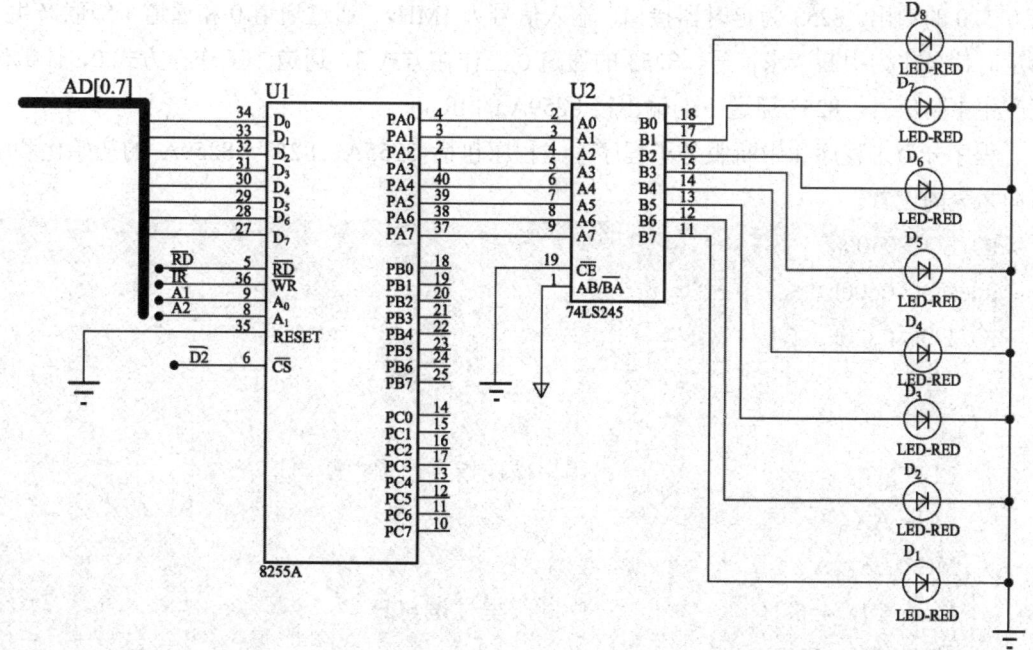

(a)

· 283 ·

微机原理与接口技术

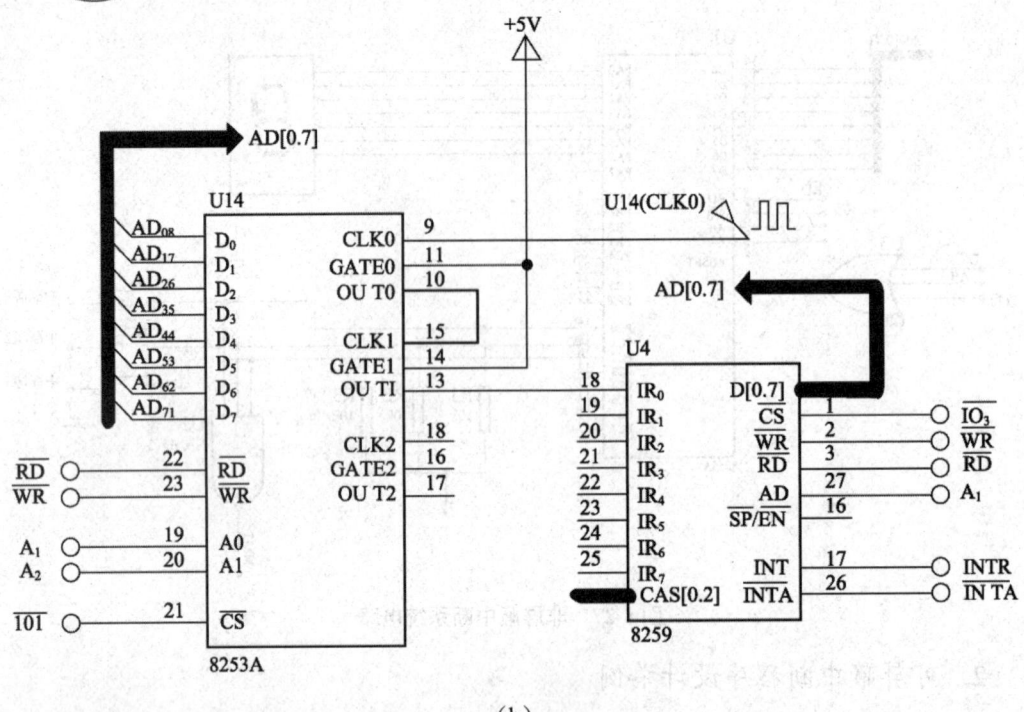

(b)

图 8-28 屏蔽中断系统电路

分析：8255A 为数据接口，CPU 通过 A 口控制发光二极管的显示。8255A 的 A 口工作在方式 0 的输出。8253 为定时器接口，输入信号为 1MHz，通过通道 0 和通道 1 级联产生 1 秒定时信号作为中断请求信号，8253 的通道 0 工作在方式 3，通道 1 工作在方式 0，计数结束产生中断信号。8253 通道 1 的输出接 8259A 的 IR_0。

程序分为主程序和中断服务子程序。主程序包括 8255A、8253、8259A 的初始化和中断向量表的设置。

```
IO2 EQU 0400h
IO3 EQU 0600h
IO4 EQU 0800h
        ……
CLI                        ; 关中断
    CLD                    ; 用串操作指令设置中断向量表
    MOV AX, 0
    MOV ES, AX
    MOV DI, 4*60H          ; 中断类型号为 60H
    LEA AX, INTPROC
    STOSW
```

```
        MOV AX, SEG INTPROC
        STOSW
    MOV DX, IO₃                  ;8259A 初始化
        MOV AL, 00010011B
        OUT DX, AL
        MOV AL, 60H
        MOV DX, IO₃+2
        OUT DX, AL
        MOV AL, 1
        OUT DX, AL
        MOV AL, 11111110B
        OUT DX, AL               ;完成初始化
        MOV AL, 10000000B        ;8255A 初始化
        MOV DX, IO₂+6
        OUT DX, AL
        MOV AL, 00H
        MOV DX, IO₂
        OUT DX, AL
    MOV AL, 37H                  ;8253 初始化
        MOV DX, IO₁+6
        OUT DX, AL
        MOV DX, IO₁
        MOV AL, 00H
        OUT DX, AL
        MOV AL, 10H
        OUT DX, AL
        MOV AL, 71H
        MOV DX, IO₁+6
        OUT DX, AL
        MOV DX, IO₁+2
        MOV AL, 00H
        OUT DX, AL
        MOV AL, 10H
        OUT DX, AL
```

```
            MOV  BL, 1              ; 开始时 D₁ 亮
            STI
INTPROC     PROC   FAR              ; 中断服务子程序
            PUSH AX                 ; 保护现场
            PUSHF
            MOV AL, BL              ; 对 8255A 的 A 口送数
MOV DX, IO₂
            OUT DX, AL
            ROL AL, 1
            MOV BL, AL
            MOV AL, 37H             ; 重新设置 8253
            MOV DX, IO₁+6
            OUT DX, AL
            MOV DX, IO₁
            MOV AL, 00H
            OUT DX, AL
            MOV AL, 10H
            OUT DX, AL
MOV AL, 71H
            MOV DX, IO₁+6
            OUT DX, AL
            MOV DX, IO₁+2
            MOV AL, 00H
            OUT DX, AL
            MOV AL, 10H
            OUT DX, AL
            MOV AL, 20H             ; 发 EOC 命令
            MOV DX, IO₁
            OUT DX, AL
            OUT 20H, AL
            POPF                    ; 恢复现场
            POP AX
            IRET                    ; 中断返回
    INTPROC    ENDP
```

本章小结

计算机在正常执行程序的过程中，由于某事件的发生使 CPU 暂时停止当前程序的执行，而转去执行相关事件的处理程序，处理结束后又返回源程序继续执行，这样的一个过程就是中断。

8086CPU 可处理 256 种不同类型的中断，CPU 可根据中断类型在中断向量表中找到中断服务程序的入口地址。根据 CPU 与中断源的位置关系，中断源分内部中断和外部中断两类。

8259A 是 INTEL 公司生产的可编程中断控制芯片，也称为中断控制器，用来管理输入到 CPU 的可屏蔽中断请求，本章重点讲述了 8259A 的工作原理和编程方法。使用中断技术可实现微型计算机与外设之间的同步操作，对各种现场参数进行实时处理，实现对异常事件、故障源的及时处理，充分提高 CPU 的利用率。

本章习题

1. 什么是中断，中断系统的主要功能有哪些？
2. CPU 响应中断的条件是什么？响应中断后，CPU 有一个什么样的处理过程？
3. 为什么要设置中断优先权？中断优先权判优有哪些方法？
4. 中断分为哪几种类型？它们的特点是什么？
5. 简述非屏蔽中断 NMI 和屏蔽中断 INTR 的区别。
6. 8086 中断类型的优先顺序是如何排列的？
7. 中断向量表的功能是什么？已知中断类型号分别是 84H 和 FAH，它们的中断向量应放在中断向量表的什么位置？
8. 设可屏蔽中断的中断类型号为 09H，它的中断服务程序的入口地址为 0020H（段地址）和 0040H（偏移量），试用 8086 汇编语言程序将该中断服务程序的入口地址填入中断向量表中。
9. 简述中断控制器 8259A 的内部结构和主要功能。
10. 按照要求对 8259A 进行初始化编程：单片 8259A 应用于 8086 系统，中断请求信号为边沿触发方式，中断类型号为 85H，采用中断自动结束方式、特殊全嵌套方式，工作在非缓冲方式，其端口地址为 200H 和 201H。

第 9 章

数/模与模/数转换及应用

本章导读

本章主要介绍模/数与数/模转换的基本概念、基本原理及主要技术指标，典型模/数与数/模转换器的功能、组成、接口和编程方法。通过本章内容的学习可以掌握常用模/数转换芯片 ADC0808 和数/模转换芯片 DAC0832 的组成、接口信号、工作原理以及相关程序设计的方法。

学习目标

➢ 了解模/数和数/模转换基本概念、基本原理
➢ 理解典型模/数转换与数/模转换器的功能、组成和接口
➢ 掌握本章介绍的 ADC0808 和 DAC0832 芯片的应用实例及编程方法，并能够在实践中灵活应用

9.1 物理信号到电信号的转换

9.1.1 概述

在实际工业控制和参数测量时，经常遇到的是一些连续变化的物理量，连续性表现为时间变化的连续性和数值变化的连续性。例如：温度、压力、速度、水位、流量等，这些参数都是非电的、连续变化的物理信号。微型计算机中处理的都是数字量，无法识别和处理工业上的物理信号。一般都是先利用传感器（例如光电元件、压敏元件等）把物理信号转换成连续的模拟电压（或模拟电流），这种代表某种物理量的模拟电压（或模拟电流）称为模拟量，然后再把模拟量转换成数字量送到计算机进行处理，这个过程称为模/数（A/D）转换，实现这个过程的器件称为模/数转换器（A/D 转换器或 ADC）。

反过来，微型计算机输出结果是数字量，不能直接控制执行部件，需要将数字量转换成模拟电压或模拟电流，这个过程称为数/模（D/A）转换，实现这个过程的器件称为数/模转换器（D/A 转换器或 DAC）。D/A 转换是 A/D 转换的逆过程，这两个互逆的转换过程通常会出现在一个控制系统中。

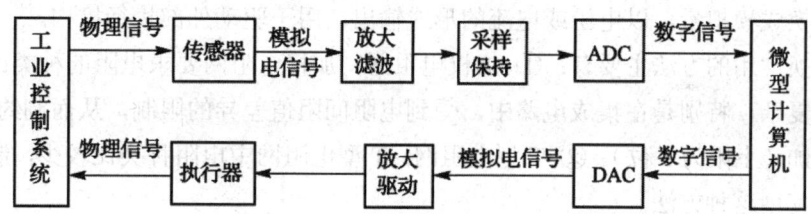

图 9-1 典型计算机自动控制系统

9.1.2 几种常见的传感器

传感器是一种物理装置，能够探测、感受外界的信号、物理条件（如光、热、湿度）或化学组成（如烟雾），并将探知的物理信号转换成电信号。

（1）光敏传感器。利用光敏元件将光信号转换为电信号，敏感波长在可见光波长附近，包括红外线和紫外线波长。种类繁多：光电管、光敏三极管、红外线传感器、紫外线传感器、光纤式光电传感器和太阳能电池等。

（2）温度传感器。温度传感器能感受温度并转换成可用输出信号。按测量方式可分为接触式和非接触式；按传感器材料及电子元件特性可分为热电偶和热电阻。

（3）湿度传感器。湿度传感器能感受气体中水蒸气含量，通过湿度的变化，引起电阻值或电容值发生变化。

湿敏元件是最简单的湿度传感器。湿敏元件主要有电阻式和电容式两大类。

温度传感器、湿度传感器等都是将物理信号转换成连续变化的电信号，这些信号往往要通过放大、滤波、模数转换等操作才能被微型计算机识别和处理。而数字传感器直接将探测到的物理信号转换成数字量或电脉冲。

- **角度-数字传感器**：把角位移转换成电信号，按照工作原理可分为脉冲盘式和码盘式两类。
- **光栅数字传感器**：主要用于长度和角度的精密测量及数控系统的位置检测等，主要由标尺光栅、指示光栅、光路系统和光电元件等组成。

9.2 数/模转换及应用

9.2.1 数/模转换器的基本原理

数/模（D/A）转换器是一种把数字量转换为模拟量的线性电子器件，它将输入的二进制数字量转换成模拟量，以电压或电流的形式输出，用于驱动外部执行机构。

D/A 转换常用的方法主要有：① 加权电阻网：加权电阻网要求电阻的种类比较多，制作工艺比较复杂，特别是在集成电路中，受到电阻间阻值差异的限制，从而制约了 D/A 转换位数的增加（上限为 5 位）。② T 型电阻网：T 型电阻网中电阻种类比较少，制作比较容易，目前多使用这种方法。

1. 加权电阻网

数字量是由一位一位的数位构成的，每个数位都代表一定的权。

例如：二进制数 10000101 的第 7 位、第 2 位和第 0 位为 1，其余位为 0，这 8 个位的权从高位到低位分别是 2^7、2^6、2^5、2^4、2^3、2^2、2^1、2^0。该二进制数按权相加之后就得到了十进制数 133。

数字量要转换成模拟量，必须把每一位上的代码按权转换成对应的模拟分量，再把各模拟分量相加，所得到的总的模拟量对应于给出的数字量。

加权电阻网 D/A 转换就是用一个二进制数字的每一位代码产生一个与其相应权成正比的电压（或电流），然后将这些电压（或电流）叠加起来，就可得到该二进制数所对应的模拟量电压（或电流）信号。

加权电阻网 D/A 转换器由权电阻、位切换开关、运算放大器组成。4 位二进制 D/A 转换的电路原理图如图 9-2 所示。

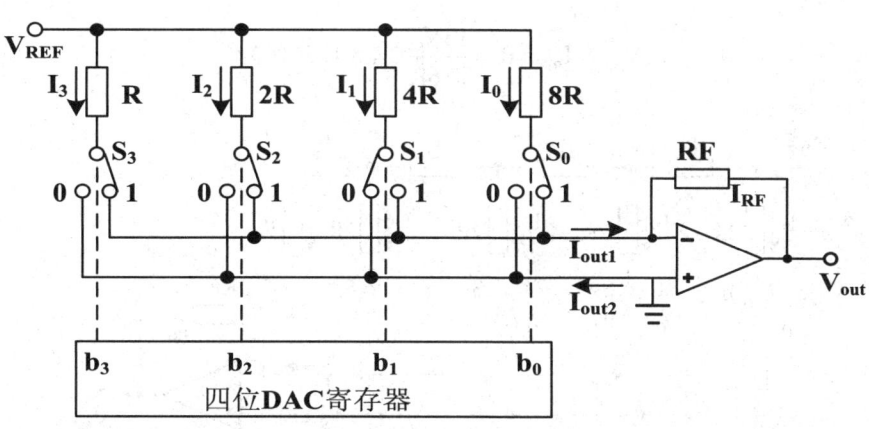

图 9-2 加权电阻网 DAC

设 $V_{REF}=-10\text{ V}$,由上面的示例图中的开关状态可看出,$b_3 \sim b_0$ 为 1101,则:

$$I_0=V_{REF}/(8R);\ I_2=V_{REF}/(2R);\ I_3=V_{REF}/R$$

$$\begin{aligned}I_{out1}&=I_0+I_2+I_3\\&=V_{REF}\times(1/8+1/2+1)/R\\&=1.625V_{REF}/R\end{aligned}$$

根据基尔霍夫定律,$I_{RF}=-I_{out1}$,若取 $R_F=R$,则:

$V_{out}=I_{RF}*R=-1.625V_{REF}=16.25\text{ V}$

在权电阻解码网络中,假如采用独立的权电阻,那么对于一个 8 位的 D/A 转换器,需要 8 个阻值相差很大的电阻(R,2R,4R,…,128R)。由于电路对这些电阻的误差要求较高,因此使制造工艺的难度也相应增加。在实际使用中,使用更多的是 T 型电阻解码网络、R-2RT 型电阻网络。

2. T 型电阻网

T 型电阻网 D/A 转换器由位切换开关、R-2R 电阻网络、运算放大器以及参考电压组成。使用了 T 型电阻网络之后,整个网络中只有 R 和 2R 两种电阻。

这种转换方法与上述加权电阻网络法的主要区别在于电阻求和网络的形式不同,它采用分流原理来实现对相应数字位的转换。

4 位二进制 D/A 转换的电路原理图如图 9-3 所示。

设 $V_{REF}=-10V$,由上面的示例图中的开关状态可看出,$b_3 \sim b_0$ 为 1101,则:

$$I_3=\frac{V_{REF}}{2R};\ I_2=\frac{I_3}{2};\ I_1=\frac{I_3}{4};\ I_0=\frac{I_3}{8}$$

$$I_{out1}=I_3+I_2+I_0=\frac{13}{8}I_3=\frac{13V_{REF}}{16R}$$

根据基尔霍夫定律,$I_{RF}=-I_{out1}$,若取 $R_F=R$,则

$$V_{out} = I_{RF} \times R = \frac{13V_{REF}}{16R} = 8.125(伏)$$

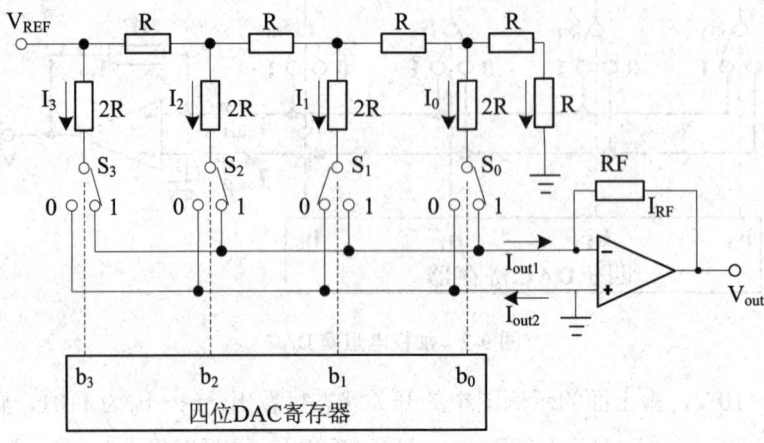

图 9-3 T 型电阻网 DAC

9.2.2 数/模转换器的性能参数

1. 分辨率

分辨率是 D/A 转换器对微小模拟信号的分辨能力。它是数字输入量的最低有效位（LSB）所对应的模拟值，它确定能由 D/A 转换器产生的最小模拟变化量。公式如下，式中 V_{FS} 为满量程模拟量。

$$LSB = \frac{V_{FS}}{2^N}$$

例如，假定 8 位 D/A 转换器满量程电压为 5 V，则其分辨率为：

$$LSB = \frac{5V}{2^8} = \frac{5V}{256} = 19.55 \text{ mV}$$

又假定 12 位 D/A 转换器满量程电压为 5 V，则其分辨率为：

$$LSB = \frac{5V}{2^{12}} = 1.22 \text{ mV}$$

因此，分辨率通常用二进制位数表示，对于一个 N 位的 D/A 转换器，其分辨能力为满量程输出电压的 $1/2^N$，并称该 D/A 转换器的分辨率为 N 位。

2. 转换精度

转换精度是某一数字量的理论输出值和经 D/A 转换器转换的实际输出值之差。一般用最小量化阶距来度量，例如±1/2 LSB（least significant bit）；也可用满量程的百分比来度量，例如 0.05% FSR（full scale range）。

要注意转换精度和分辨率是两个不同的概念。

（1）转换精度指转换后所得的实际值相对于理想值的接近程度，取决于构成转换器的各个部件的精度和稳定性。

（2）分辨率指能够对转换结果发生影响的最小输入量，取决于转换器的位数。

3. 建立时间

当 DAC 输入由最小的数字量变为最大的数字量时，DAC 的输出达到稳定所需要的时间称为 DAC 的输出建立时间。建立时间反映了 DAC 的转换速度。不同型号的 DAC，其建立时间不相同，一般从几毫微秒到几微秒。

4. 线性度

线性度指当数字量发生变化时，D/A 转换器的输出量按比例关系变化的程度。理想的 D/A 转换器是线性的，但实际有误差。通常使用最小数字输入量的分数来给出最大偏差的数值，如 ±1/2 LSB。

5. 温度系数

温度系数是指在输入不变的情况下，输出模拟电压随温度变化产生的变化量。一般用满刻度输出条件下温度每升高 1℃，输出电压变化的百分数作为温度系数，主要用于说明转换器受温度变化影响的特性。

6. 输入代码和输出电平

- 输入代码有：二进制码、BCD 码和偏移二进制码等。
- 输出电平：不同型号的 DAC，其输出电平不相同，一般是 5~10 V。

9.2.3 8 位 D/A 转换器 DAC0832

D/A 转换芯片是由集成在单一芯片上的解码网络和根据需要附加上的一些功能电路构成的。D/A 转换器有多种类型。按 DAC 的性能分为通用、高速和高精度等。按内部结构分为不包含数据寄存器的，这种芯片内部结构简单，价格低廉，如 AD7520 等；包含数据寄存器的，这种可以直接和系统总线相连，如 AD7524、DAC0832 等。

1. DAC0832 的内部结构及引脚

DAC0832 是 CMOS 工艺制成双缓冲型和 R-2RT 型电阻解码网络的 8 位 D/A 转换器，其逻辑电平与 TTL 电平相兼容。内部阶梯电阻网络形成参考电流，由输入二进制数控制八个电流开关，CMOS 的电流开关漏电很小保证了转换器的精度。DAC0832 使用单一电源，功耗低。建立时间为 1μs。输入数据为 8 位并行输入,有两级数据缓冲器及使能信号、数据锁存信号等,与 CPU 接口方便。

(1) DAC0832 的内部结构

DAC0832 的内部结构如图 9-4 所示,它由一个 8 位的输入锁存器、一个 8 位的 DAC 寄存器和一个 8 位的 D/A 转换器以及控制电路组成。

8 位输入寄存器用于存放 CPU 送来的数字量,使输入数字量得到缓存和锁存。

8 位 DAC 寄存器用于存放待转换的数字量。

8 位 D/A 转换器由 8 位 T 型电阻网络和电子开关组成,电子开关受 8 位 DAC 寄存器的输出控制,T 型电阻网络能输出与数字量程正比的模拟电流。因此 DAC0832 通常需要外接运算放大器才能得到合适的模拟电压输出。

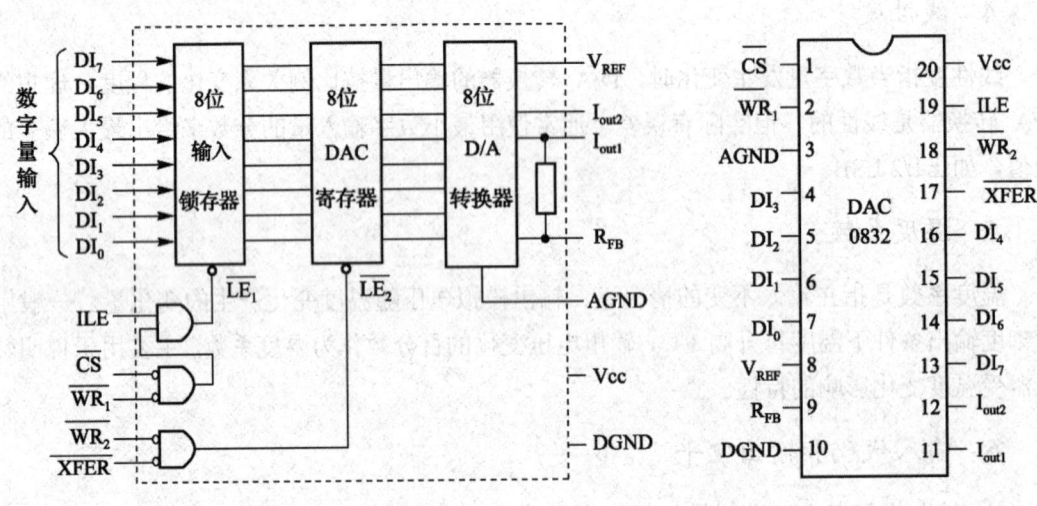

图 9-4 DAC0832 的内部结构图　　图 9-5 DAC0832 外部引脚图

(2) 引脚说明

DAC0832 外部引脚如图 9-5 所示。

- $DI_0 \sim DI_7$:数据线,输入数字量。
- $\overline{CS}$:第一级数据缓冲器的片选信号,低电平有效。
- $\overline{XFER}$:传送控制信号,控制从输入寄存器向 DAC 寄存器传送数据。
- ILE:允许输入锁存,高电平有效。
- $\overline{WR_1}$:第一级数据缓冲器的写信号,低电平有效。

当 ILE=1、$\overline{CS}$=0、$\overline{WR_1}$=0 时,输入的数字量锁存于输入寄存器中。

- $\overline{WR_2}$:第二级数据缓冲器的写信号,低电平有效。

当 $\overline{XFER}$=0、$\overline{WR_2}$=0 时,8 位输入寄存器的数字被锁存进 8 位 DAC 寄存器,同时进入 D/A 转换器开始转换。

- I_{OUT1} 和 I_{OUT}：DAC 输出模拟电流，$I_{OUT1}+I_{OUT2}$=常数，I_{OUT1} 和 I_{OUT2} 随 DAC 寄存器内容线性变化，若需要电压输出，要通过运算放大器进行电流—电压转换。
- R_{FB}：反馈电阻供电流-电压转换电路使用,该电阻被制作在芯片内。
- V_{REF}：基准电压输入端为模拟电压输入，允许范围是：$-10 \sim +10\,V$。
- VCC：逻辑电路的电源允许范围是：$+5 \sim +15\,V$。
- AGND：芯片模拟电路接地点。
- DGND：芯片数字电路接地点。

2. DAC0832 的模拟输出

DAC0832 的模拟输出是电流形式，因此需要使用运算放大器将电流输出转换为电压输出。根据输入转换的数字量不同，电压输出又分为单极性电压输出和双极性电压输出。DAC0832 的模拟输出如图 9-6 所示。

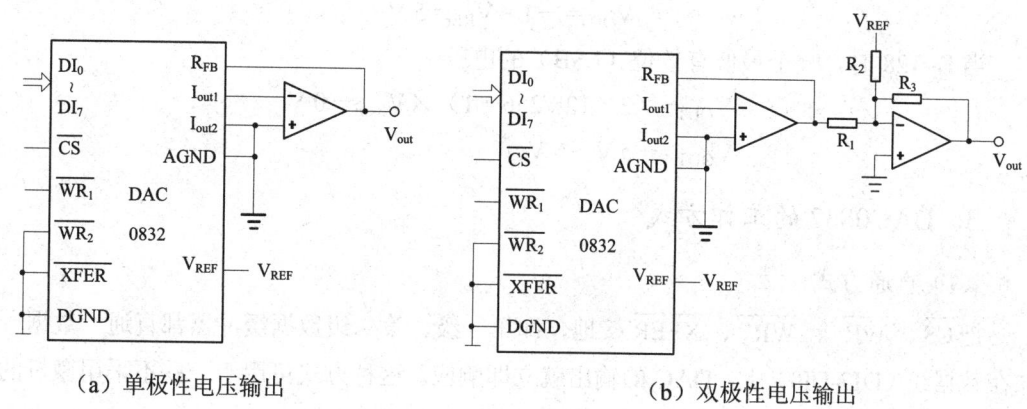

(a) 单极性电压输出　　　　　　　　　　　(b) 双极性电压输出

图 9-6　DAC0832 的模拟输出

（1）单极性电压输出

当输入数字为单极性数字时，典型的单极性电压输出电路如图 9-6（a）所示，由运算放大器进行电流——电压转换，使用芯片内部的反馈电阻。

输出电压 VOUT 与输入数字 D 的关系为：

$$V_{OUT}=-V_{REF}\times D/256$$

假设输入数字量 D=0～255，基准电压 $V_{REF}=-5\,V$。

当 D=FFH=255 时：

最大输出电压：$V_{max}=(255/256)\times 5\,V=4.98\,V$。

当 D=00H 时：

最小输出电压：$V_{min}=(0/255)\times 5\,V=0\,V$。

当 D=01 H 时，一个最低有效位（LSB）的电压：

$$V_{LSB}=(1/256)\times 5\,V=0.0195\,V$$

$$V_{OUT}=0\sim -V_{REF}\times 255/256$$
$$=0\sim 4.98V$$

（2）双极性电压输出

有时输入待转换的数字量有正有负，因而希望 D/A 转换输出也是双极性的；某些控制系统中也要求控制电压应有极性变化。

取电阻 R2=R3=2R1，输出电压 V_{OUT} 与输入数字 D 的关系为：
$$V_{OUT}=2\times V_{REF}\times D/256 - V_{REF}$$
$$=(2D/256-1)V_{REF}$$

假设输入数字量 D=0～255，基准电压 $V_{REF}=-5$ V。

当 D=FFH=255 时：
$$V_{OUT}=(2\times 255/256-1)\times V_{REF}\approx V_{REF}=-5\ V$$

当 D=00H 时：
$$V_{OUT}=-1\times V_{REF}=5\ V$$

当 D=128 时，一个最低有效位（LSB）的电压：
$$V_{OUT}=(2\times 128/256-1)\times V_{REF}=0\ V$$
$$V_{OUT}=-5\ V\sim 5\ V$$

3. DAC0832 的工作方式

（1）直通方式

把 $\overline{CS}$、$\overline{WR_1}$、$\overline{WR_2}$、$\overline{XFER}$ 接地，即第一级、第二级数据缓冲器都直通。数据一旦加在数据线（DI7-DI0）上，DAC 的输出就立即响应。这种方式可用于一些不采用微机的控制系统中。

（2）单缓冲方式

两级数据缓冲器之一处于直通状态，输入数据只经过一级缓冲送入 D/A 转换电路。只需执行一次写操作，即可完成 D/A 转换，可以提高 DAC 的数据吞吐量。

单缓冲方式有以下两种方法。

第一级缓冲器直通：$\overline{CS}$、$\overline{WR_1}$ 接地、ILE 接高电平。

第二级缓冲器直通：$\overline{WR_2}$、$\overline{XFER}$ 接地。

（3）双缓冲方式

适用于系统中有多片 DAC0832，特别是要求同时输出多个模拟量的场合。使用时，多片 DAC0832 的 $\overline{WR_2}$ 和 $\overline{XFER}$ 并联在一起。先分别将每一路的数据写入各个芯片的第一级数据缓冲器，然后同时将数据锁存到每一片 ADC0832 的第二级数据缓冲器。

4. DAC0832 与 CPU 接口举例

【例 9.1】采用图 9-6（a）所示单极性电压输出电路图，设 DAC0832 基准电压 VREF=−5 V。试编写程序使其输出周期性的锯齿波，并画出输出波形图。

```
        MOV   DX，PORT0832  ；设 PORT0832 为该片 0832 的端口地址
        MOV   AL，00H       ；初值
AGANT:
        OUT   DX，AL        ；转换数据送 D/A 的数据口
        CALL  DELAY         ；调用延时子程序段，也可用几条 NOP 指令
        INC   AL            ；AL 加 1。当 AL 由 255 加 1 时，AL 回到 0
        JMP   AGANT
        ……………………
DELAY   PROC                ；软件延时子程序
        MOV   CX，10
DELAY1: LOOP  DELAY1
        RET
DELAY   ENDP
```

输出单极性正向锯齿波，锯齿波周期与子程序 DELAY 的延时时间有关。

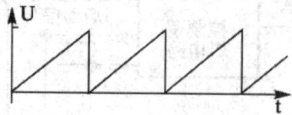

仍采用单极性电压输出电路，将指令 INC AL 换成 DEC AL，输出单极性反向锯齿波。

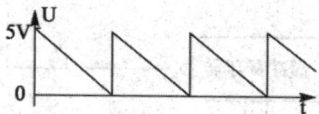

采用双极性电压输出电路，仍使用指令 INC AL，输出双极性正向锯齿波。

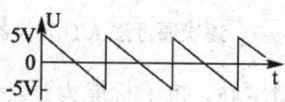

采用双极性电压输出电路，将指令 INC AL 换成 DEC AL，输出双极性反向锯齿波。

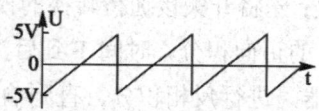

9.3 模/数转换及应用

模/数（A/D）转换器是一种把模拟量转换为数字量的线性电子器件，它将输入的模拟电压或模拟电流转换成二进制数字量，便于微机进行处理。A/D 转换常用方法有以下几种。

（1）计数法。最简单，但转换速度很低，并行转换速率最快，但需要的器件多，价格高。

（2）逐次逼近式。A/D 转换器的速度较高，比较简单，而且价格适中。

逐次逼近法转换过程是：初始化时将逐次逼近寄存器各位清零，转换开始时，先将逐次逼近寄存器最高位置 1，送入 D／A 转换器，经 D／A 转换后生成的模拟量送入比较器，该模拟量称为 V_0 与送入比较器的待转换的模拟量 V_i 进行比较。若 $V_0<V_i$，该位 1 被保留，否则被清除。然后再置逐次逼近寄存器次高位为 1，将寄存器中新的数字量送 D／A 转换器，输出的 V_0 再与 V_i 比较，若 $V_0<V_i$，该位 1 被保留，否则被清除。重复此过程，直至逼近寄存器最低位。

转换结束后，将逐次逼近寄存器中的数字量送入缓冲寄存器，得到数字量的输出。逐次逼近的操作过程是在一个控制电路的控制下进行的。

逐次逼近法 A/D 转换器如图 9-7 所示。

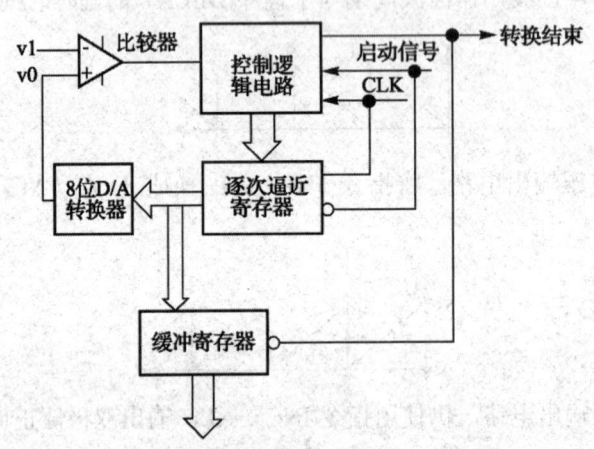

图 9-7 逐次逼近法 A/D 转换器

（3）双积分法。A/D 转换器精度高，抗干扰能力强，但速度低，一般用在要求精度高，但速度不高的场合。

双积分法 A/D 转换的过程是：先将开关接通待转换的模拟量 V_i，V_i 采样输入到积分器，积分器从零开始进行固定时间 T 的正向积分，时间 T 到后，开关再接通与 V_i 极性相反的基准电压 V_{ref}，将 V_{ref} 输入到积分器，进行反相积分，直到输出为 0 V 时停止积分。V_i 越大，积分器输出电压越大，反相积分时间也越长。

计数器在反相积分时间内所计的数值，就是输入模拟电压 Vi 所对应的数字量，实现了 A/D 转换。典型的双积分 A/D 转换芯片 7115 与 CPU 定时器和计数器配合起来完成 A/D 转换功能。

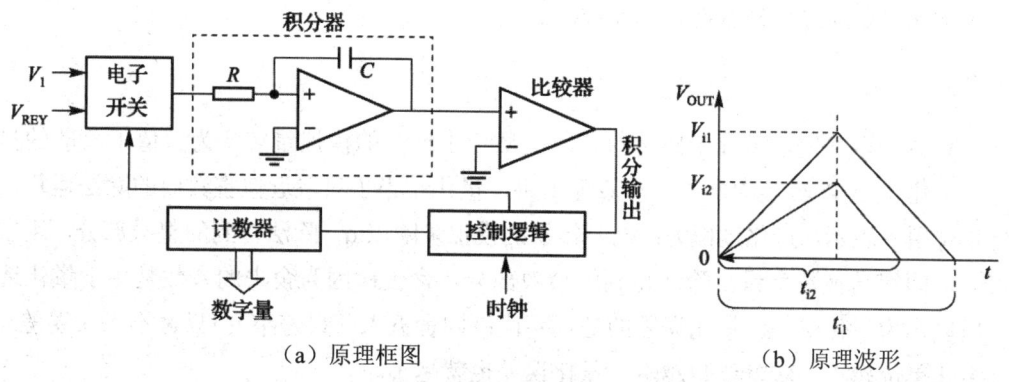

图 9-8 双积分式 ADC 工作原理

（4）电压频率转换法。采用电压频率转换法的 A/D 转换器，由计数器、控制门及一个具有恒定时间的时钟门控制信号组成，如图 9-9 所示。它的工作原理是把输入的模拟电压转换成与模拟电压成正比的脉冲信号。

采用电压频率转换法的工作过程是：当模拟电压 V 加到 V／F 的输入端，便产生频率 F 与 V_i 成正比的脉冲，在一定的时间内对该脉冲信号计数，时间到，统计到计数器的计数值，该计算值正比于输入电压 V_i，从而完成 A/D 转换。

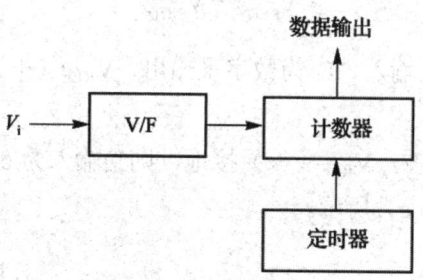

图 9-9 VF 转换器

9.3.1 模/数转换器的基本原理

A/D 转换过程：采样、保持→量化→编码。

1. 采样与保持

采样是将时间上连续变化的信号，转换为时间上离散的信号，即将时间上连续变化的模拟量转换为一系列等间隔的脉冲，脉冲的幅度取决于输入模拟量。

模拟信号经采样后,得到一系列样值脉冲。采样脉冲宽度 τ 一般是很短暂的,在下一个采样脉冲到来之前,应暂时保持所取得的样值脉冲幅度,以便进行转换。因此,在取样电路之后须加保持电路。

采样保持是通过采样保持器来完成的。

2. 量化

量化就是以一定的量化阶距为单位,把数值上连续的模拟量转变为数值上离散的量的过程。量化是 A/D 转换的核心。从原理上讲,量化相当于只取近似整数商的除法运算。如量化单位用 q 表示,量化过程为:把要转换的模拟量除以 q;除法得到的整数部分,用二进制表示,即得转换数字量;除法得到的余数部分,舍去;因为舍去的余数是由于量化造成的,所以称为量化误差。量化误差的处理手段:四舍五入(误差小);只舍不入(误差大)

量化单位越小,转换位数越多,量化误差也就越小。

3. 输入极性与编码

量化后的数字量需要进行编码,以便微机读入和识别。编码仅是对数字量的一种处理方法。输入不同,编码方式也略有不同。输入方式有单极性输入和双极性输入两种。

(1)单极性输入。当输入信号为单极性信号时,以二进制数进行量化编码。以 ADC0808 为例,其转换公式为:

$$D=\frac{V_{IN}-V_{REF(-)}}{V_{REF(+)}-V_{REF(-)}}\times 2^8$$

其中:VIN 为模拟电压输入、D 为数字量输出、V_{REF}(+)和 V_{REF}(-)为参考电压输入。

假设 V_{REF}(+)接+5 V,V_{REF}(-)接地,则当输入为 0~+5 V 时,输入 VIN 和输出 D 之间的关系如图 9-10(a)所示。

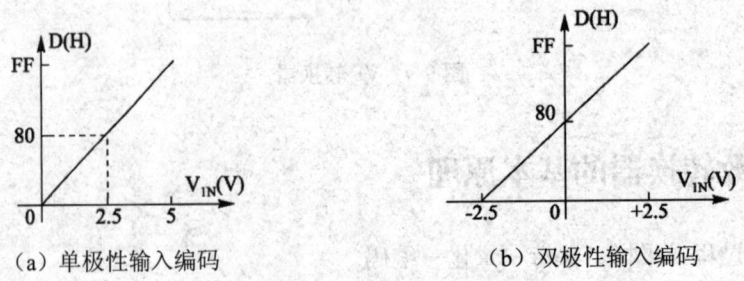

(a)单极性输入编码　　　　　(b)双极性输入编码

图 9-10　输入极性与编码

(2)双极性输入。当输入信号为双极性信号(即输入信号的幅值可能为正、可能为负)时,对输入信号的编码通常有以下三种方式:

① 偏移二进制码。以最高位为符号位，1 表示正，0 表示负；后面的各位表示幅值。就相当于把单极性的 ADC 的输入输出特性曲线向左平移了一半。以 ADC0808 为例，输入为 $-2.5 \sim +2.5$ V 时，其输入 V_{IN} 和输出 D 之间的关系如图 9-10（b）所示。

② 原码。当输入为正时，符号位为 0；当输入为负时，符号位为 1。后面的各位表示其幅值。

③ 补码。其符号位刚好与偏移二进制码的符号位相反，后面的各位相同。

9.3.2 模/数转换器的性能参数

（1）量程。量程是指 A/D 转换器能够实现转换的输入电压范围。

（2）分辨率。分辨率是指 A/D 转换器对输入模拟信号的分辨能力（对微小输入量变化的敏感程度），以 A/D 转换器输出的二进制数的位数有关。

理论上，n 位输出的 A/D 转换器能区分 2^n 个不同等级的输入模拟电压，能区分的输入电压的最小值（即量化阶距）为满量程输入电压的 $1/2^n$。当满量程输入电压一定时，输出的位数越多，能区分的输入电压的最小值越小，即分辨率越高。

例如：某 A/D 转换器的分辨率为 8 位，满量程输入电压 $V_{FS}=5V$，则分辨率是 $5/(2^8-1) \approx 0.0196$（V）。

分辨率通常也可以用输出的二进制位数表示，例如：ADC0808 的分辨率为 8 位。

（3）量化误差。A/D 转换器将连续的模拟量转换为离散的数字量，对一定范围内的连续变化的模拟量只能量化成同一个数字量，这种误差是由于量化引起的，所以称为量化误差。量化误差是量化器固有的，是不可克服的。

（4）转换误差。转换误差是指 A/D 转换器实际的输出数字量与理论上的输出数字量之间的差别，通常以整个输入范围内的最大输出误差表示。

一般用最低有效位（LSB）的倍数来表示转换误差，例如转换误差≤±1LSB，就说明在整个输入范围内，输出数字量与理论上的输出数字量之间的误差小于最低位的一个数字。

（5）转换精度。转换精度是指最低有效位对应的模拟量，用来表示理论输出与真实输出的误差，常用数字量最低有效位 LSB 对应模拟量的几分之几来表示，如±1/2LSB。

（6）转换时间。转换时间是指 A/D 转换器开始一次转换到完成转换得到相应的数字量输出所需的时间。

9.3.3 8 位 A/D 转换器 ADC0808/0809

A/D 转换器种类有很多。按位数分：有 8 位、10 位、12 位、16 位等。A/D 转换器位数越高，分辨率越高，价格也越贵。按结构分：有单一的、包含多路开关的和多功能的。按转换速度来分：有低速、中速和高速。按输出方式分：有并行比较型、逐次比较型、双积分型等。

并行比较型 A/D 转换器的转换速度最高,但分辨率一般在 8 位以内。因为 n 位并行比较型 A/D 转换器中需要 2^n-1 个电压比较器,当 n 大于 8 以后,需要的电压比较器太多,使得芯片的面积大、成本高。

双积分型 A/D 转换器的分辨率高,抗干扰能力强,但转换速度低,通常用在对速度要求不高但需要很高精度的场合。

逐次比较型 A/D 转换器的分辨率高,转换速度比并行比较型要低,但远高于双积分型 A/D 转换器。因此,逐次比较型 A/D 转换器适合既要求精度、又要求速度的场合。

ADC0808 是 ADC0809 的简化版本,功能基本相同。ADC0808 和 ADC0809 的主要区别是精度不同,ADC0808 的误差为 ±1/2LSB、ADC0809 的误差为 ±1LSB。

1. ADC0808 的内部结构及引脚

ADC0808 是 CMOS 工艺制作的 8 位逐次逼近式 A/D 转换器,包含有 1 个 8 通道的多路模拟开关和寻址逻辑,可接入 8 个模拟输入电压并对其进行分时转换,其数字输出部分分辨率为 8 位。具有三态锁存和缓冲能力,可直接与微处理器的总线相连。转换时间为 200 μs,工作温度范围为 −40℃~+85℃,功耗为 15 MW,输入模拟电压范围为 0~5 V,采用 5 V 电源供电。

（1）ADC0808 的内部结构

ADC0808 内部由 8 位模拟通道选择开关、地址锁存与译码单元、定时与控制单元、逐次逼近寄存器、树状开关、电阻网络和输出锁存缓冲器组成。ADC0808 内部结构如图 9-11 所示。

（2）引脚说明

ADC0808 引脚如图 9-12 所示。

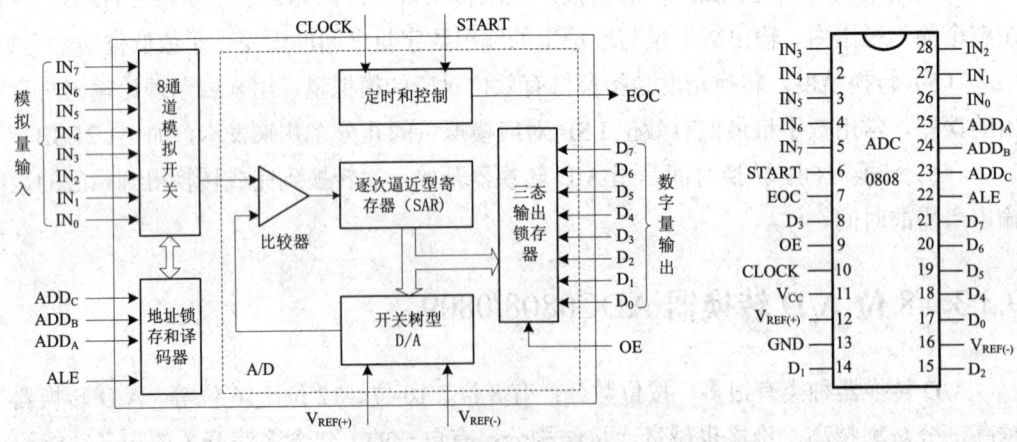

图 9-11 ADC0808 内部结构　　图 9-12 ADC0808 引脚

IN_0-IN_7-8 路模拟电压输入，3 个地址输入引脚分别为：ADD_A/ADD_B/ADD_C，译码后选择 8 路模拟电压输入中的一路进行转换

ADDA	ADDB	ADDC	模拟输入通道
0	0	0	IN0
0	0	1	IN1
0	1	0	IN2
0	1	1	IN3
1	0	0	IN4
1	0	1	IN5
1	1	0	IN6
1	1	1	IN7

- ALE：地址锁存允许信号，控制通道选择开关的打开与闭合：ALE=1 时接通某一路的模拟信号，ALE=0 时，锁存该路的模拟信号。
- D_0~D_7：8 位数字量输出
- START：启动 A/D 转换的控制信号，输入，高电平有效。宽度大于 200 ns，上升沿逐次逼近寄存器 SAR，下降沿启动 ADC 转换。
- CLOCK：时钟脉冲输入，频率范围为 10 KHz～1 MHz，典型值为 640 KHz。
- EOC：转换结束状态信号，输出高电平有效。转换期间保持低电平，向 CPU 提出中断请求。
- OE：CPU 允许输出信号，打开三态输出锁存器的门，把转换结果送到数据总线上。
- $V_{REF(+)}$：参考电压输入，T 形电阻网络用，通常与 VCC 相连。
- $V_{REF(-)}$：参考电压输入，T 形电阻网络用，通常接地。

2. ADC0808 的工作过程和时序分析

ADC0808 的工作过程如下。

（1）由 ADD_A、ADD_B、ADD_C 三位决定选择哪一路模拟信号。

（2）ALE=1，该路模拟信号经选择开关到达比较器的输入端。

（3）转换启动信号 START 紧随 ALE 之后（或与 ALE 同时）出现，START 的上升沿将逐次逼近寄存器复位，下降沿启动 A/D 转换。

（4）START 的上升沿之后的 2 μs 加 8 个时钟周期内（不定），EOC 信号将变为低电平，表示正在转换，EOC 再变高电平时说明转换结束。

（5）此时转换结果已经保存到 8 位三态输出锁存器。

（6）CPU 获取转换结束信号 EOC 后，设置 OE 为高电平，打开三态输出锁存器，转换结果出现在数据总线上，CPU 即可读取。

ADC0808 时序如图 9-13 所示。

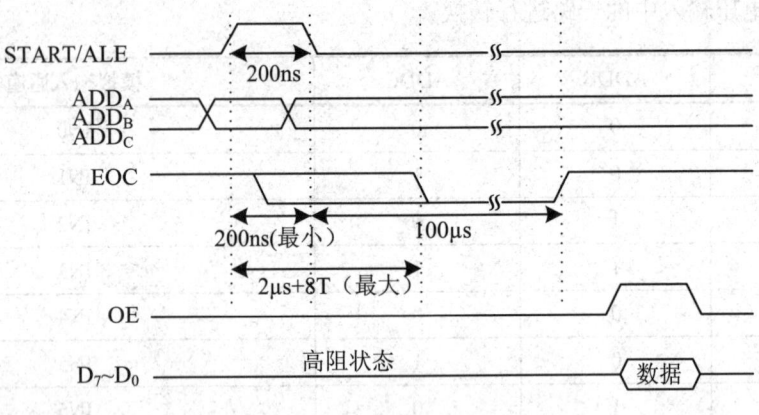

图 9-13　ADC0808 时序图

3. CPU 获取 EOC 的方式

CPU 可以采用多种方式获取 EOC，然后读取数据：延时等待方式、查询方式、中断方式和 DMA 方式。

（1）延时等待方式。这种方式下，不使用转换结束信号 EOC，但要预先计算好 A/D 转换的时间。当 CPU 启动 A/D 转换后，执行一段略大于 A/D 转换时间的延迟程序后，即可读取数据。采用软件延时方式，无需硬件连线，但要占用 CPU 大量的时间，而且无法精确计算 A/D 转换的时间，故多用于 CPU 处理任务较少的系统中。

（2）查询方式。这种方式下，通常把转换结束信号 EOC 作为状态信号经三态缓冲器送到系统总线的某一位上。CPU 在启动 A/D 转换后，开始查询转换是否结束，一旦查到转换结束信号 EOC 有效（先低后高），便读取 ADC 中的数据。这种方式程序设计比较简单，实时性也较强，是比较常用的一种方法。

（3）中断方式。这种方式下，把转换结束信号 EOC 作为中断请求信号接到系统中的中断控制器（如 8259A）。当转换结束时，向 CPU 申请中断，CPU 响应中断后，在中断服务程序中读取数据。在这种方式中，ADC 与 CPU 同时工作，效率较高，接口简单，适用于实时性较强或参数较多的数据采集系统。

（4）DMA 方式。这种方式下，把转换结束信号 EOC 作为 DMA 请求信号接到系统中的 DMAC（如 8237A）。转换结束时，向 CPU 申请 DMA 传输，CPU 响应后，通过 DMAC 直接将转换结果送入内存缓冲区。这种方式不需要 CPU 的参与，特别适合要求高速采集大量数据的情况。

4. ADC0808 与 CPU 接口举例

ADC0808 带有 8 位三态输出锁存器，所以可以直接和 CPU 连接；但为了增加 I/O 的接口功能，通常在使用的过程中通过 I/O 接口芯片和 CPU 连接；这类芯片有 74LS373、Intel 8255A 等。

【例 9.2】图 9-14 是 ADC0808 通过 8255A 与 CPU 接口的例子。

图中，ADC0808 的 $D_7 \sim D_0$ 接 8255A 的 PA 口，ADD_C、ADD_B、ADD_A 接 $PB_2 \sim PB_0$，START 接 PC_6，ALE 接 PC_7，EOC 接 PC_0。8255A 的 PA 口输入，PB 口输出，PC 口高 4 位输入，PC 口低 4 位输出，三个口均工作于方式 0。8255A 的地址为 200H～206H。当以查询的方式采样数据时，只需不断检测 PC_0。

编程程序以查询的方式对 IN_0 端进行 100 次采样数据存入 BUF 开始的内存中。

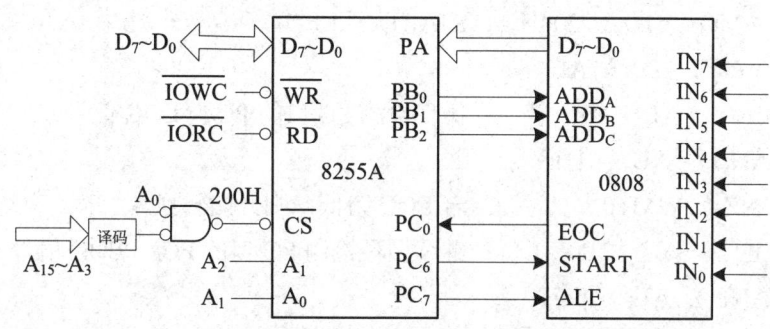

图 9-14 ADC0808 通过 8255A 与 CPU 接口连接图

```
DATA    SEGMENT
        BUF DB 100 DUP(?)       ;预留 100 个字节空间，存放采样后结果
DATA    ENDS
CODE    SEGMENT
        ASSUME   CS:CODE, DS:DATA
START:  MOV    AX,   DATA
        MOV    DS,   AX
        MOV    AL,   10010001B     ;8255 初始化
        MOV    DX,   206H
        OUT    DX,   AL
        MOV    AL,   00H
        MOV    DX,   204H
        OUT    DX,   AL            ;START、ALE=0
        MOV    BX,   OFFSET BUF    ;BUF 是数据区首地址
        MOV    CX,   100           ;CX 中是采样次数
        MOV    AL,   00H
        MOV    DX,   202H
```

```
                    OUT   DX, AL        ;通过 PB₂~PB₀ 选中采样通道 IN₀
        AGAIN:  MOV   AL, 0FH
                    MOV   DX, 206H
                    OUT   DX, AL        ;通过 PC₇ 使 ALE=1
                    MOV   AL, 0DH
                    MOV   DX, 206H
                    OUT   DX, AL        ;通过 PC₆ 使 START=1
                    MOV   AL, 00H
                    MOV   DX, 204H    ;START、ALE=0
                    OUT   DX, AL
        WAIT0:  IN    AL, DX         ;循环检测 PC 口的 PC₀（EOC 信号）
                    AND   AL, 01H
                    JNZ   WAIT0         ;若 EOC 为低，则开始转换
        WAIT1:  IN    AL, DX         ;继续循环检测 PC 口的 PC₀（EOC 信号）
                    AND   AL, 01H
                    JZ    WAIT1         ;若 EOC 为高，则转换结束，可以读数据
                    MOV   DX, 200H
                    IN    AL, DX        ;从 PA 口输入数据
                    MOV   [BX], AL      ;存入内存
                    INC   BX
                    LOOP  AGAIN         ;循环 100 次采样
                    RET
        CODE   ENDS
                    END   START
```

如果对 8 路模拟通道轮流采样，可以采用二重循环结构，内循环对 IN₀~IN₇ 端进行轮流采样，外循环控制 100 次内循环，即采集 100 组数据。程序如下：

```
DATA    SEGMENT
        BUF DB 800 DUP(?)              ;预留空间，存放采样后结果
DATA    ENDS
CODE    SEGMENT
        ASSUME  CS:CODE, DS:DATA
START:  MOV   AX, DATA
        MOV   DS, AX
        MOV   AL, 10010001B    ;8255 编程
        MOV   DX, 206H
```

```
                OUT     DX,  AL
                MOV     AL,  00H
                MOV     DX,  204H
                OUT     DX,  AL          ; START、ALE=0
                MOV     BX,  OFFSET BUF  ; BUF 是数据区首地址
                MOV     CX,  100         ; CX 中是采样次数
AGAIN0:         MOV     AH,  00H         ; AH 中存放通道选择信息, 初始化是 $IN_0$
AGAIN1:         MOV     AL,  AH
                MOV     DX,  202H
                OUT     DX, AL           ; 通过 $PB_{2-0}$ 选中采样通道, 一开始是 $IN_0$
                MOV     AL,  0FH
                MOV     DX,  206H
                OUT     DX,  AL          ; 通过 $PC_7$ 使 ALE=1
                MOV     AL,  0DH
                MOV     DX,  206H
                OUT     DX,  AL          ; 通过 $PC_6$ 使 START=1
                MOV     AL,  00H
                MOV     DX,  204H        ; START、ALE=0
WAIT0:  IN      AL,  DX                  ; 循环检测 PC 口的 $PC_0$（EOC 信号）
                AND     AL,  01H
                JNZ     WAIT0            ; 若 EOC 为低, 则开始转换
WAIT1:  IN      AL,  DX                  ; 继续循环检测 PC 口的 $PC_0$（EOC 信号）
                AND     AL,  01H
                JZ      WAIT1            ; 若 EOC 为高, 则转换结束, 可以读数据
                MOV     DX,  200H
                IN      AL,  DX          ; 从 PA 口输入数据
                MOV     [BX], AL         ; 存入内存
                INC     BX
                INC     AH               ; 调整 AH 中通道信息
                CMP     AH,  8
                JNZ     AGAIN1           ; 内循环控制 $IN_0\sim IN_7$ 端进行轮流采样
                LOOP    AGAIN0           ; 外循环 100 组采样
                RET
CODE    ENDS
        END     START
```

本章小结

在计算机应用系统中,不仅要处理数字量,还要处理模拟量。由于计算机本身只能直接处理数字量,所以必须将模拟量转换成数字量才能才能被计算机处理;反之,计算机输出的数字量要转换为模拟量才能实现模拟控制。A/D 和 D/A 转换器是进行模拟量和数字量相互转换的器件。

ADC0808 是逐次逼近型 8 位 A/D 转换器,可直接输入 8 个单端的模拟信号,分时进行 A/D 转换,在多点巡回检测和过程控制等应用领域中使用非常广泛。DAC0832 是 8 位电流输出型 D/A 转换器,具有价格低廉、接口简单及转换控制容易等特点。

通过本章内容的学习可以掌握常用模/数转换芯片 ADC0808 和数/模转换芯片 DAC0832 的组成、接口信号、工作原理以及相关程序设计的方法。

本章习题

1. 什么是模拟量接口,在微机的哪些应用领域中要用到模拟接口?
2. D/A 转换器的主要参数有哪几种?反映了 D/A 转换器什么性能?
3. A/D 转换器的主要参数有哪几种?反映了 A/D 转换器什么性能?
4. D/A 转换器和微机接口中的关键问题是什么?对不同的 D/A 芯片应采用何种方法连接?
5. DAC0832 有哪几种工作方式?每种工作方式使用于什么场合?
6. 已知某 DAC 的输入为 12 位二进制数,满刻度输出电压 V_{OUT}=10 V,试求最小分辨率电压 V_{LSB} 和分辨率。
7. A/D 转换器和微机接口中的关键问题有哪些?
8. ADC0808 中的转换结束信号(EOC)起什么作用?
9. D/A 转换器 DAC0832 接口电路如图 9-16 所示,分析该电路的连接和 DAC0832 的外部特性,回答以下 3 个问题:

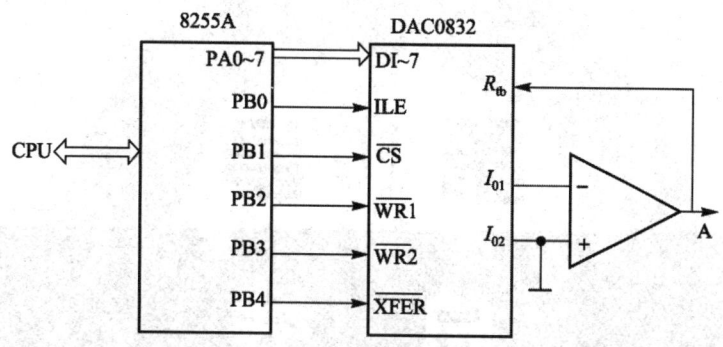

图 9-16　DAC0832 通过 8255A 与 CPU 接口连接图

（1）若要求 DAC0832 按直通方式工作，则 8255A 的 B 口将如何设置？

（2）如何利用该图生成指定输出幅度范围（1～4 V)的锯齿波？

（3）编写幅度受限的锯齿波程序。设 8255A 的端口地址为：300 H（A 口），301H（B 口），302H（C 口），303H（命令口），DAC0832 的参考电压 V_R=5 V。

10．试编制一段源程序。要求通过 ADC808，采用中断法，采集 100 个数据，存到内存 BUFR 区。

11．试编制一段源程序。要求通过查询法，从 ADC0808A/D 转换器的 0～7 通道轮流采集 8 路模拟信号的电压量，并把转换后的数据存入 0300H 开始的单元。

第10章 总线

本章导读

任何一个微处理器都要与一定数量的部件和外设相连接，但如果将各部件和每一种外设都分别用一组线路与CPU直接连接，那么连线将会错综复杂，甚至难以实现。为了简化硬件电路设计、简化系统结构，常用一组线路配置以适当的接口电路与各部件和外设连接，这组共用的连接线路被称为总线。总线是各种信号线的集合，是计算机各部件之间传输数据、地址和控制信息的公共通道。采用总线结构便于部件和设备的扩充，并且制定统一的总线标准更易于使不同设备之间实现互连。

学习目标

- 了解ISA、EISA、PCI这几种系统总线的特性和特点
- 掌握RS-232C串行总线和USB总线的结构和特点
- 掌握常见的主要8位、16位和32位系统总线的概念和特点
- 了解总线的具体应用

10.1　总线的基本知识

采用总线结构后，在微机系统设计、生产、使用和维护上有很多优越性，概括起来有以下几点。

（1）便于采用模块化结构设计方法，简化了系统设计。
（2）标准总线可以得到多个厂商的广泛支持，便于生产与之兼容的硬件板卡和软件。
（3）模块化结构方式便于系统的扩充和升级。
（4）便于故障诊断和维修，同时也降低了成本。

10.1.1　什么是总线

总线是连接计算机各组成部件的公用数据通路。连接在总线上的各个部件以分时的方式共享总线，实现数据传送。计算机工作的过程，实质上就是数据流通过总线在各个部件之间流动的过程。因此，总线也是计算机系统中的重要组成部分。

在微型计算机系统中，总线分片内总线、片级总线和系统总线。

（1）片内总线用以连接 CPU 内部的各个部件，比如 ALU、通用寄存器、内部 cache 等。

（2）片级总线用以连接 CPU、存储器及 I/O 接口等电路，构成所谓的主机板。

（3）系统总线主要用来连接外部设备。目前在 PC 上流行的接口标准有 IDE, SCSI, USB 和 IEEE 1394 四种。前两种主要是与硬盘、光驱等 IDE 设备接口，后面两种新型外部总线可以用来连接多种外部设备。

系统总线是与 I/O 扩充插槽相连的，I/O 插槽中可插入各式各样的扩充板卡，作为各种外设的适配器与外设连接。系统总线必须有统一的标准，以便按照这些标准设计各类适配卡。因此，实际在这一章要讨论的总线就是系统总线，各种总线标准也主要是指系统总线的标准。

按总线的功能分类可分为地址总线、数据总线和控制总线。

10.1.2　总线的作用和特性

1. 总线的作用

总线的作用主要表现在两个方面：一是连接计算机的各组成部件，构成不同规模的计算机系统；二是在各组成部件之间形成通路，实现各种数据信息的传送。

采用总线结构也有利于硬件系统的连接与扩展,有利于系列化产品的设计与生产。因此,如今的计算机无一例外地采用了总线结构。

2. 总线的特性

从使用的角度来看,总线的特性可概括为两个方面,即分时性和共享性。

共享性是指总线为挂接在其上的多个部件所共有。

分时性是指同一总线可由多个部件分时使用。但是在同一时刻,只能有一个部件发送数据,可有多个部件接收数据。

10.1.3 总线的标准和组成

1. 总线的标准

总线标准是指芯片之间、插板之间以及系统之间通过总线进行连接和传输信息时,应遵守的一些协议与规范,包括硬件和软件两个方面。例如,总线工作的时钟频率、总线信号定义、电气规范和实施总线协议的驱动与管理程序等。总线标准(技术规范)包括以下几部分。

(1)机械结构规范:模块尺寸、总线插头、总线接插件及安装尺寸均有统一规定。

(2)功能规范:总线每条信号线(引脚的名称)、功能及工作过程要有统一规定。

(3)电气规范:总线每条信号线的有效电平、动态转换时间、负载能力等有统一规定。

2. 总线的组成

(1)数据总线。数据总线用来传送数据,其位数亦称为总线的宽度。它反映的是一次传送数据的位数。比如 ISA 总线的数据宽度为 16 位,PCI 总线的数据宽度为 32 位。也就是说,ISA 总线一次可以传送 16 位数据,PCI 总线一次可以传送 32 位数据。

(2)地址总线。地址总线用来传送存储器或外设端口地址。无论是存储器还是外部设备,所有数据按地址存储。因此在数据传送时,必须先传送地址。其中地址线的位数亦称为地址宽度,它反映的是 CPU 的寻址范围。比如 ISA 总线的地址宽度为 20 位,寻址范围为 $2^{20}=1$ MB;PCI 总线的地址宽度为 32 位,寻址范围为 $2^{32}=4$ GB。

(3)控制总线。控制总线用于传送各种控制信号。在不同的总线结构中,控制总线往往有较大的差异。

不同种类总线的有效信号的定义可能不同,但是基本信号必不可少。比如,地址有效信号、读命令、写命令、中断请求/响应信号、总线请求/响应信号等。

10.1.4 电源线和地线

为了适应不同设备的需要,电源线可能有多种,比如+5 V、-5 V、+12 V、-12 V、甚至+24 V 等。地线也有多条,一方面满足接口电路板设计时对地线的需求,另一方面有利于提高信号传送时的抗干扰能力。

10.2 系统总线

10.2.1 ISA 总线

ISA(industry standard architecture,工业标准体系结构)总线是 IBM 公司为 PC/AT 电脑而制定的总线标准,为 16 位体系结构,只能支持 16 位的 I/O 设备,数据传输速率大约是 18 MB/s,也称为 AT 标准。

ISA 总线的主要性能指标如下。

- I/O 地址空间:0100H~03FFH。
- 24 位地址线可直接寻址的内存容量为 16 MB。
- 8/16 位数据线。
- 62+36 引脚。
- 频率:8 MHz。
- 最大位宽:16 位(bit)。
- 最大稳态传输速率:16MB/s。
- 具有中断功能。
- 具有 DMA 通道功能。
- 采用开放式总线结构,允许多个 CPU 共享系统资源。

ISA 总线的接口信号如图 10-1 所示。

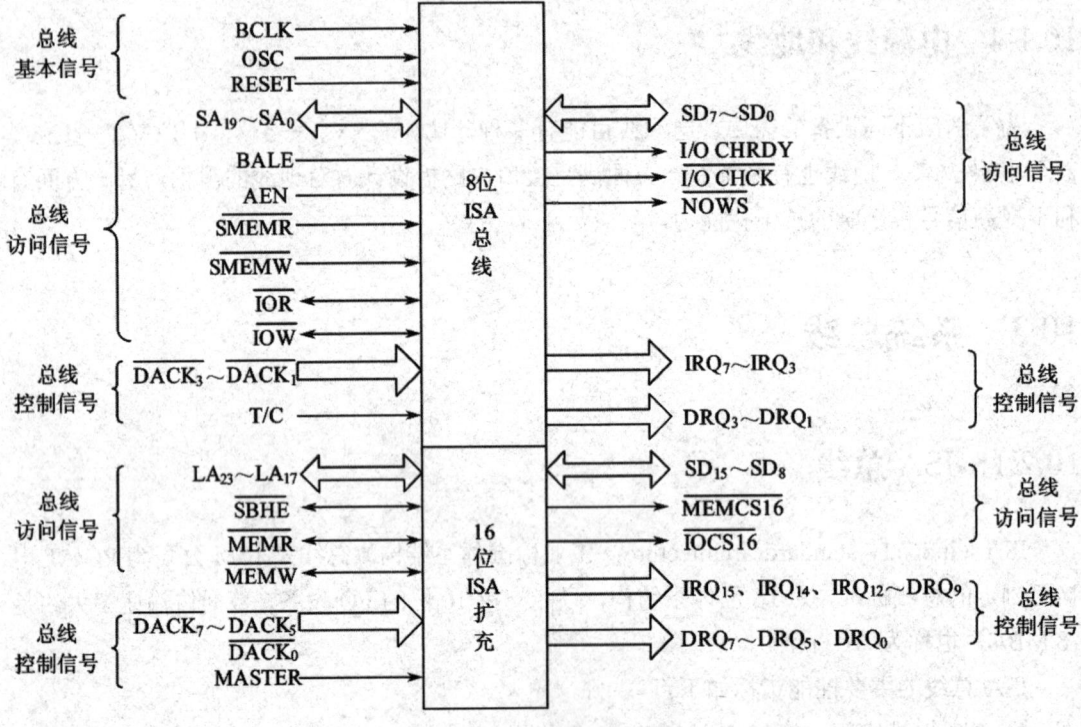

图 10-1 ISA 总线的接口信号

10.2.2 EISA 总线

EISA（extended industry standard architecture，扩展工业标准结构）是 EISA 集团为配合 32 位 CPU 而设计的总线扩展标准，1989 年由工业厂商联盟设计，用于支持现有的 ISA 扩充板，同时为以后的发展提供一个平台。

为支持 ISA 卡，它使用 8MHz 的时钟速率，但总线提供的 DMA（直接存储器访问）速率达 33MB/s。EISA 总线的输出/输出（I/O）总线和微处理总线是分离的，因此 I/O 总线可保持低时钟速率以支持 ISA 卡而微处理器总线则可以高速率运行。EISA 机器可以向多个用户提供高速磁盘输出。

EISA 总线是全 32 位的，所以这种设计可处理比 ISA 总线更多的引脚。连接器是一个两层槽设计，既能接受 ISA 卡，又能接受 EISA 卡。顶层与 ISA 卡相连，低层则与 EISA 卡相连。

尽管 EISA 总线保持与 ISA 兼容的 8 MHz 时钟速率，但它支持一种突发式数据传送方法，可以三倍于 ISA 总线的速率传送数据。

10.2.3 PCI 总线

1991 年下半年，Intel 公司首先提出了 PCI 的概念，并联合 IBM、Compaq、AST、HP、DEC 等 100 多家公司成立了 PCI 集团，其英文全称为：Peripheral Component Interconnect Special Interest Group（外围部件互连专业组），简称 PCISIG。1992 年推出了一种新的总线——PCI（peripheral component interconnect，外设部件互连）总线。

PCI 总线是一种不依附于某个具体处理器的局部总线，广泛应用于现代微机系统。

1. PCI 总线的特点

PCI 有 32 位和 64 位两种，32 位 PCI 有 120 个引脚，64 位 PCI 有 184 个引脚，目前常用的是 32 位 PCI。32 位 PCI 的数据传输速率为 133 MB/s，大大高于 ISA。PCI 总线有如下特点：

（1）具有地址数据多路复用的高性能的 32 位或 64 位同步总线，总线引脚数目和部件数量少，降低了成本及布线的复杂度。

（2）PCI 总线支持线性突发传输模式，确保了总线不断满载数据进行高速传输。

（3）PCI 总线的设计是独立于处理器的，它具有严格的总线规范和良好的兼容性，PCI 扩展卡可以插入任何符合 PCI 规范的微机和工作站系统中，方便的进行硬件移植，目前 PCI 已成为嵌入式系统的局部总线之一。

（4）隐蔽的总线仲裁，减小了仲裁开销；

（5）极小的存取延迟，采用总线主控和异步数据转移操作；

（6）PCI 提供数据和地址奇偶校验功能，保证了数据的完整性和准确性。

（7）PCI 总线与 CPU 的时钟频率无关，它能支持多个外设，设备间通过局部总线可以完成数据的快速传递，有效解决了数据传输的瓶颈问题。

（8）PCI 对扩展卡和元件能够进行自动配置，实现设备的即插即用。由于使用方便、灵活，产品寿命长，所以 PCI 总线产品与其他总线标准相比具有巨大的优越性和更为广阔的应用前景。

（9）在 x86 结构 CPU 的个人计算机下，由主 CPU 发起读操作访问 PCI 目标设备时，不能进行突发读操作，这是由于个人计算机启动时 BIOS 将 PCI 设备映射到非 Cache 存储器中，会出现读操作阻塞。对于突发写操作，也存在同样的问题，也就是说在 PC 环境下开发基于 PCI 的产品，PC 机不支持突发传输。为了获得高的数据传输率，就必须使用 PCI 主桥设计 PCI 卡，并在 DMA 模式下操作。

2. PCI 总线的系统结构

总线的系统结构如图 10-2 所示。

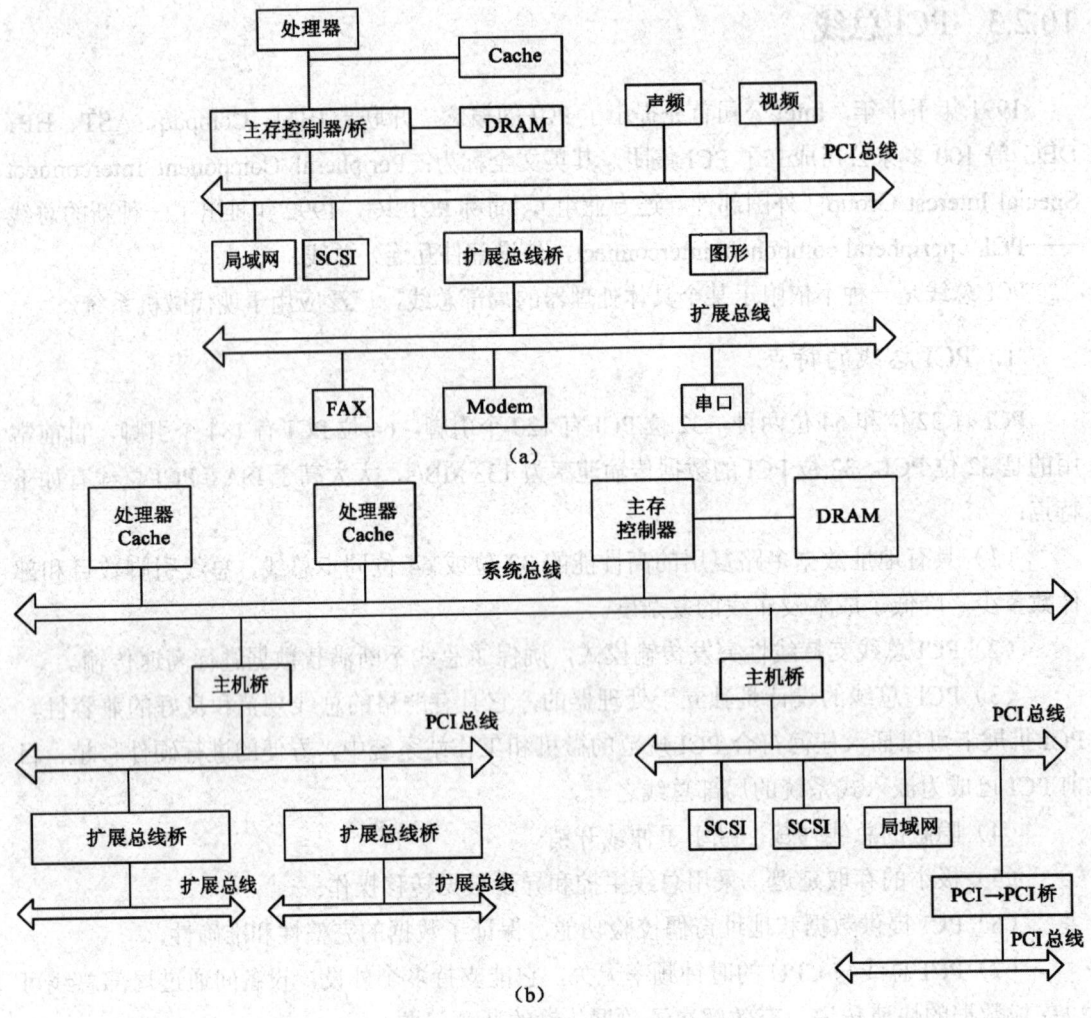

图 10-2　PCI 总线的系统结构

3. PCI 总线的主要性能

PCI 总线的主要性能有以下几个。

（1）支持 10 台外设。
（2）总线时钟频率：33.3 MHz/66 MHz。
（3）最大数据传输速率：133 MB/s。
（4）与 CPU 及时钟频率无关。
（5）总线宽度：32 位（5 V）/64 位（3.3 V）。
（6）能自动识别外设。

4. PCI 总线的信号定义

PCI 总线引脚数为 120 条（包含电源、地、保留引脚等）。

PCI 信号可分为必备和可选两大类。

如果是主设备，必备信号为 49 条；如果是从设备，则必备信号是 47 条。可选的信号为 51 条，主要用于 64 位扩展、中断请求和高速缓存支持等。利用这些信号线，可以处理数据、地址信息，实现接口控制、仲裁及系统功能。

5. PCI 总线的应用

PCI 总线的应用十分广泛。几乎每台 PC 及工控机均有 PCI 总线，且均以 PCI 总线为主，其他总线为辅。目前，生产 PCI 接口芯片的半导体厂商较多，国内流行的主要是 PLX 和 AMCC 公司的产品。PLX 公司主要有 PLX9054，PLX9050，PLX9080 等；AMCC 公司主要是 S5933 和 S5920。

10.3 外部总线

10.3.1 RS-232C 串行总线

EIA（electronics industries association）RS（recommended standard）-232C 是使用广泛的串行异步通信接口。实质上是一种标准，它是美国电子工业协会 EIA 于 1962 年公布，并于 1969 年修订的串行接口标准，现已经成为国际上通用的标准串行接口。

目前，RS-232C 已成为数据终端设备 DTE（如计算机）与数据通信设备 DCE（如调制解调器）的标准接口。利用 RS-233C 接口不仅可以实现远距离通信，也可以近距离连接两台通信设备。

1. RS-232C 的引脚定义

RS-232C 的引脚如图 10-3 所示，9 针 RS-232C 连接器的引脚功能如表 10-1 所示。

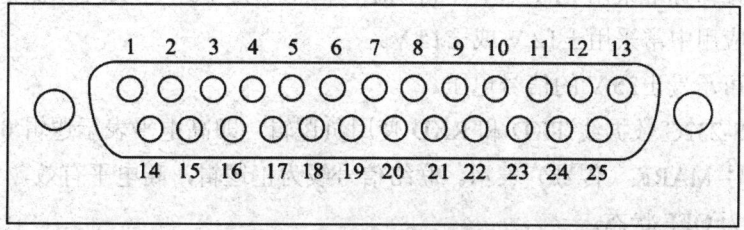

图 10-3 RS-232C 的引脚

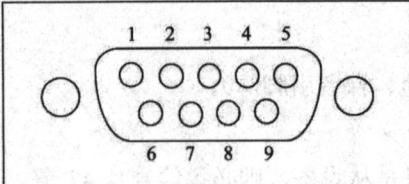

图 10-3 RS-232C 的引脚（续）

表 10-1 9 针 RS-232C 连接器引脚

9 针连接器引脚号	名称	9 针连接器引脚号	名称
1	数据载波检测	6	数据装置准备好
2	接收数据 RXD	7	请求发送
3	发送数据 TXD	8	清除发送
4	数据终端准备好	9	振铃提示 RI
5	信号地 GND		

2. RS-232C 的连接

RS-232C 的连接方法如图 10-4 所示。

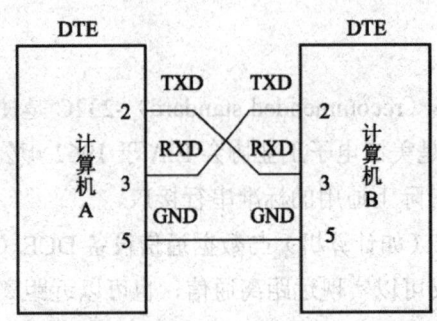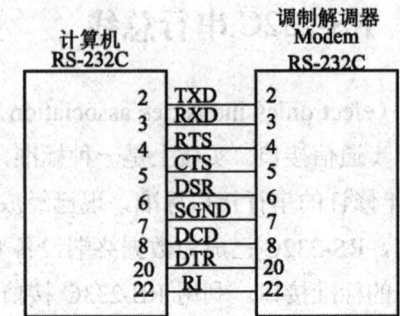

图 10-4 RS-232C 的连接

3. RS-232C 的电气特征

RS-232C 接口标准采用 EIA 电平。它规定：高电平为 +3～+15 V，低电平为 −3～ −15 V。实际应用中常采用 ±12 V 或 ±15 V。

RS-232C 可承受 ±25 V 的信号电压。

要注意 RS-232C 数据线 TXD 和 RXD 使用负逻辑，即高电平表示逻辑 0，低电平表示逻辑 1，用符号 MARK（传号）表示。联络信号线为正逻辑，高电平有效，为 ON 状态；低电平无效，为 OFF 状态。

由于 RS-232C 的 EIA 电平与微机的逻辑电平（TTL 电平或 CMOS 电平）不兼容，所以两者间需要进行电平转换。

传统的转换器件有 MC1488（完成 TTL 电平到 EIA 电平的转换）和 MC1489（完成 EIA 电平到 TTL 电平的转换）等芯片。

目前已有更为方便的电平转换芯片，例如 MAX232、UN232 等。

MAX232 的封装和应用电路图如图 10-5 所示。

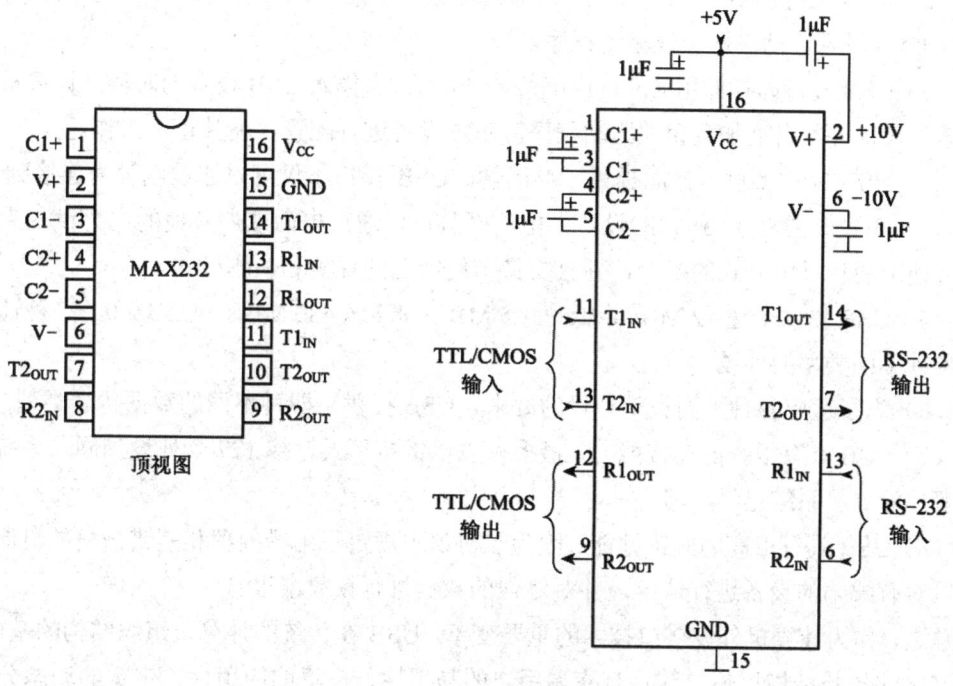

图 10-5　MAX232 的封装和应用电路图

10.3.2　USB 总线

在早期的计算机系统上，常用串口或并口连接外设。每个接口都需要占用计算机的系统资源（如中断、I/O 地址、DMA 通道等）。无论是串口还是并口，都是点对点的连接，一个接口仅支持一个设备。因此每添加一个新的设备，就需要添加一个 ISA 或 PCI 卡来支持，同时系统需要重新启动才能驱动新的设备。

USB（universal serial bus）总线是 Intel、DEC、Microsoft、IBM 等公司联合推出的一种新的串行总线标准，主要用于 PC 与外设的互连。它是一种快速同步传输的双向串行接口，是由 Compaq、DEC、IBM、Intel、Microsoft、NEC 和 Northen Telecom 等公司为简化 PC 与外设之间的互连而共同研究开发的一种免费的标准化连接器，它支持各种 PC 与外设之间的连接，还可实现数字多媒体集成。

1. USB 总线的功能特点

（1）USB 减少了各个设备（像鼠标、调制解调器、键盘和打印机等）对目前 PC 中所有标准端口的需求，因而降低了硬件的复杂性和对端口的占用。整个 USB 系统只有一个端口，使用一个中断，节省了系统资源。

（2）USB 支持热插拔（hot plug）。也就是说在不关闭 PC 的情况下，可以安全地插上和断开 USB 设备，动态地加载驱动程序。

（3）USB 支持即插即用（plug and play，PnP）。当插入 USB 设备的时候，计算机系统检测该外设，并且自动加载相关驱动程序，对该设备进行配置，使其正常工作。

（4）USB 在设备供电方面提供了灵活性。USB 接口不仅可以通过电缆为连接到 USB 集线器（hub）或主机（host）的设备供电，而且可以通过电池或者其他的电力设备为其供电，或使用两种供电方式的组合，并且支持节约能源的挂机和唤醒模式。

（5）USB 提供全速 12 MB/s、低速 1.5 MB/s 和高速 480 MB/s（USB 2.0）三种速率来适应各种不同类型的外设。

（6）为了适应各种不同类型外设的要求，USB 提供了四种不同的数据传送类型。

（7）USB 具有很强的连接能力，最多可以以链接形式连接 127 个外设到同一系统，这对一般的计算机系统已经足够了。

（8）USB 具有很高的容错性能。因为在协议中规定了出错处理和差错恢复的机制，所以可以对有缺陷的设备进行认定，并对错误的数据进行恢复或报告。

总之，作为计算机外设接口技术的重要变革，USB 在传统的计算机组织结构的基础上，引入网络的拓扑结构思想。其具有终端用户的易用性、广泛的应用性、带宽的动态分配、优越的容错性能、较高的性能价格比等特点，方便了外设的添加，适应了现代计算机的多媒体功能拓展，已逐步成为计算机的主流接口。

2. USB 引脚功能

USB 是一个标准的协议，USB 总线结构简单，通常 USB 接口信号线仅由 2 条电源线、2 条信号线组成。USB 引脚信号如表 10-2 所示。

表 10-2 USB 引脚信号

引脚号	名称	电缆颜色	描述
1	V_{CC}	红	+5 V
2	D-	白	数据—
3	D+	绿	数据+
4	GND	黑	地

外观分为 A 型和 B 型，其中又分为插头和插座。通常连在计算机一侧称为 USB 插座，又叫母插，连设备一侧称为 USB 插头，又叫公插。USB 接口插头如图 10-6 所示。

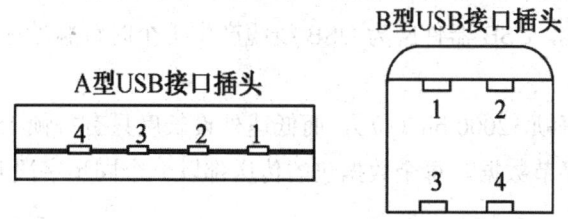

图 10-6　USB 接口插头

3. USB 硬件结构

一个 USB 系统包含 3 类硬件设备：USB 主机（host），USB 设备（USB device）和 USB 集线器（HUB）。

（1）USB 主机。在一个 USB 系统中，当且仅当有一个 USB 主机时，USB 主机能够实现管理 USB 系统；每毫秒生成一帧数据；发送配置请求对 USB 设备进行配置操作；对总线上的错误进行管理和恢复等功能。

（2）USB 设备。在一个 USB 系统中，USB 设备和 USB 集线器的总数不能超过 127 个。USB 设备接收 USB 总线上的所有数据包，通过数据包的地址域来判断是不是发给自己的数据包：若地址不符，则简单地丢弃该数据包；若地址相符，则通过响应 USB 主机的数据包与 USB 主机进行数据传输。

（3）USB 集线器。USB 集线器用于设备扩展连接，所有 USB 设备都连接在 USB 集线器的端口上。一个 USB 主机总与一个 USB 根集线器（USB root HUB）相连。

USB 集线器为其每个端口提供 100 mA 电流供设备使用。同时，USB 集线器可以通过端口的电气变化诊断出设备的插拔操作，并通过响应 USB 主机的数据包把端口状态汇报给 USB 主机。

一般来说，USB 设备与 USB 集线器间的连线长度不超过 5 m，USB 系统的级联不能超过 5 级（包括 USB 根集线器）。

4. USB 工作原理

USB 总线最多可支持 127 个 USB 外设连接到计算机系统。USB 的拓扑是树形结构，有 1 个 USB 根集线器（root HUB），下面还可接有若干集线器。一个集线器下面可接若干 USB 接口。USB 线缆包括 4 条线：VCC、D+、D-和 GND。线缆最大长度不超过 5 m。

USB1.1 的传输速率最高为 12 Mbps（低速外设的标准速率为 1.5 Mbps，高速外设的标准速率为 12 Mbps）。USB 外设可以采用计算机里的电源（+5 V，500 mA），也可外接 USB

电源。在所有 USB 信道之间动态地分配带宽。

当一台 USB 外设长时间（3 ms 以上）不使用时，就处于挂起状态，这时只消耗 0.5 mA 电流。按 USB1.0/1.1 标准，USB 的标准脉冲时钟频率为 12MHz，而其总线脉冲时钟为 1 ms（1 kHz），即每隔 1 ms，USB 器件应为 USB 线缆产生 1 个时钟脉冲序列。这个脉冲系列称为帧开始数据包。

高速外设长度为每帧 12000 bit（位），而低速外设长度只有每帧 1500 bit。一个 USB 数据包可包含 0~1023 字节数据。每个数据包的传送都以一个同步字段开始。

5. 总线协议

USB 是一种轮询方式的总线，主机控制器初始化所有的数据传输。每个总线执行动作按照传输前制定的原则，最多传输三个数据包。每次传输开始，主机控制器发送一个描述传输动作的种类、方向、USB 设备地址和端口号的数据包，这个数据包通常称为标志包 PID（packet ID），USB 设备从解码后的数据包中取出属于自己的数据。

传输开始时，由标志包来标志数据的传输方向，然后发送端发送数据包，接收端相应地发送一个握手的数据包，以表明传输是否成功。发送端和接收端之间的数据传输，可视为在主机和设备端口之间的一条通道中进行。

通道可分为两类：流通道和消息通道。各通道之间的数据流动是相互独立的，一个 USB 设备可以有几条通道。例如，一个 USB 设备可建立向其他设备发送数据和从其他设备接收数据的两条通道。

6. USB 的传输方式

为了满足不同的通信要求，USB 提供了四种传输方式：控制（control）方式传输，等时（isochronous）方式传输，中断（interrupt）方式传输及批（bulk）方式传输。每种传输模式应用到具有相同名字的终端时，具有不同的性质。

（1）控制方式传输。控制传输是双向传输，数据量通常较小。控制传输类型支持外设与主机之间的控制、状态、配置等信息的传输，为外设与主机之间提供一条控制通道。每种外设都支持控制传输类型，这样，主机与外设之间就可以传输配置和命令/状态信息。

（2）等时方式传输。等时传输提供了确定的带宽和间隔时间（latency）。它用于时间严格并具有较强容错性的流数据传输，或者用于要求恒定的数据传输速率和即时应用中。

例如，在执行即时通话的网络电话应用中，使用等时传输模式是很好的选择。等时数据要求确定的带宽值和确定的最大传输次数，对于等时传输来说，即时数据传递比精度和数据的完整性更重要一些。

（3）中断方式传输。中断方式传输主要用于定时查询设备是否有中断申请。这种传输方式的典型应用是在少量的、分散的、不可预测数据的传输方面，键盘、操纵杆和鼠标等就属于这一类型。这些设备与主机间的数据传输量小、无周期性，但对响应时间敏感，要求马上响应。中断方式传输是单向的，并且对于主机来说只有输入方式。

（4）批方式传输。主要应用于大量传输数据又没有带宽和间隔时间要求的情况下，要求保证传输。打印机和扫描仪就属于这种类型，在满足带宽的情况下，才进行该类型的数据传输。

USB 采用分块带宽分配方案，若外设超过当前或潜在的带宽分配要求，则主机将拒绝与外设进行数据传输。等时和中断传输类型的终端保留带宽，并保证数据按一定的速率传输，集中和控制终端按可用的最佳带宽来传输数据。但是，10%的带宽为批传输和控制传输保留，数据块传输仅在带宽满足要求的情况下才会出现。

10.4 高速串行总线 IEEE 1394

IEEE 1394 是一种串行接口标准，这种接口标准允许把计算机、计算机外设、各种家电非常简单地连接在一起。从 IEEE 1394 可以连接多种不同外设的功能特点来看，它也可以称为总线，即一种连接外设的机外总线。

IEEE 1394 的原型是运行在 Apple Mac 电脑上的火线（fire wire），由 IEEE 采用，并且重新进行了规范。它定义了数据的传输协议及连接系统，可用较低的成本达到较高的性能，增强了计算机与外设（如硬盘、打印机、扫描仪）及消费性电子产品（如数码相机、DVD播放机、视频电话等）的连接能力。

由于要求外设具有 IEEE 1394 接口，所以直到 1995 年第三季度，Sony 推出的数码摄像机加上了 IEEE 1394 接口后，IEEE 1394 才真正引起广泛注意。

采用 IEEE 1394 接口的数码摄像机，可以毫无延迟地处理影像、声音数据，其性能得到增强。数码相机、DVD 播放机、VCR、HDTV、音响等，也都可以利用 IEEE 1394 接口来互相连接。机外总线将改变当前计算机本身拥有众多附加插卡和连接线的现状，它把各种外设和各种家用电器连接起来，使计算机也成为一种普通的家电。

10.4.1 IEEE 1394 的性能特点

IEEE 1394 有以下性能特点。

（1）纯数字接口。IEEE 1394 是一种纯数字接口，无需将数字信号转换成模拟信号，造成无谓的损失。

（2）采用"级联"方式连接各个外设。IEEE 1394 在一个端口上最多可以连接 63 个设备，设备间采用树形或菊花链结构。设备间电缆的最大长度是 4.5 m，采用树形结构时可达 16 层，从主机到最末端外设总长可达 72 m。IEEE 1394 连接的设备不仅数量多，而且种类多，通用性强。

(3) 能够向被连接的设备提供电源。IEEE 1394 的连接电缆中共有六条芯线。其中，两条线为电源线，可向被连接的设备提供电源；其他四条线被包装成两对双绞线，用来传输信号。电源的电压为 8～40 V 直流，最大电流 1.5 A。像数码相机之类的低功耗设备可以从总线电缆内部取得动力，而不必为每台设备配置独立的供电系统。

(4) 采用基于内存的地址编码，具有高速传输能力。总线采用 64 位的地址宽度（16 位网络 ID，6 位节点 ID，48 位内存地址），将资源看作寄存器和内存单元，可以按照 CPU－内存的传输速率进行读/写操作，因此具有高速的传输能力。对于高品质的多媒体数据，可实现"准实时"传输。

(5) 设备之间关系平等。任何两个支持 IEEE 1394 的设备可以直接连接，不需要通过计算机控制。例如，在计算机关闭的情况下，仍可以将 DVD 播放机与数字电视连接起来。

(6) 安装方便且容易使用。支持即插即用，不必关机即可动态配置外部设备。增加或拆除外设后，IEEE 1394 会自动调整拓扑结构，重设各种外设网络状态。

10.4.2　IEEE 1394 的工作模式

1. IEEE 1394 的总线数据传输模式

IEEE 1394 标准定义了两种总线数据传输模式，即 backplane 模式和 cable 模式。

其中 backplane 模式支持 12.5 MB/s、25 MB/s、50 MB/s 的传输速率；cable 模式支持 100 MB/s、200 MB/s、400 MB/s 的传输速率。

2003 年 10 月，IEEE 1394b 问世，它把传输速率提高到 800 MB/s～3.2 GB/s，同时最大距离从原来的 5 m 延长至 100 m。

2. IEEE 1394 可同时提供同步和异步数据传输方式

同步传输常用于实时性任务，而异步传输则是将数据传输到特定的地址。

IEEE 1394 设备可以从连接中获得必要的带宽，实现等时同步数据传输，其余的带宽，可以用于异步数据传输，而异步数据传输过程，并不保留同步传输所需的带宽。

这种处理方式使得两种传输方式各得其所，可以在同一传输介质上可靠地传输音频、视频和计算机数据，对计算机内部总线没有影响，且保证图像和声音不会出现时断时续的现象（同步方式能确保实时传输，因为在开始新的同步传输前，它将进行计算，如果做不到，则不允许传输）。这对多媒体数据传输来说是至关重要的。

10.4.3 IEEE 1394 和 USB 的比较

1. IEEE 1394 和 USB 的相似性

（1）信号线条数少，都使用细而柔的轻便电缆和小巧的连接器。

（2）连接器通用，可连接不同类型外设，连接快速简单。

（3）都可以提供即插即用及热插拔的功能。

（4）采用"级联"方式，可以连接多台设备，解决了电脑背板仅能提供少量插座、只能与少数设备连接的限制。

（5）支持同步传输模式，适合于多媒体数据实时处理，可保证图像等数据显示不间断，提高画面质量和确保实时播放。

2. IEEE 1394 和 USB 的主要差别

这里对 USB 1.0 和 IEEE 1394 加以比较。

（1）目前 IEEE 1394 的传输速率为 100～400 MB/s，因此它可连接高速设备，如 DVD 播放机、数码相机、硬盘等。而 USB 受到 12 MB/s 传输速率的限制，只能连接低速的键盘、麦克风、软驱、电话等设备。

（2）IEEE 1394 的拓扑结构中，不需要集线器就可连接 63 台设备，并且可以用网桥再将独立的设备子网连接起来。IEEE 1394 并不强制用计算机控制这些设备，各种设备可以独立工作。而在 USB 的拓扑结构中，必须通过 Hub 来实现多重连接，而且一定要有计算机作为总的控制。

（3）当外部设备增减时，IEEE 1394 会重设网络，其中包括短暂的网络等待状态。而在 USB 网络中，由 HUB 来判断其连接设备的增减，因此可以减少网络动态重设情况的发生。

USB 和 IEEE 1394 都是新一代多媒体 PC 的外设接口标准。从性能上看，USB 有很多方面不如 IEEE 1394，但由于 USB 有更大的价格优势，所以，在一段时间内，USB 将与 IEEE 1394 共存。

USB 主要用于连接中低速外设，其应用局限于 PC 领域；而 IEEE 1394 则可连接高速外设和数字化家电设备等（尤其适合连接高档视频设备），其应用领域将十分广阔。

本章小结

本章介绍了总线的概念、作用、特性、标准及组成。在学习的过程中，重点了解 ISA、EISA、PCI 几种典型系统总线的知识，掌握外部总线 RS-232C 及 USB 总线的性能和用法，掌握高速串行总线 IEEE1394 的性能特点和工作模式。

本章习题

1. 系统总线中地址线的功能是_____。
    A．选择主存单元地址
    B．选择进行信息传输的设备
    C．选择外存地址
    D．指定主存和 I/O 设备接口电路的地址
2. 系统总线中控制器的功能是_____。
    A．提供主存、I/O 接口设备的控制信号和响应信号
    B．提供数据信息
    C．提供时序信号
    D．提供主存、I/O 接口设备的响应信号
3. PCI 是一个与处理器无关的_____，它采用_____时序协议和_____式仲裁策略，并具有_____能力。
    A．集中   B．自动配置
    C．同步   D．高速外围总线
4. PCI 总线的基本传输机制是_____传送。利用_____可以实现总线间的_____传送，使所有的存取都按 CPU 的需要出现在总线上。PCI 允许_____总线猝发式工作。
    A．桥   B．猝发式
    C．并行   D．多条
5. 目前计算机上广泛使用的 U 盘，其接口使用的总线标准是（　　）
    A．VESA   B．USB
    C．AGP   D．PCI

6. 总线规范一般包括哪些？分别做简要说明。
7. PCI 总线中三种桥的名称是什么？桥的功能是什么？
8. USB 的传输方式有哪些？

参考文献

[1] 李继灿，谭浩强. 微机原理与接口技术 [M]. 北京：清华大学出版社，2011.

[2] 牟琦，聂建萍. 微机原理与接口技术 [M]. （第 2 版）北京：清华大学出版社，2013.

[3] 王晓萍. 微机原理与接口技术 [M]. 杭州：浙江大学出版社，2015.

[4] 王晓虹，苏维龙，邓红卫. 微机原理、汇编与接口技术教程 [M]. 北京：清华大学出版社，2016.

[5] 梁建武，杨迎泽. 微机原理与接口技术 [M]. 北京：中国铁道出版社，2016.

[6] 彭虎，周佩玲，傅忠谦. 微机原理与接口技术 [M]. （第 4 版）北京：电子工业出版社，2016.

[7] 张颖超. 微机原理与接口技术 [M]. 北京：电子工业出版社，2011.

[8] 何小海，严华. 微机原理与接口技术 [M]. （第 2 版）北京：科学出版社，2018.

[9] 王娟，张全新. 微机原理与接口技术 [M]. 北京：清华大学出版社，2016.

[10] 欧青立. 微机原理与接口技术 [M]. 北京：电子工业出版社，2016.